城市更新理论与实践研究系列　主编　阳建强

"十三五"国家重点出版物出版规划项目
国家自然科学基金项目(51778126，51278113，50878045，50478076)

URBAN 城市更新
REGENERATION

阳建强·著

U0397288

东南大学出版社·南京

内容提要

自城市诞生之日起,城市更新就作为城市自我调节机制存在于城市发展之中。随着近年来世界城市化进程的加速,尤其在我国提出实施城市更新行动的背景下,城市更新已被看作是整个社会发展与城市转型的有机组成部分,其涉及的学科领域日趋广泛。本书针对当今城市更新的现状和问题,考察与剖析了西欧和中国城市更新不同发展阶段所面临的问题、出现的重要思想及其采取的相应更新政策与措施,阐述了城市更新的基础理论、内在机制与特征属性,研究了城市更新的实践探索与类型模式,提出了城市更新综合系统规划的目标原则、体系框架和编制方法,最后对城市更新管理机构、金融结构、公众参与以及政策法规进行了全面介绍,对进一步认识城市更新的客观规律,把握当代城市更新的进程状况和发展趋向,以及指导城市更新实践具有重要的理论价值和积极的现实意义。

本书可供城乡规划、建筑学、经济地理及相关领域的专业人员、建设管理者阅读,也可作为大专院校有关专业的参考教材。

图书在版编目(CIP)数据

城市更新 / 阳建强著. -- 南京 : 东南大学出版社,
2020.10

(城市更新理论与实践研究系列 / 阳建强主编)

ISBN 978 - 7 - 5641 - 9217 - 4

Ⅰ. ①城… Ⅱ. ①阳… Ⅲ. ①旧城改造-研究-中国
Ⅳ. ①TU984.11

中国版本图书馆 CIP 数据核字(2020)第 223408 号

书　　名:**城市更新**
CHENGSHI GENGXIN

著　　者:阳建强

责任编辑:姜　来　　曹胜玫

出版发行:东南大学出版社　　　　　　社址:南京市四牌楼 2 号(210096)

网　　址:http://www.seupress.com

出 版 人:江建中

印　　刷:南京新世纪联盟印务有限公司　　排版:南京布克文化发展有限公司

开　　本:889 mm×1194 mm　1/16　　印张:18　字数:487 千

版 印 次:2020 年 10 月第 1 版　　2020 年 10 月第 1 次印刷

书　　号:ISBN 978 - 7 - 5641 - 9217 - 4　　定价:116.00 元

经　　销:全国各地新华书店　　发行热线:025 - 83790519　83791830

序　言

　　城市更新是国际城市规划学术界持续关注的重要课题。随着世界城市化进程的演进与发展,现代城市更新已被看作是整个社会发展的有机组成部分,其涉及的学科领域亦日趋广泛。对于城市更新的全面科学理解需要特别强调两个方面:①不仅仅将城市更新看作一种建设行为活动,更重要的是需要将其作为城市发展的调节机制。城市是一个有机的生命体,从城市发展的客观规律来看,城市都会经历一个"发展—衰落—更新—再发展"的新陈代谢过程,通过日常不断的、渐进的城市有机更新和结构调适,实现新的动态平衡,适应未来社会和经济的发展。②城市更新涉及城市社会、经济和物质空间环境等诸多方面,是一项综合性、全局性、政策性和战略性很强的社会系统工程,需要摆脱过去很长一段时间仅注重"增长""效率"和"产出"的单一经济价值观,重新树立"以人为核心"的指导思想,以提高群众福祉,保障改善民生,完善城市功能,传承历史文化,保护生态环境,提升城市品质,彰显地域特色,提高城市内在活力以及构建宜居环境为根本目标,实现城市的可持续与和谐全面发展。

　　回顾我国城市更新发展历程,大致经历了几个重要阶段。中华人民共和国成立初期至改革开放前,城市更新总的思想是充分利用旧城,更新改造对象主要为旧城居住区和环境恶劣地区。改革开放以后,随着市场经济体制的建立、土地的有偿使用、房地产业的发展和大量外资的引进,城市更新由过去单一的"旧房改造"和"旧区改造"转向"旧区再开发"。改革开放初期,为了解决城市住房紧张问题,满足城市居民改善居住条件和出行条件的需求,以及偿还城市基础设施领域的欠债等问题,城市更新活动在全国各地展开。之后,各大城市借助土地有偿使用的市场化运作,通过房地产业、金融业与更新改造的结合,推动了以"退二进三"为标志的大范围旧城更新改造。企业工人的转岗、下岗培训与再就业成为这一阶段城市更新所面临的最大的挑战,城市更新涉及的一些深层社会问题开始涌现出来。同时,一些城市出现了拆迁规模过大、片面提高城市再开发强度,以及城市传统文化遗产遭受破坏等突出问题。如何实现城市更新中社会、环境和经济效益的综合平衡,并为之提供持续高效而又公平公正的制度框架,以及如何正确处理大规模城市更新改造与城乡文化遗产保护传承的关系,成为各个城市面临的巨大挑战。

　　进入新型城镇化阶段后,城市更新所处的发展背景与过去相比,无论是更新目标、更新模式还是实际需求,均发生了很大变化。今天的城市更新在严格管理城市增长边界、注重城市内涵发展、提升城市品质、促进产业转型的趋势下日益受到关注。在更新目标上,开始从注重还清历史欠账和物质环境开发建设的旧城改造,向注重社会、经济、生态、文化综合发展目标的城市更新转变,更加强调以人为本,更加注重人民生活质量的提高、城市整体机能和活力的提升;更新方式上也变得更加丰富多元,既有注重宏观尺度的人居环境改善、城市结构调整和城市产业升级,中观尺度的中心地区空间优化、产业园区转型、城中村改造和轨道交通基础设施改造等功能区级存量更新,也有微观尺度下从社区这一城市最基本单元和细胞出发,与群众日常生活息息相关的注重社区营造和街道环境提升等城市微更新。

　　东南大学城市规划学科长期以来致力于城市更新方面的研究,具有优良的学术传统。早在1980年代至1990年代,东南大学城市更新研究团队在吴明伟先生的引领下,结合地方城市建设的需求开展了绍兴解放路规划、南京中心区综合改建规划、泉州古城保护与更新规划、烟台商埠区复兴改造规划、南京中华门地区更新规划、苏州历史街区保护利用规划等重要的城市更新规划,在实践的基础上相继完成了"旧城结构与形态""中国城市再开发研究""中国城市土地综合开发与规划调控研究"等多项国家自然科学基金和"旧城改建理论方法研究"国家教育委员会博士点基金。我本人正是沉醉在这样浓郁的学术氛围里,跟随吴先生并在先生的悉心指导下完成了城市更新方面的博士论文,于1999年整理出版《现代城市更新》一书,之后又结合在欧洲的学术访问与研究完成了《西欧城市更新》的写作。

博士毕业留校后,在吴先生的殷切教诲下,笔者带领团队继续开展城市更新方面的研究,三十多年来,完成"高速城市化时期城市更新规划理论与技术方法研究""后工业化时期城市老工业区转型与更新再发展研究""基于系统耦合与功能提升的城市中心再开发研究""基于价值导向的历史街区保护利用综合评价体系、方法及机制研究"等国家自然科学基金课题和"中国与西欧城市更新的比较研究""江苏省大城市旧城更新中的土地政策研究"等多项省部级科研课题,并在北京、南京、广州、杭州、郑州、青岛、常州、南通、无锡、苏州、厦门、安庆等地开展了90余项城市更新规划,围绕以上科研和实践工作,培养了一批年轻有为的博士和硕士研究生。

此次编写"城市更新理论与实践研究系列",初衷是对我们学科团队多年来围绕城市更新开展的教学、科研以及实践工作进行阶段性的记录和总结。城市更新的理论与实践仍在不断探索之中,加之编写人员水平有限,难免存在诸多问题和不足,殷切希望读者多提宝贵意见。

在丛书出版之际,特别感谢曾在课题研究和论文写作中给予悉心指导的各位师长和同仁,殷切希望系列丛书的出版能为推进城市更新领域的研究尽一份微薄之力,并能够促使大家对此领域进行更为深入的研究与思考。

2020 年 8 月于中大院

目　录

图片目录

表格目录

0 绪论

0.1 研究背景与意义

　　追溯城市发展的历史,城市发展的全过程就是一个不断更新、改造的新陈代谢过程。自城市诞生之日起,城市更新就作为城市自我调节机制存在于城市发展之中。然而,真正使城市更新这一问题突出地显示出来,并将其作为一门社会工程学科提出,则是始于20世纪50年代欧美的一些发达国家。产业革命导致世界范围的城市化,大工业的建立和农村人口涌向城市促使城市规模扩大,在产业革命之初,由于城市的盲目发展,随之出现"逆城市化"。起初,由于缺乏针对性的有力措施,许多严重问题相继出现:居住环境恶化,市中心区"衰败",贫民窟形若癌瘤,城市特色消失,社会治安混乱……面对这种局势,许多国家采取了相应的更新措施,以期防止和消除"城市病"和"枯萎症",恢复城市的活力。但是事实证明,许多城市并未能按照规划达到预期目标,因为局部地添建房屋,零星地改建房屋,仍不能从根本上阻止地区的衰败。为了彻底解决旧城的问题,许多国家开始从更为广泛的社会经济角度致力于全面的更新改造。

　　经过30余年的城市快速发展,我国的城镇化已经从高速增长转向中高速增长,进入以提升质量为主的转型发展新阶段,城市更新在注重城市内涵发展、提升城市品质、促进产业转型、加强土地集约利用的趋势下日益受到关注。近年来,北京、上海、广州、南京、杭州、深圳、武汉、沈阳、青岛、三亚、海口、厦门等城市结合各地实际情况积极推进城市更新工作,呈现以重大事件提升城市发展活力的整体式城市更新、以产业结构升级和文化创意产业培育为导向的老工业区更新再利用、以历史文化保护为主题的历史地区保护性整治与更新、以改善困难人群居住环境为目标的棚户区与城中村改造,以及突出治理城市病和让群众有更多获得感的城市双修等多种类型、多个层次和多维角度的探索新局面。

　　从国家新型城镇化发展要求看,城市更新受到中央政府、地方政府和全社会的高度重视,既是当前社会经济发展的重中之重,也是与人民群众福祉直接关联的民生工程,其工作的必要性、战略性和迫切性不言而喻。《国家新型城镇化规划(2014—2020年)》根据世界城镇化发展普遍规律和我国发展现状,指出"城镇化必须进入以提升质量为主的转型发展新阶段",提出了优化城市内部空间结构、促进城市紧凑发展和提高国土空间利用效率等基本原则。2015年12月召开的中央城市工作会议强调城市工作是一个系统工程,要坚持集约发展,提倡城市修补和更新,加快城市生态修复,树立"精明增长""紧凑城市"理念,推动城市发展由外延扩张式向内涵提升式转变等等。2016年《中共中央国务院关于进一步加强城市规划建设管理工作的若干意见》提出围绕实现约1亿人居住的城镇棚户区、城中村和危房改造目标,实施棚户区改造行动计划和城镇旧房改造工程,推动棚户区改造与名城保护、城市更新相结合,加快推进城市棚户区和城中村改造。2019年以来,国家多次重大会议均提出要大力进行老旧小区改造提升。2019年6月国务院常务会议全面部署了城镇老旧小区改造工作,并明确了"加快改造城镇老旧小区,群众愿望强烈,是重大民生工程和发展工程"。2019年8月中央政治局会议将实施城镇老旧小区改造写入议程,意味着这项工作迎来了顶层政策的支持。2019年12月中央经济工作会议再部署,全国老旧小区改造正式开展试点工作。2020 年 4 月,中共中央政治局会议明确提出了"实施老旧小区改造,加强传统基础设施和新型基础设施投资,促进传统产业改造升级,扩大战略性新兴产业投资"。2020 年 7 月国务院办公厅《关于全面推进城镇老旧小区改造工作的指导意见》的颁布正是上述国家政策的具体落实与部署,充分体现了对人民群众生活的高度重视。

党的十九届五中全会通过的《中共中央关于制定国民经济和社会发展第十四个五年规划和二〇三五年远景目标的建议》明确提出实施城市更新行动。2020 年中央经济工作会议将"实施城市更新行动,推进城镇老旧小区改造"列入奋进"十四五"开局之年的重要议事日程。这是以习近平同志为核心的党中央站在全面建设社会主义现代化国家、实现中华民族伟大复兴中国梦的战略高度,准确研判我国城市发展新形势,对进一步提升城市发展质量作出的重大决策部署,为"十四五"乃至今后一个时期做好城市工作指明了方向,明确了目标任务。

因此,站在时代的发展战略高度,基于新常态背景下的形势发展要求和城市发展客观规律,全面系统研究城市更新的基础理论、技术方法和政策制度,正确理解城市更新的本质内涵与核心价值,充分认识城市更新的复杂性和多元性,对提高城市更新的科学性和合理性,以及积极响应实施城市更新行动,走向持续、健康、安全与和谐发展,无疑具有重要的学术价值与深远的现实意义。

0.2 国内外研究现状

随着城市化进程的发展,在面对解决复杂城市问题的过程中,城市更新的思想与理论亦日趋丰富,呈现出由物质决定论的形体主义规划思想逐渐转向注重社会、经济、文化和空间要素综合协同的人本主义思想的发展轨迹(图 0-1)。

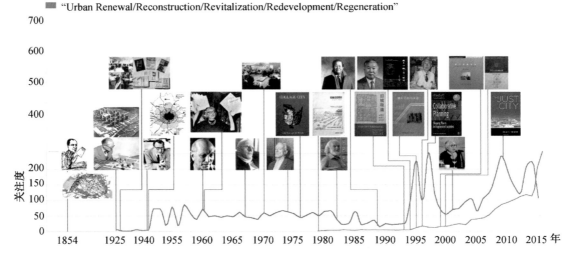

■ "城市更新"
■ "Urban Renewal/Reconstruction/Revitalization/Redevelopment/Regeneration"

图 0-1　基于知网中文索引与外文索引的"城市更新"文献统计 *

早期城市更新主要是以"形体决定论"和功能主义思想为根基,主要强调如何通过设计原则和方法来实现对城市物质空间的复兴,从而实现城市更新对于产业发展、社会结构变化以及文化

---

　　* 书中未注资料来源的图片均为作者自制

美学变迁等方面的需求。引为经典的当是 G. E. 奥斯曼(G. E. Osman)的巴黎改建,勒·柯布西耶(Le Corbusier)1925 年为巴黎设计的中心区改建方案(Le Plan Voisin de Paris)和以其为首的国际现代建筑协会(CIAM)的"现代城市",芝加哥兴起的"城市美化运动"(City Beautiful Movement),以及英国皇家学院拟定的伦敦改建规划设计。

后来,面对日益激烈的社会冲突和文化矛盾,许多学者从现实出发,敏锐地觉察到了用传统的形体规划和用大规模整体规划来改建城市的致命弱点,纷纷从不同立场和不同角度进行了严肃的思考和探索。代表性的思想、主张与理论有社会学家简·雅各布斯(Jane Jacobs)的《美国大城市的死与生》(*The Death and Life of Great American Cities*),伊利尔·沙里宁(Eliel Saarinen)提出的"有机疏散理论"(Theory of Organic Decentralization),柯林·罗(Colin Rowe)和弗瑞德·科特(Fred Koetter)的《拼贴城市》(*Collage City*),以及刘易斯·芒福德(Lewis Mumford)倡导的有机规划与人文主义规划(Jacobs J,1984;Saarinen E,1943;Rowe C,Koetter F,1976;芒福德 L,1989)。

除此之外,其他一些学者,如亚历山大(Christopher Alexander)、拉波波特(Amos Rapoport)、哈普林(Lawrence Halprin)、吉伯德(Frederick Gibberd)、道萨迪亚斯(Constantinos Apostolos Doxiadis)等也都从不同立场、不同角度提出用大规模计划及形体规划方式来处理城市复杂的社会、文化问题,应付人类需求不断变化的致命弱点。同时,他们不约而同地讴歌传统渐进式规划和改建方式对社会、历史、文化和人性的高度关怀,并不同程度地致力于这种方式在现代概念上的应用和研究。

至"邻里复兴运动"兴起,交互式规划理论、倡导式规划理论又成了新的更新思想来源,多方参与成了城市更新最重要的内容和策略之一。保罗·达维多夫(Paul Davidoff)和琳达·斯通·达维多夫(Linda Stone Davidoff)开创了倡导式城市规划理论,而倡导式规划理论的提出者保罗·达维多夫更强调沟通主体的多元性和平等性的博弈机制,此后出现的协作式规划理论、交互式规划理论,都同样重视"自下而上"的社区参与(Davidoff P,1973;王丰龙,刘云刚,等,2012)。

20 世纪末出现的基于多元主义的后现代理论,在思想上受到 1960、1970 年代兴起的后结构主义和批判哲学的深刻影响。以米歇尔·福柯(Michel Foucault)为代表,提出"空间既是权力运作所建构的工具,也是其运作得以可能的条件"(福柯 M,2010)。同一时期的马克思主义批判哲学家亨利·列斐伏尔(Henri Lefebvre)提出了"空间生产"(The Proclution of Space)理论(Lefebvre H,2012)。他们的理论突破了传统的经济学、社会学、公共管理学分析,为城市更新研究开启了一种全新的政治经济学视角。在质性研究的框架下,城市更新研究不再停留于表面的资金平衡、多方参与和协调,开始深入更新机制背后的空间权利、资本运作与利益博弈的交互关系。

大卫·哈维(David Harvey)基于对马克思主义的批判性再解读,从资本、社会等更大的视野思考城市问题,提出了"空间正义"(Spatial Justice)的概念,倡导来到城市中的人应平等地享有空间权力(Harvey D,1973)。著名规划理论学者曼纽尔·卡斯特(Manuel Castells)基于对社会发展趋势的基本判断,提出"社会公平"(Social Justice)必将成为新阶段规划实践的核心议题,为城市规划理论研究的"社会"转向奠定了基础(Castells M,2002)。近年来,《公正城市》(*The Just City*)便将目光聚焦于弱势群体,提出"新自由主义"导向下的城市更新应当重新审视对边缘化社区、贫困社区等弱势群体的关注(Fainstein S S,2010)。

在中国,中华人民共和国成立初期梁思成和陈占祥提出的"梁陈方案"从宏观区域层面解决了城市发展与历史保护之间的矛盾,为后来整体性城市更新开启了新的思路。进入 1980 年代,伴随中国城市发生的急剧而持续的变化,城市更新日益成为城市建设的关键问题和人们关注的热点。许多专家学者从不同角度、不同领域对其展开了研究,最有代表性的有吴良镛的"有机更新"思想和吴明伟的"走向全面系统的旧城改建"思想。吴良镛先生提出的"有机更新"理论的主要思想,与国外旧城保护与更新的种种理论方法,如"整体保护"(Holistic Conservation)、"循序渐进"(Step by Step)、"审慎更新"(Careful Renewal)、"小而灵活的发展"(Small and Smart Growth)等汇成一体,推动了从"大拆大建"到"有机更新"的城市设计理念转变(吴良镛,1991;1994)。吴明伟先生一贯重视规划实践,善于把握宏观与微观、整体与局部之间的关系,结合实践提出了系统观、文化观、经济观有机结合的全面系统的城市更新学术思想,对指导城市更新实践起到了重要的积极作用(吴明伟,柯建民,1987;吴明伟,1996)。

与此同时,一系列城市更新研究论著亦相继出版,如《旧城改造规划·设计·研究》(清华大学建筑与城市研究所,1993)、《现代城市更新》(阳建强,吴明伟,1999)、《当代北京旧城更新》(方可,2000)、《城市更新与改造》(薛钟灵,虞孝感,等,1996)等。各地学者结合自己的工程实践和学术背景,在旧城结构与形态、历史文化环境保护、旧城居住环境改善、土地集约利用、中心区综合改建、老工业区更新改造以及城市更新政策等方面进行了卓有成效的探索。

0.3 相关概念的界定

0.3.1 广义的城市更新

广义的城市更新涵盖了西方国家自二战结束至今的一切城市建设,呈现城市更新的不同发展阶段。因时代和侧重点的不同,城市更新的中英文有多种表述,包括城市重建(Urban Reconstruction)、城市复苏(Urban Revitalization)、城市更新(Urban Renewal)、城市再开发(Urban Redevelopment)、城市再生(Urban Regeneration)以及城市复兴(Urban Renaissance)。与城市更新类似的词语还有城市改造、旧区改建、城市再开发、旧城整治等等。这些术语通常被媒体、政府,甚至学术界视为相互可以替换的,但在特定的学界和政策讨论背景下,有一些细微的差别(Lees L,2003)。例如,英国不同时期的城市更新表述是背后不同政党的政策差别的原因。

《城市更新手册》(*Urban Regeneration:A Handbook*)对城市更新的定义是"用一种综合的、整体性的观念和行为来解决各种各样的城市问题;致力于在经济、社会和物质环境等各个方面对处于变化中的城市地区作出长远的、持续性的改善和提高"(Roberts P et al.,2000)。

在《人文地理词典》(*Dictionary of Human Geography*)中,城市更新(Urban Renewal)被定义为"为重塑城市景观和解决城市内部衰败社区(邻里)的社会经济问题而采取的一系列战略措施"。这些战略通常是由政府机构和商业利益推动,并常常受到城市中心区居民的质疑或直接反对。尽管如此,城市更新通常带来大规模的景观变化以及大量现有居民的流离失所。与彼得·罗伯茨(Peter Roberts)的定义相比,这一定义更加强调城市更新带来的影响。

从国家政策的层面,城市更新起步较早的英国在1977年公布的关于城市更新的城市白皮书《内城政策》(The Urban White Paper:*Policy for the Inner City*)中则指出,城市更新是一种综合解决城市问题的方式,涉及经济、社会文化、政治与物质环境等方面,城市更新工作不仅涉及一些相关的物质环境部门,亦与非物质环境部门联系密切。而法国2000年颁布的《社会团结与城市更新法》(Loi relative à la solidarité et au renouvellement urbains,SRU)则将城市更新解释为:推广以节约利用空间和能源、复兴衰败城市地域、提高社会混合性为特点的新型城市发展模式(刘健,2004)。

随着人们对城市更新的日益关注和城市更新问题的日益突出,各国学者对于城市更新也有了更为深刻的认识与理解。1990年,克里斯·库奇(Chris Couch)将城市更新定义为"在经济和社会力量对城区的干预下所引起的基于物质空间变化(拆除、重建、修复等)、土地和建筑用途变化(从一种用途转变为另一种更能产生效益的用途)或者利用强度变化的一种动态过程"。该定义通过传统的物质空间领域,把城市更新看成物质空间、社会、经济等诸方面共同作用的结果(Couch,1990)。

1992年,普里默斯(H. Primus)和梅特赛拉尔(G. Metselaar)提出了一个关于城市更新的更为广义的理解:为了保护、修复、改善、重建或清除行政范围内的已建成区而采取的作用于规划建设、社会、经济、文化等领域的一种系统性的干预,以使该区域中的人们达到规定的生活标准(Primus H,Metselaar G,1992)。这一定义不仅把城市更新理解为传统的物质空间规划、住房政策以及建设领域的一部分,更描述了一个来自社会、经济、文化等多领域的背景,将研究对象扩大到大都市、大城市、小城镇乃至乡间的集镇、村落。

同年,伦敦规划顾问委员会的利奇菲尔德(D. Lichfield)女士在她的《1990年代的城市再生》("Urban Regeneration for 1990s")一文中将"城市再生"一词定义为"用全面及融汇的观点与行动为导向来解决城市问题,以寻求一个地区可以获得在经济、物质环境、社会及自然环境条件上的持续改善"(吴晨,2002)。

在中国城市更新的背景下,阳建强和吴明伟(1999)在《现代城市更新》一书中指出,"城市更新改造是整个社会改造的有机组成部分,就其物质建设方面而言,从规划设计到实施建成将受到方针政策、行政体制、经济投入、组织实施、管理手段等诸多社会因素影响,在人文因素方面还与社区邻里等特定文化环境密切相关,其涉及的学科领域极广"。

0.3.2　狭义的城市更新

狭义的城市更新特指20世纪50年代以来,以解决内城衰退问题而采取的城市发展手段,是从城市规划与设计的具体手段对城市更新进行定义。这一概念最早由1954年美国艾森豪威尔(Dwight D. Eisenhower)成立的某顾问委员会提出,并被列入当年的美国住房法规中;而对其较早亦较权威的界定则来自1958年8月在荷兰海牙召开的城市更新第一次研讨会,其对城市更新的阐述如下:"生活于都市的人,对于自己所住的建筑物、周围环境或通勤、通学、购物、游乐及其他生活有各种不同的希望与不满;对于自己所住房屋的修理改造以及街道、公园、绿地、不良住宅区的清除等环境的改善要求及早施行;尤其对土地利用的形态或地域地区制的改善、大规模都市计划事业的实施以形成舒适的生活与美丽的市容等,都有很大的希望;所有有关这些的都市改善就是都市更新(Urban Renewal)。"(朱启勋,1982)。比较具有代表性的还有比森克(John D. Buissink)的说法:"城市更新是旨在修复衰败陈旧的城市物质构件,并使其满足现代功能要求的一系列建造行为"(Buissink J D,1985),其中包括小块修复、大面积修缮、调整建筑内部结构以及全拆重建等多种行为。随着中国不少城市开始城市更新行动,学术界对城市更新的定义为,城市更新实际上与新区开发、历史保护一样,都是基于城市空间的一种规划发展手段。与传统城市规划不同的是,城市更新的对象为存量建设用地,主要回答如何将现有资源通过最小的成本转移给能为城市贡献最大的使用者(周俭,等,2019)。

0.3.3　对城市更新的理解与定义

借鉴各国城市再开发、城市再生与城市复兴的理论和实践,同时对照中国城市建设的现状、

突出问题及存在矛盾,对城市更新的基本定义可综合理解如下:

城市发展的全过程是一个不断更新、改造的新陈代谢过程。城市更新作为城市自我调节或受外力推动的机制存在于城市发展之中,其主要目的在于防止、阻止和消除城市的衰老(或衰退),通过结构与功能不断地相适调节,增强城市整体机能,使城市能够不断适应未来社会和经济发展的需要。在科学技术和人民物质文化生活水平不断提高的今天,伴随城镇化进程的加快,城市更新成为城市发展工作的重要组成部分,涉及内容日趋广泛,主要是面向改善人居环境,促进城市产业升级,提高城市功能,调整城市结构,改善城市环境,更新陈旧的物质设施,增强城市活力,传承文化传统,提升城市品质,保障和改善民生,以及促进城市文明,推动社会和谐发展等更长远的全局性目标。

在城市建设实践中,城市更新是一项长期而复杂的社会系统工程,面广量大,综合性、全局性、政策性和战略性强,必须在城市总体规划指导下有步骤地进行。一般情况下,城市更新主要有整治、改善、修补、修复、保存、保护、复苏、再开发、再生以及复兴等多种方式。在 20 世纪后期,欧洲一些国家提倡城市复兴,内容更为广泛,旨在利用多种有效手段及由全社会广泛参与的行动促使城市发展从停滞重新走向繁荣。一般内容包括:①调整城市结构和功能;②优化城市用地布局;③更新完善城市公共服务设施和市政基础设施;④提高交通组织能力和完善道路结构与系统;⑤提升城市公共开放空间;⑥整治改善居住环境和居住条件;⑦维持和完善社区邻里结构;⑧保护和加强历史风貌和景观特色;⑨美化环境和提高空间环境质量;⑩更新和提升既有建筑性能。

城市更新的整个过程应建立在城市总体利益平衡和社会公平公正的基础上,要注意处理好局部与整体的关系、新与旧的关系、地上与地下的关系、单方效益与综合效益的关系,以及近期与远景的关系,区别轻重缓急,分期逐步实施,发挥集体智慧,加强多方的沟通与合作,保证城市更新工作的顺利进行和健康发展。与此同时,城市更新改建政策的制定亦应在充分考虑旧城区的原有城市空间结构和原有社会网络及其衰退根源的基础上,针对各地段的个性特点,因地制宜,因势利导,运用多种途径和手段进行综合治理、再开发和更新改造。

0.4 写作框架

本书针对当今城市更新改造的现状和问题,着重分析和介绍城市更新的历史发展、基础理论、内在机制、特征属性、类型模式、系统规划和组织实施,试图揭示一条适合中国国情的城市更新途径,为响应实施城市更新行动提供帮助和参考。

全书包括绪论和 8 章内容。

"绪论",阐述了城市更新的研究背景与意义,介绍了国内外研究进展,对城市更新的相关概念进行了界定与梳理。

第 1 章"西欧城市更新的历史发展",分析梳理西欧城市更新在"第二次世界大战前后""1970至 1990 年代"以及"1990 年代后"等几个重要发展阶段面临的问题、重要思想及政策措施,归纳总结城市重建、城市复苏、城市更新、城市再开发、城市再生以及城市复兴等方面的阶段特征,对西欧城市更新的发展历程进行全面回顾,就西欧城市更新的相似与差别、成功经验、存在问题及其发展趋势等方面进行总结与分析。

第 2 章"中国城市更新的发展回顾",根据我国城镇化进程和城市建设宏观政策变化,将中国城市更新分为相应的四个重要发展阶段。并且,对每一个阶段城市更新的政策背景、代表性案例、更新思想、学术活动以及更新制度建设进行总结分析,归纳中国城市更新的阶段性特征。最后,在历史演化与经验总结的基础上,提出中国城市更新应倡导向多维价值观、多种更新模式、多学科交叉与合作以及多元主体参与和共同治理的方向发展。

第3章"城市更新的思想渊源与基础理论",分析和探究了现代城市更新运动的思想渊源和基础理论,对其发展趋向和基本特征作了阐述,介绍了以卡米洛·西特(Camillo Sitte)、伊利尔·沙里宁和勒·柯布西耶为代表的物质空间形态设计思想及理论,以刘易斯·芒福德、简·雅各布斯、柯林·罗和弗瑞德·科特、凯文·林奇(Kevin Lynch)、扬·盖尔(Jan Gehl)为代表的人文主义思想及理论,以保罗·达维多夫、谢里·阿恩斯坦(Sherry Arnstein)、帕齐·希利(Patsy Healey)为代表的公众参与规划思想及理论,以 J. 布莱恩·麦克洛克林(J. Brian McLoughlin)、乔纳森·巴奈特(Jonathan Barnett)、彼得·霍尔(Peter Hall)、克里斯托弗·亚历山大、尼科斯·A. 萨林加罗斯(Nikos Angelos Salingaros)为代表的复杂系统规划思想及理论,以亨利·列斐伏尔、米歇尔·福柯、大卫·哈维为代表的后结构主义思想及理论,以及以哈维·莫洛奇(Harvey Molotch)、尼尔·史密斯(Neil Smith)、威尔伯·R. 汤普森(Wilbur R. Thompson)、迈克尔·E. 波特(Michael E. Porter)为代表的城市经济学思想及理论,并着重对中国城市更新代表人物梁思成和陈占祥的"梁陈方案"、吴良镛的"人居环境科学与有机更新"和吴明伟的"全面系统的旧城更新"思想与理论进行了介绍。

第4章"城市更新的内在机制与特征属性",城市是一个以人为主体,以自然环境为依托,以经济活动为基础,社会联系极为紧密,按其自身规律不断运转的有机整体。老城区结构形态往往呈现出一种复杂的现状特征。阐述和剖析了旧城的物质结构形态和社会结构形态的内在构成及其各要素之间的相互关联,对影响城市发展的内在机制及其运动变化形式作了较为深入的分析和研究,研究了城市老化衰退的起因、类型和更新改造方式。最后,从社会、经济、空间和文化的多维视角对城市更新的基本属性与特征进行了分析和阐述。

第5章"城市更新的实践类型与模式",分析和讨论了旧居住区的整治与更新、中心区的再开发与更新、历史地区的保护与更新、老工业区的更新与再开发以及滨水区的更新与再开发的实践探索的类型与模式。在旧居住区的整治与更新改造中,分别剖析了有机构成型、自然衍生型和混合生长型旧居住区的结构形态特征,并提出了具体更新改造措施。在中心区的再开发与更新改造中,对城市中心体系的调整与优化、城市中心结构的调整和完善、中心区人性化空间的营造与提升等进行了分析和讨论。在历史地区的保护与更新中,分析和介绍了传统风貌与格局的保护、渐进的保护整治与适应性再利用、历史地区的文化传承与创新提升等正确处理保护和发展关系的基本途径。在老工业区的更新与再开发中,分析和介绍了将工业遗产保护与产业、社区、城市生活融为一体,建立基于核心价值导向的工业遗产保护与再利用,以及通过大事件驱动实现老工业区的全面复兴等措施。在滨水区的更新与再开发中,分析和介绍了立足产业结构转型和品质提升,以及立足工业遗产保护和公共开敞空间营造的更新路径。

第6章"城市更新的综合系统规划",强调在城市更新规划的整个过程贯彻系统论思想,运用系统理论的整体性原则、动态性原则和组织等级原则控制和引导城市更新的开发建设,对城市更新系统规划的评价体系、目标体系和控制体系进行了分析和阐述。在评价体系中,着重研究了评价指标体系,并介绍了评价和分析方法。在目标体系中,提出了产业经济目标、空间优化目标、环境提升目标、设施完善目标、文化传承目标和社会发展目标等六个子目标系统,并阐述了各个更新目标的本质内涵。在控制体系中,提出了更新规划体系总体框架,分析了规划控制的影响因素和控制指标的赋值方法,并从城市更新总体规划与城市更新单元详细规划两个层面,分别介绍了更新规划控制的具体内容。

第7章"城市更新的实施保障机制",城市更新是一项涉及多方面的复杂的社会系统工程,是一个由政府、市场、社会和居民扮演重要角色,从规划设计到实施建成受到行政管理体制、经济财政投入、规划控制和方针政策等诸多因素影响的过程,有效的运行机制和调控机制无疑是保证城市更新改造目标全面实现的强大支撑。阐述了国家政府、区域政府、地方政府以及专业代理机构在城市更新管理中的相应作用,介绍了由公共基金、共有基金与商业金融共同构成的城市更新金融机构的实际运作,并分析和研究了公众参与在城市更新中的作用及其组织方式。

第8章"城市更新的相关政策与立法",介绍和梳理了英国、法国、德国、美国、日本和中国等国的城市更新政策与立法状况,期望进一步健全城市更新相关法律法规,建立宏观和长效的运行调控机制,以能够在政府和市场之间建立一种基于共识、协作互信、持久的战略伙伴关系,保障城市更新工作的公开、公正、公平和高效。

1 西欧城市更新的历史发展

广义的"西欧"包含了地理学与经济社会学通常涉及的地域,多指世界资本主义与近代科学技术的发源地、产业革命时期欧洲的经济中枢以及欧洲当前城市化及城市更新发展的先驱地带,以英国、法国、德国、荷兰、比利时、意大利等国为代表。狭义的"西欧"则主要以地理学对世界各区块的界定为参照,一般指欧洲西部濒临大西洋的地区及附近岛屿,包括英国、爱尔兰、摩纳哥、法国、比利时、卢森堡、荷兰七国。本书中关注的是如何全面地了解西欧城市更新的发展进程与历史背景,如何借鉴汲取对我国城市更新具有参考价值与启示作用的经验教训。因此,书中的"西欧"按照广义的"西欧"范围界定,主要选取英国、法国、德国、荷兰、意大利等国的一些典型城市为主要研究对象,以求能较好地介绍西欧城市更新。在城市更新研究与实践活动中,处于前沿的主要是西欧一些发达国家,长期以来他们经过不断探索与发展,积累了较为丰富的理论研究成果和实践经验。纵观西欧城市更新历史发展与演变,基本上经历了一个由以大规模拆除重建为主、目标单一、内容狭窄的城市更新和贫民窟清理转向以谨慎渐进式改建为主、目标更为广泛、内容更为丰富的社区邻里更新的发展过程。

1.1 西欧城市更新的阶段划分

西欧城市更新始于18世纪后半叶在英国兴起的工业革命。

工业革命的巨变,导致了农村和整个城市生活的深远变化,城市的功能与结构开始出现转型,原来影响城市发展的防卫和宗教因素在工业革命之后开始减弱,而经济力量逐渐领先,当时由于缺乏有效的规划政策引导与调控,许多问题与矛盾不断涌现。尤其在第二次世界大战后,西欧一些大城市中心地区的人口和工业出现了向郊区迁移的趋势,原来的中心区开始"衰落"——税收下降,房屋和设施失修,就业岗位减少,经济萧条,社会治安和生活环境趋于恶化。面对这种整体性的城市问题,西欧许多国家对城市更新予以了高度重视,并将城市更新纳入城市发展与建设的重要议事日程,纷纷兴起了城市更新运动。

这一城市更新运动发展至今,其内涵与外延已变得日益丰富,由于不同时期发展背景、面临问题与更新动力的差异,其更新的目标、内容以及采取的更新方式、政策、措施亦相应发生变化,呈现出不同的阶段特征。纵观西欧城市更新的历史发展,可大致分为 1940—1950 年代的城市重建(Urban Reconstruction)、1960 年代的城市复苏(Urban Revitalization)、1970 年代的城市更新(Urban Renewal)、1980 年代的城市再开发(Urban Redevelopment)、1990 年代的城市再生(Urban Regeneration)以及近年来提出的城市复兴(Urban Renaissance)(见表 1-1)。

表 1-1　西欧城市更新的发展阶段

时期	1940—1950 年代	1960 年代	1970 年代	1980 年代	1990 年代
政策类型	城市重建 （Urban Reconstruction）	城市复苏 （Urban Revitalization）	城市更新 （Urban Renewal）	城市再开发 （Urban Redevelopment）	城市再生 （Urban Regeneration）
主要策略倾向	根据总体规划设计对城镇旧区进行重建与扩展；郊区的生长	延续 1950 年代的主题；郊区及外围地区的生长；对于城市修复的若干早期尝试	注重就地更新与邻里计划；外围地区持续发展	进行开发与再开发；实施旗舰项目；实施城外项目	向政策与实践相结合的更为全面的形式发展；更加强调问题的综合处理
主要促进机构及其作用	国家及地方政府私营机构发展商的承建	在政府与私营机构间寻求更大范围的平衡	私营机构角色的增长与当地政府作用的分散	强调私营机构与特别代理"合作伙伴"模式的发展	"合作伙伴"模式占主导地位
行为空间层次	强调本地与场所层次	所出现行为的区域层次	早期强调区域与本地层次，后期更注重本地层次	1980 年代早期强调场所的层面，后期注重本地层次	重新引入战略发展观点；区域活动日渐增长
经济焦点	政府投资为主，私营机构投资为辅	私人投资的影响日趋增加	来自政府的资源约束与私人投资的进一步发展	以私营机构为主，选择性的公共基金为辅	政府、私人投资及社会公益基金间全方位的平衡
社会范畴	居住与生活质量的改善	社会环境及福利的改善	以社区为基础的活动及许可	在国家选择性支持下的社区自助	以社区为主题
物质更新重点	内城的置换及外围地区的发展	继续采取类似 1950 年代的修复方式	对旧城区更为广泛的更新	重大项目的置换与新的发展；旗舰项目	比 1980 年代更为节制；传统与文脉的保持
环境手段	景观美化及部分绿化	有选择地加以改善	结合某些创新来改善环境	对于广泛的环境措施的日益关注	更广泛的环境可持续发展理念的介入

资料来源：Roberts P，Sykes H，2000.

1.2　第二次世界大战前的城市更新

1.2.1　重要思想

　　西欧城市更新早期的理论研究主要集中于对城市建设的反思和基于反思基础上的城市改良计划。1890 年，施蒂本（Josef Stübben）在一部百科全书式的论著中概述了城市规划的各个方面，并与特奥多尔·弗里奇（Theodor Fritsch）、霍华德（Ebenezer Howard）一起对城市的未来发展，包括功能结构、控制城市膨胀的原则，甚至房地产所有者之间的关系等方面提出了建议。1898 年，霍华德发表《明日：一条迈向真正改革的和平道路》（*Tomorrow：A Peaceful Path to Real Reform*）一书，1902 年又以《明日的田园城市》（*Garden Cities of Tomorrow*）为书名重新发表，这一田园城市理论"把动态平衡和有机平衡这种重要的生物标准引用到城市中来,建立了城市内部各种各样的功能平衡",试图从"城市—乡村"这一层面来解决城市问题,跳出了就城市论城市的观念,为后来雷蒙德·昂温(Raymond Unwin)、贝里·帕克(Berry Parker)的"卫星城理论"和伊利尔·沙里宁的"有机疏散理论"打下了思想基础。其后,帕特里克·格迪斯(Patrick Geddes)在1904年发表了其著作《城市发展:公园、花园和文化机构的研究——给卡内基·邓弗姆林信托的报告》(*City Development*,*A Study of Parks*,*Gardens and Culture-Institutes*:*A Report to the Carnegie Dunfermline Trust*),在其著作中格迪斯针对工业革命后大城市过分拥挤造成的城市卫生问题、防灾问题和社会问题,提出采用绿地为解决手段,并进一步从文化角度观察、研究和审视城市的发展。

1.2.2 政策措施

早期的城市更新始于工业革命发源地——英国,直至第二次世界大战结束,英国城市更新运动依然十分活跃。这一时期突出的城市问题是城市人口迅速增加,农业区的人口大量迁至郊区,城市内大量建造工厂和住宅,引起城市向外膨胀。人口的急剧增长造成住宅的短缺和居住空间的过分拥挤,从而导致城市的高密度发展,并带来了卫生状态不良的生活环境(图1-1、1-2)。恶劣的生活条件在引发工人普遍不满的同时亦带来其他社会问题,如社会犯罪率增高,经济发展速度缓慢,非就业人口比率增高,城市居民贫富悬殊等。至于各类传染疾病的蔓延,大量的城市居

图1-1 伦敦老街区的环境状况

资料来源:Hohenberg P M, Lees L H, 1992:347.

图 1-2 出现在伦敦两座铁路高架桥之间的一个贫民区

资料来源：1872 年古斯塔夫·多雷(Guslave Doré)的版画

民,特别是婴儿的死亡率不断上升,更成为政府颇为棘手的问题。于是英国中央政府于 1875 年颁布《公共卫生法》(Public Health Act),同年还颁布《住宅改善法》(Dwelling Improvement Act),第一次提出关于清除贫民窟的法律规定。1890 年,皇家工人阶级住房委员会颁布了《工人阶级住宅法》(The Housing of the Working Class Act),要求地方政府采取具体措施改善不符合卫生条件的居住区的生活环境。

拿破仑三世时代(1852—1870 年)是巴黎城市规划和建设史上的一个重要时期,G. E. 奥斯曼提出了雄心勃勃的城市建设计划(图 1-3),其目的除了改善交通和居住状况以及发展商业街道之外,还企图把可供炮队和马队通过的大路修通到城市各个角落,消除便于起义者进行街垒战的狭窄小巷。到了 20 世纪初,法国则在工业革命的推动下,不断加快城市化发展,无政府主义的城市建设愈演愈烈。1915 年,议员科尔尼代(Cornudet des Chaumettes)起草了一份法案,提出人

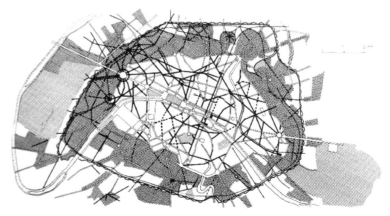

图 1-3 奥斯曼的巴黎城市改造计划

资料来源：Hohenberg P M, Lees L H, 1992:421.

口超过 1 万的所有市镇都应在 3 年期限内编制完成"城市规划、美化和扩展计划"（Project d'aménagement, d'embellissement et d'extension des villes）。第一次世界大战结束后，迫于人口大量涌向城市化密集区以及重建被毁城市的现实压力，科尔尼代的法案于 1919 年 3 月获得通过，成为法国有史以来有关城市规划的首部法律文件，被正式称为《城乡规划法》（Loi Cornudet）。

　　1901 年，荷兰颁布了《住宅法》（Woningwet），这一文件是其物质规划体系和开发控制体系创立的标志，当时荷兰的城市更新主要是针对城市向外膨胀的问题，1930 年代至 1940 年代间，才又逐渐提出了土地利用和城市长期战略发展的概念。1935 年前后完成的阿姆斯特丹城市总体规划便是在城市更新基础上的一项典型的城市规划实例。

1.3　第二次世界大战后的城市更新

　　在第二次世界大战期间和结束后的一段时间里，西欧各国城市更新的重点放在战后的重建与恢复工作上，规划是为许多城市的重建和重新发展做好准备。之后，随着经济的不断恢复，各国普遍认识到国家面临着严重的住房短缺，关注的焦点开始转移到缓解居住拥挤、改善恶劣居住环境以及整个内城复苏等问题上面。

1.3.1　城市重建（Urban Reconstruction）

1.3.1.1　面临问题

　　第二次世界大战期间以英国为代表的西欧国家住宅建设突飞猛进，但许多城市内仍遗留了大量的非标准住宅需要修复，大量贫民窟一时也无法完全清除，城市内过分拥挤的现象依然存在。第二次世界大战结束后，鉴于战争对许多城市的严重破坏，毁于战火的城市与建筑亟待重建与再开发（图 1-4）。大量住宅的破坏和人口在大城市的集聚以及迅速增长，引起城市快速膨胀，使得战后"房荒"问题亦变得十分严重。在当时的情况下，面临的问题主要有新住宅建造、旧住宅修缮、不合理规划布局调整、一些不能适应新生活标准的设施改善、道路与交通设施修建以及居住环境改善等等。

图 1-4　伦敦巴比肯（Barbican）地区的战后重建
资料来源：朱启勋，1982：222.

1.3.1.2　重要思想

　　战后重建时期的城市更新实践深受从形体规划出发的城市改造思想影响。其典型代表是伦

敦战后重建(图1-5)、柯布西耶的"光辉城市"(Radiant City)以及国际现代建筑协会(CIAM)的
"功能主义"思想等(图1-6)。他们倾向于扫除现有的城市结构,代之以一种崭新的新理性秩序。
以柯布西耶的巴黎中心区改建方案为例(图1-7),设计者试图用一座新城取代原有的巴黎,仅保
留巴黎圣母院这类极少的历史性建筑。从本质上说,这些规划思想仍然把城市看作一个静止的

图1-5 战后出版一书中的漫画:战士脱下军装,根据他在战争中构思的方案开始重建伦敦

资料来源:贝纳沃罗,2000:980.

图1-6 国际现代建筑协会以柯布西耶为首的一批先驱者的实践活动及学术著作

资料来源:Sert J L, 1947:245.

图 1-7　柯布西耶的巴黎中心区改建方案

资料来源：Roncayolo M，1985：248.

事物，寄希望于建筑师和规划师绘制的宏大的形体规划总图，试图通过技术和美学手段来解决复杂的城市重建问题。台湾学者朱启勋在其《都市更新：理论与范例》一书中曾这样评论这种理论方法："主张旧城'新城化'，通过大规模改造，使分区功能纯化；通过预先规划和大规模拆建，将旧城混杂的布局改造为结构清晰、分区明确、交通便捷的'新城'。"（朱启勋，1982）。

在《明日之城市》（*The City of Tomorrow*）和《光辉城市》（*The Radiant City*）里，柯布西耶提出了"城市集中主义"的城市建设和更新理论：

（1）传统城市由于规模的增长和市中心拥挤程度的加剧，已出现功能性老朽。随着城市的进一步发展，城市中心商业区的交通负担越来越重，需要通过技术改造以完善它的集聚功能。

（2）通过高密度来解决拥挤问题。通过局部大量高层建筑的形式提高密度，并在高层建筑周围腾出高比例空地进行绿化。

（3）调整城市内部的密度分布，降低市中心的建筑密度与就业密度，以减弱中心商业区的压力，使人流合理地分布于整个城市。

（4）建立铁路和人车分离的高架道路系统，调整城市旧城中心布局，以实现疏散城市中心，提高人口密度，降低建筑密度，改善中心交通，提供开敞的绿地、阳光和空气，彻底改善市中心的环境的目的。这一"集中主义"的思想影响了之后大规模的内城改造和战后重建，对各国城市的旧区更新和新区建设也产生深刻影响。

1912 年，霍华德的两位助手昂温和帕克在合作出版的《拥挤无益》（*Nothing Gained by Over-crowding*）一书中，以曼彻斯特南部威森肖（Wythenshawe）新城建设实践为基础，总结归纳了"卫星城"理论；1922 年，昂温又发表了《卫星城的建设》（*The Building of Satellite Towns*），正式提出了"卫星城"的概念。1924 年在阿姆斯特丹召开的国际城市会议上，明确了将建设卫星城作为防止大城市规模过大和不断蔓延的重要方法，之后"卫星城"概念开始在国际上通用。这一理论后来被广泛应用于伦敦等西欧大城市的新城建设与战后的城市空间与功能疏散之中。

1918 年，伊利尔·沙里宁提出旧城更新的"有机疏散"理论，认为只有通过使城市逐步恢复合理的秩序才能解决内城的衰败问题，城市的发展不能全集中在旧城中心地区，要把城市的人口和工作岗位分散到可供合理发展的远离中心的地域上去。在此分散思想的影响下，各国城市郊区化和新城建设日益普遍，从而大面积疏散了旧城的功能和人口。

1940 年，英国人蒙塔古·巴罗（Montague Barlow）发表了关于工业人口重新分布的研究报告，提出重新开发高度拥挤的工业城市，疏散工业人口，平衡全国工业的发展。次年，英国土地开发补偿和赔偿政策专家研究委员会主席贾斯蒂斯·厄思沃特（Justice Uthwatt）发表了关于土地开发地价控制和土地开发补偿、赔偿政策的研究报告，提出在全国范围内扩大过度开发控制的范围，以适应战争结束后的大规模重建工作。

1946 年，夏普（T. Sharp）以《凤凰涅槃：为重建而规划》（*Exert Phoenix：A Planning for Re-building*）一书宣告了战后城市规划新阶段的开始，而刘易斯·凯博（Lewis Keeble）的《城乡规划原理与实践》（*Principles and Practice of Town and Country Planning*）更成为战后物质性空间规划的标准教科书。

1.3.1.3 政策措施

第二次世界大战后，西欧诸国在百废待兴的情况下开始拟订、实施宏大的城市重建计划（图 1-8、1-9）。为恢复遭到 1930 年代经济萧条打击和两次世界大战破坏的城市，特别是为了解决战后住宅匮乏的问题，国家与地方政府、私人开发承包商共同参与，公共部门和私人联合投资，重点在于改善城市房屋破旧、住房紧张以及基础设施落后等严重的物质性条件。同时，对居民的居住生活条件改善和内城区的土地置换也予以了关注。

其中，英国的重建工作侧重于重建和再开发遭受战争毁坏的城市和建筑、新建住宅区、改造老城区、开发郊区以及城市绿化和景观建设等；法国则主要集中于生产性经济实体——市政基础设施、道路、交通通信设施和住宅区重建；作为二战时期主要战场的德国则是将重建工作集中于市中心和已有的城市街区，主要应对住房短缺的大规模住宅建设和城市基础设施建设的问题，如交通、供水、学校、医院的恢复等，在一定程度上扭转了城市的衰退，城市功能亦得以部分恢复；而一向以文物保护作为发展重点的意大利，在城市重建的同时，更为强调对历史建筑的恢复和对历史保留下来的城市肌理的恢复。

在战后城市的土地开发方面，英国政府侧重于对城市内"被战争大面积破坏的土地"（Areas of Extensive War Damage，即 Blitzed Land）和"布局不良以及不符合发展条件的土地"（Areas of Bad Layout and Absolute Development，即 Blighted Land）两类特殊土地的再开发，这是英国战后初期最重要、规模最大的一次旧城区土地再开发运动（图 1-10、1-11）。而法国则为方便公共机

图 1-8　荷兰鹿特丹中心区的战后重建

资料来源:历史照片选自朱启勋,1982:51.现实照片由作者拍摄

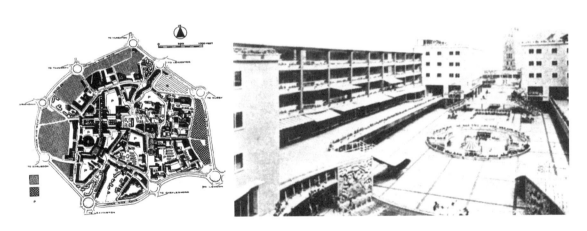

图 1-9　英国考文垂中心的重建

资料来源:朱启勋,1982:50.

构对新建建筑群体的选址与布局进行直接干预,于 1953 年颁布了《地产法》(Décret 53-960),对特定地域范围内土地的征用获取、设施配套、销售等方面提出了一系列规定,以便对新建建筑群体的选址与布局进行直接干预。法国于 1957 年颁布了有关房屋建设的法律,1958 年又颁布法令,提出了"优先城市化地区"(Zone à Urbaniser par Priorité, ZUP)和"城市更新"(Rénovation urbaine)的修建性城市规划制度。

　　此外,针对战后大城市内人口高度集聚的现象,英国政府于 1946 年制定了《新城法》(New Towns Act),希望通过大城市周边自给自足的新城开发,吸引城市内人口外迁至郊区,以缓解当时大城市日益拥挤与无限蔓延的问题。法国于 1950 年编制了《巴黎地区国土开发计划》(Le plan

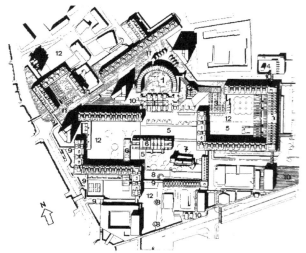

图 1-10　伦敦巴比肯重建规划与模型

资料来源:贝纳沃罗,2000.

d'aménagement de la région parisienne,PARP),提出降低巴黎中心区人口密度,提高郊区人口密度,积极疏散中心区人口和不适宜在中心区发展的工业企业,在近郊区建设相对独立的大型住宅区,在城郊建设卫星城。同时,在 1954 年制订并实行的国土治理计划中提出"疏散政策"(或称"工业分散政策"),严格限制巴黎、马赛、里昂 3 个地区以及法国东部和北部大工业区的人口和工业的继续集中。荷兰也采取了分散化政策,诸如工业分散政策等,以缓解大城市的压力,促进经济发展,1958 年的《荷兰西部及其余地区》(*The West and the Rest of the Netherlands*)以及 1960 年的《空间规划报告》(National Report on Spatial Planning)也集中体现了这一点。

1.3.1.4　重要实践

1) 大规模推倒重建

在当时由国际现代建筑协会(CIAM)倡导的城市规划思想指导下,许多城市都曾在城市中心拆除大量老建筑,取而代之的是各种被标榜为"国际式"的高楼,城市面貌虽已焕然一新,却使人们觉得单调乏味、缺乏人性,并且带来大量的社会问题,成为继第二次世界大战后的"二次破坏"。如西柏林科洛茨贝格地区在战后忽视历史的改造思想影响下,将路易斯城中心的奥郎宁广场周围建筑推倒拆平,修建了东西向和南北向的高速路、巨大的立交桥和高层住宅,尺度过大的道路

图 1-11 经过战后重建的伦敦巴比肯中心区

和体量过大的高层建筑对城市的历史形态和整体完整性造成了严重的破坏。

2）清理贫民窟

当时采用的是所谓"消灭贫民窟"的办法，即将贫民窟推倒，并将其居民转移走，然后以能够提供高税收的项目取而代之。1930 年，英国工党政府制定《格林伍德住宅法》（Housing Act 1930，又称为 Greenwood Act），采用当时颇有影响的"建造独院住宅法"与"最低标准住房"相结合的办法来解决贫民窟问题。例如，在清除地段建造多层出租公寓，同时在市区以外建造独院住宅村，此种做法在曼彻斯特这类贫民窟较多的大城市比较普遍。

3）城市中心区土地置换

经济增长导致对城市土地的需求高涨，这时期的城市更新运动从根本上来说是试图强化位于城市良好区位的城市中心区的土地利用，通过吸引高营业额的产业，如金融保险业、大型商业设施、高级写字楼等手段来达到使土地增值的目的。而原有居民住宅与混杂其中的中小商业则被置换到城市的其他地区。这种举措曾一度带来城市中心区的繁荣，但很快就出现了大量问题。由于中心区地价飞扬，带动整个城市的地价上涨，助长了城市向郊区分散的倾向，由此加剧的钟摆式交通的堵塞问题使中心区的吸引力逐渐下降。由于居住人口大量外迁，一些大城市的中心区在夜晚和周末成为所谓的"死城"或"城市沙漠"，带来治安、交通等一系列社会问题，而大量被迫从城市中心区迁出的低收入居民却在内城边缘形成新的贫民窟。

4）大伦敦规划

1937 年，英国政府为了研究、解决伦敦人口过于密集的问题，成立了以巴罗爵士为首的巴罗委员会。在其 1940 年提出的《巴罗报告》（Barlow Report）中建议，通过疏散工业和人口来解决大伦敦的环境与效率问题。1942 年，英国皇家学会 MARS（Modern Architectural Research）小组提出规划报告，建议将伦敦由封闭形态转变为一个开放的、由两个相互隔离部分组成的大伦敦，城市由一系列相互平行的、被绿地分割的城区组成。1944 年，一份题为《伦敦市的重建》的研究报告发表，几乎在同一时间，伦敦城市规划也得以完成。帕特里克·阿伯克隆比（Patrick Abercrombie）的大伦敦地区规划吸收了霍华德田园城市理论中分散主义的思想以及格迪斯的区域规划思想、集合城市概念，采纳了昂温的卫星城建设模式，将伦敦城市周围较大的地域作为整体规划考虑。

1.3.2 城市复苏(Urban Revitalization)

1.3.2.1 面临问题

在经历了大量贫民窟清除、住宅区建设、城内土地开发再利用、人口重新分配以及新城开发等一系列城市规划实践后,1950 年代后期,各国开始进入更加敏感的住房革新和整个旧城复苏提升的重要阶段。在英国,城市中心区衰退和城市交通拥挤混乱成为各大城市面临的极其严重的问题,区域经济问题与地价控制问题也愈发重要。在法国,高速发展的经济导致城市规模不断扩大,各地相继出现了集合城市(Conurbation,即中心大城市及卫星城镇构成的城市群),加上人口大量地从农村地区涌向城市地区,引起城市进一步的快速膨胀。同时,经济发展带来的富足供给在法国社会中培养了个人主义的消费倾向:过于追求郊区独立住宅或城市中心更新后的住宅,贬低甚至抛弃 1950 年代曾一度代表社会进步、由国家统一建设的大型集合式住宅区。至于德国,战后重建时期按照柯布西耶有序、功能分区的现代主义城市设计原则建造的以新居住区为主的城市新区彻底瓦解了原来密集的城市空间。城市被划分为居住、工作、购物、休闲等不同功能区域后,带来了交通负荷不断增加的严重后果。同时,功能单一的居住区忽视了城市的社会结构和空间品质,因缺少生活内容和吸引力而导致犯罪率飙升。而在荷兰,城市化迅速发展后,城市周围地区不断膨胀、私人小汽车激增引发交通问题以及工业化引起环境恶化等构成了这一时期的三项主要地区问题。

1.3.2.2 重要思想

实践证明,大规模的以形体规划为思想基础的城市改造并没有如预料的那样取得成功,相反,有些计划给城市带来了极大的破坏。这一现象揭示出城市更新要解决的问题不仅仅是物质的老化与"衰败",更重要的是地区、社会和经济等方面的"衰退"。于是,许多学者开始从不同立场和不同角度对传统的城市规划思想及其指导下的大规模城市改造方式进行严肃的思考和探索,"人本思想"由此产生。"人本思想"强调城市发展中对人的物质和精神需求的重点考虑,强调"利人原则"在城市更新中的核心地位。在微观层面上,"人本思想"要求"宜人的空间尺度是城市设计关注的重要主题"和"对人生理、心理的尊重";在中观层面上,强调"具有强烈归属感的社区设计""创造融洽的邻里环境";在宏观层面上,则要有"合理的交通组织""适度的城市规模"和"有机的城市更新"。

1954 年,国际现代建筑协会中的"小组 10"(Team 10)在荷兰发表《杜恩宣言》(The Doorn Manifesto),提出以人为核心的"人际结合"思想,指出要按照不同的特性去研究人类的居住问题,以适应人们为争取生活意义和丰富生活内容而产生的社会变化需求(Levy J M,2002;Camhis M,1979)。次年,"小组 10"又在批判国际现代建筑协会旧思想、旧观念的基础上,强调了对人的关怀和对社会的关注,认为城市形态由生活本身的结构发展而来,故城市和建筑空间是人们行为方式的体现。"小组 10"的代表人物,英国的史密森(Smithson)夫妇提出了极富"后现代"特征的新城市形态概念——"簇群城市"(Cluster City),这一概念充分体现了城市发展的流动、生长、变化的思想,认为城市的规划与建设必须选择对整个城市结构最有影响的要素来进行,而非重新组织整个城市。在此思想下改造旧城,可以保持旧城的生命韵律,使它在不破坏原有复杂关系的条件下不断得以更新(沈玉麟,1989)。

1957 年,英国社会学家迈克尔·杨(Michael Young)和彼得·威尔莫特(Peter Willmott)出版了一部关于英国旧城地区战后早期重建工作的著述,一针见血地指出"外观凌乱的贫民窟,就其社会层面而言,却是一个良好的组织严密的社区",而规划师只关注物质环境,却忽视了住宅重建的社会因素,忽视了人们赖以生存的非物质的社会环境;泰勒提出"对于住宅重建地区,尽可能'将原有的社会群体整体搬迁,尤其是大家庭,以及希望加入的人们',这种做法可能会更好"(泰勒,2006)。

1959年,荷兰规划界产生了整体主义(Holism)和整体设计(Holistic Design)的思想,提出要把城市作为一个整体环境,以全面地分析人类生活的环境问题。1965年,英国政府的规划咨询小组(Planning Advisor Group,PAG)在报告中首先提出了"公众应该参与规划全过程"的想法。1968年斯凯芬顿(Skeffington)领导的政府特别小组为探索城市规划中公众参与的方法与途径,提出了设立"社区论坛"、任命"社区发展官员"等一系列设想。至此,公众参与开始成为一种规划政策介入西欧城市更新活动之中。

1.3.2.3 政策措施

战后过渡性的城市重建措施到1950年代后期逐渐引起人们的不满,单纯地铲除城市中心的贫民窟并同时向郊区扩散人口已不能解决内城发展的实质性问题,内城开发政策亟须调整。这一时期,城市经济振兴被看作是解决城市贫困、就业和冲突的根本性措施,而城市振兴的主体——公共部门和私有部门也在努力寻求某种平衡来加大私有部门的作用和影响,提高整体社会的福利水平。尽管当时政府已开始注意内城区人口的居住和留守问题,郊区化趋势依然显著。1960年代末,各国城市发展中的内城问题日益严重,过度郊区化更引发了物质性表象之外的一系列社会、经济结构问题。于是,许多城市开始注重内城复兴、社会福利改善、中心商贸区的复兴以及更新过程中的环境保护、文化继承和社会生活特色保留等问题(图1-12、1-13)。

图 1-12　德国慕尼黑中心历史街区复兴

针对工业区的开发,英国于1960年提出《地方就业法》(Local Employment Act),设置开发区,涵盖了所有需要政府提供资金、协助完成某一地区开发的区域;1966年的《工业开发法》(Industrial Development Act)又提出"新开发地区"的概念,进一步扩大了开发地区的规模与覆盖面。

图 1-13　比利时布鲁日历史中心区的保护

在法国,为实现区域经济协调发展,政府先后确定了西部、西南部、中央高原和东北老工业区等经济发展比较落后的区域为优先整治地区,并先后制定了布列塔尼亚公路网建设规划、中央高原开发计划、南方滨海地区旅游开发和生态保护计划、科西嘉地区整治与开发计划、东北部诺尔—加莱和洛林老工业区结构改革计划等区域经济发展远景规划。

针对住宅开发,英国政府采取了多种形式,包括重建地区的新住宅开发、郊区的新住宅开发、旧住宅区的住宅改善等。1964 年的《住宅法》(Housing Act)提出设定"改善地区"(Improvement Area),集中对非标准住宅进行改造;1969 年的《住宅法》又进一步扩大范围,提出了"一般改善地区"(General Improvement Area,指有成片非标准住宅的地区)的概念;同时,规划决策的权力由中央政府下放到地方政府,强调规划的民主性,要求公众参与。在德国,政府则借助住宅工业化和继续大规模建造新住宅的政策,以高密度聚居的生活方式来实现理想中的都市文明,同时在大城市边缘地带兴建大型的城郊住宅区。1967 年前侧重于集中修复现有的传统式住宅,1967 年后开始制定修复和翻新大片住宅,包括整个街坊和街道的全面改建。而在荷兰,住宅、形态规划和环境部于 1966 年发表了《第二次空间规划报告》(The Second Report on Physical Planning),针对当时居住环境恶化的现状提出"有集中的分散"原则,面对"城市化"的主要难题及矛盾,提出了城市郊区化的概念,并对由此带来的问题作出了相应的对策。

1.3.2.4　重要实践

1) 住宅开发

在经历了一段时间的战后重建后,面对城市内依然严重的住宅紧缺问题,各国政府依旧致力于在城市内集中兴建大型住宅区(装配式结构的住宅)。以德国为例,在努力建造新住宅、重建和扩展现有城镇居住区的同时,各类旧建筑的开发亦在同步进行,以建设全新的居住街区为主题的"大规模的城市再开发"成为这一时期德国住宅建设的主要形式。

2）城市中心区恢复

1960 年代,经济和人口的上升促使各国政府开始关注受到战争破坏而日渐萧条的城市中心区的恢复,并着力解决城市交通、基础设施建设和旧城整治的问题。以当时的法兰克福中心区建设为例,大片的街区、办公楼和银行林立在市内宽阔的道路两旁,现代化的商业区在市中心原有居住区的废墟上骤然而起,传统的老城区以现代化的全新姿态显现于人们面前。

3）卫星城与新城建设

1946 年始于英国的新城运动至 1960 年代开始影响法国、德国、荷兰等其他西欧国家,其主要目的在于通过在大城市以外重新安置人口,设置住宅、医院、产业、文化、休闲和商业中心,形成新的相对独立的社会,借以疏散大都市人口和工厂,改善城市交通拥挤的现状,提高人们的居住水平。伴随新城建设与郊区化运动的发展,大城市周边逐步形成一系列卫星城,以接纳改造地区多余的人口和经济活动,缓解大城市的人口、交通、环境等压力,给城市建设腾出了一定的空间。同时,在清除地段建设"有规划的"中高层公寓式出租住宅社区,在一定程度上缓解了战争带来的大量住宅短缺问题。这一运动以英国的斯蒂夫尼奇(Stevenage)、坎伯诺尔德(Cumbernauld)、斯凯默斯代尔(Skelmersdale)、朗科恩(Runcorn)的城市建设和法国巴黎周边的新城建设,以及德国法兰克福西北的新城、慕尼黑周边新城以及柏林新城建设最为典型,分别代表了不同国家不同阶段新城建设的规划思想,为现代城市的更新发展提供了各种可能的范式。

4）巴黎大区的整治更新

1965 年,法国政府制定了《巴黎大区国土开发与城市规划指导纲要》(Schéma Directeur d'Aménagement et d'Urbanisme de la Région de Paris,SDAURP),提出在 2000 年以前在巴黎四周建设 8 个有足够工作岗位和商业、公共服务设施的新城,新城布置在建成区南北两侧,呈两条从东南向西北平行发展的走廊,这种打破传统的环形集中发展方式往往会造成绿地不足和交通拥挤;1969 年,指导纲要作了修订,把 8 个新城改为 5 个新城,以促使巴黎的新城建设与外省的新城建设取得平衡(图 1-14)。

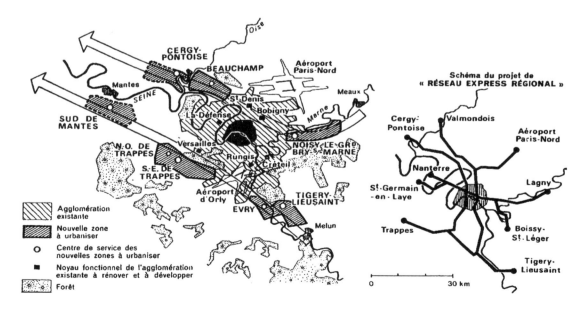

图 1-14　1965 年巴黎旧城疏散和新城建设的总体思路

1.4 1970年代至1990年代的城市更新

1970年代至1990年代,西欧城市比起以往任何时期的变化幅度都大得多。导致城市在结构方面发生如此巨大变化的原因有两个方面:一是作为城市基础的经济的快速重组,使得城市作为制造业中心的功能已经完结,而代之以服务业和消费中心;二是分散化的过程,把城市中心和内城的许多功能拉向了外围的卫星城镇。这两种趋势导致了大范围的土地和建筑的废弃、环境的退化、失业人口增加以及社会的急剧变化。这一时期城市更新的公共政策力图对废弃的土地和房子进行有效的再利用,以创造新的工作机会,提高城市环境质量,解决一系列的城市社会问题。

这些趋势在老的工业地带尤为明显,如英国的南威尔士、北英格兰、苏格兰中部和北爱尔兰贝尔法斯特地区。在法国受影响的是洛林和诺德地区。荷兰的问题不是那么显著,但鹿特丹面临码头和工业重组的影响。在比利时的瓦隆地区,桑布尔河(Sambre)和默兹河(Meuse)工业地带受到严重的冲击。在德国,萨尔兰德(Saarland)、鲁尔以及前东德的大部分地区正经历着剧变。

1.4.1 城市更新(Urban Renewal)

1.4.1.1 面临问题

英国城市在欧洲最早经历这场经济重组和社会变革,部分原因是弱小企业的竞争、内城废弃的基础设施和社会压力,为此英国最早采取城市更新政策。荷兰的城市规划师采取他们自己的城市更新方式,尤其是住宅区的更新。到了1980年代,许多法国以及德国的城市开始经历同英国城市一样的问题,并广泛采取了类似的政策来应对。当时的英国城市出现了严重的逆城市化现象——内城中人口大量流失,工厂企业或者倒闭或者迁往郊区,大量的废地(工厂迁移后留下的土地)、空房(人口迁移后留下的住宅)存在于内城中,即所谓的内城荒废现象。城市郊区的土地开发压力随之大大增加,城市边缘地区迅速向外扩展,各自扩展的边缘地区又趋向于"联片"发展,出现了城市聚合现象。内城人口的分散降低了内城的人口密度,人口外流(尤其是大量的年轻人迁往郊外)引起劳动力丧失问题,进而引起工厂倒闭,并由此造成内城日趋恶化的荒废现象:城市环境质量下降、市中心区商业活动萧条、大量的废弃住宅遗留在城市中心地带等等。

在法国,1960年代末的城市危机随后引发了两场重要的社会运动:一是体现城市居民公众意识加强的"公众参与运动",批评国家在落实公共政策时单纯追求数量而忽视质量的做法,呼吁城市建设日常决策中的民主化与参与性;二是反对技术政治型政府和消费型社会,开始呼吁保护自然的"环境保护运动"。而在德国,1973年的石油危机直接引发了城市内传统工业的衰退,人口的不断下降以及大片城市空地、工业废弃地的出现造成了城市的荒废景象。同时,新的工业用地在城市边缘地带发展,不断蚕食着农业用地,亦带来了环境的严重污染,鲁尔区便是其中的一个例证。

1.4.1.2 重要思想

人本主义的思想在1970年代依然延续。1973年,英国学者舒马赫(E. F. Schumacher)针对几十年来城市更新中的推倒重建发表了一部颇有影响的论著——《小即是美》(*Small is Beautiful*),指出战后大规模经济发展模式的缺点和局限,强调规划应当首先"关注人的需要"(People Mattered),主张在城市发展中采用"人本尺度的空间创造"(Human Scale of Production)和本地化的"适用技术"(Appropriate Technology)。在对"历史价值"的保护中,国际现代建筑协会于1977年制定《马丘比丘宪章》(Charte of Machupicchu),指出"不仅要保存和维护好城市的历史遗迹和古迹,而且还要继承一般的文化传统,一切有价值的、说明社会和民族特性的文物都必须保护起来"。

后现代主义思潮在这一时期的城市发展中占据主要位置,这一批倡导者对传统的物质空间规划手法和城市设计观开始提出怀疑,尤其对大规模的城市改建给予了严厉的批评。简·雅各布斯从社会分析的视角对柯布西耶所推崇的现代城市规划模式提出了无情的批判,认为是对城市传统文化多样性的彻底破坏。这一犀利论述,引发了西欧规划界对城市更新的深刻反思。随后,许多学者也从不同立场和角度指出了用大规模计划和形体规划来处理城市中复杂的社会、经济和文化问题的致命缺陷,同时对传统的渐进式规划和小规模改建方式表示了极大的关注。

文脉主义的理论在 1970 年代亦得以发展。1971 年,舒马赫(Thomas L. Schumacher)在《文脉主义:都市的理想和解体》("Contextualism: Urban Ideals and Deformations")一文中提出了文脉的定义,即对于城市中已经存在的内容,无论其形式如何都不该破坏,而应尽量设法使其融入城市整体,成为城市的有机内涵之一。舒尔茨(C. N. Schulz)也认为,城市的建筑与规划都应该达到与结构场所——文脉相吻合的目的,任何城市的文脉体系都与城市场所、具体环境密不可分。在西欧,文脉主义的城市规划主要表现在用古典的方式和城市尺度来改变工业化城市的景观,以此加强城市的亲和力和历史文化含量。

1.4.1.3　政策措施

进入 1970 年代,人们愈发意识到城市问题的复杂性:城市衰退不仅源自社会、经济和政治的深刻变化,也源于区域、国家乃至国际经济格局的变化。故这一时期城市开发战略转向更加务实的内涵式城市更新政策,力求从根本上解决内城衰退,更加强调地方层面上的问题(张平宇,2002)。一系列城市更新政策由此纷纷展开,诸如制定优先教育区域,把资金分配到那些教育设施较差的内城,力求使贫困家庭的儿童接受良好的教育;设立城市计划基金,资助社区、社会和教育工程;进行集中基金解决社区问题的社区发展工程等。荷兰的反城市化运动和英国的内城更新成为这一时期城市更新实践的典型,保留城市结构、更新邻里社区、改善整体居住环境、恢复城市中心活力、强调社会发展和公众参与成为当时的主要目标(图 1-15)。

图 1-15　荷兰在旧城更新中开展的公众参与活动

资料来源:Physical Planning Department,City of Amsterdam,2003:133-136.

针对内城日趋恶化的荒废现象,英国政府采取了一系列强有力的干预政策,其中包括:制定强制性的法律和条例,加强对城市更新、恢复内城功能工作的监督管理;对内城功能衰退严重地区实行特殊的政府资助和减免税收政策,帮助内城开发经济;由中央政府或地方政府组建专门机构,进行内城的专项开发或专项课题研究。同时,各地方当局亦开始编制内城更新规划,以此作为控制内城开发的依据。

而在法国,政府更注重城市管理和城市发展的关系,控制必需的城市化和道路用地,建设相适应的城市设施,组织、投资管理和建设必要的住宅,优化利用城市设施和交通系统。旧区改建、住宅更新、保护自然环境、限制独立式小住宅蔓延成为当时人们普遍关注的问题。1972年的《行政区改革法》(Loi portant création et organisation des regions)、1975年的《土地改革法》(La Loi sur la réforme agraire)、1976年的《自然保护法》(Loi relative a la protection de la nature)都分别提出了环境质量评价的概念,要求对全国各种形态规划增加关于环境保护的内容。之后,国家设立城市规划基金,专用于传统街区和城市中心改造。

至于德国,基于"保留周边、推倒内部"的旧城改造政策,居住区作为由住宅、邻里环境及居民之间社会联系共同组成的社区单元再度成为旧城改造的焦点,住宅恢复和住宅内部现代化运动成为城市规划政策的目标和任务。传统的居住与工业用地混合布置的方法亦被重新采用,生活综合区概念取代了1937年《雅典宪章》提出的四大功能分区概念。1971年颁布了《城市更新和开发法》(Stadterneuerungsgesetz)和《城市建设促进法》(Stadtentwicklungsgesetz),到1977年又颁布了《住宅改善法》(Wohnungsverbesserungsgesetzü),这些重要法规分别针对住宅和旧城改造等相关问题提出了相应的更新政策与措施。

1.4.1.4 重要实践

1)内城更新

英国在1977年颁布的《内城政策》白皮书是战后英国中央政府首次以最为严肃的态度分析城市问题的性质和原因,并针对内城荒废现象所提出的对应决策。在白皮书中将过去鼓励的城市扩散化转向城市内城更新,提出在内城区域中一些严重萧条的工业或商业区域建立产业改善区,以优惠政策吸引投资,活跃经济,增加就业机会。内城政策的根本目的是:①增强内城的经济实力,开创当地居民的良好前景;②改善内城物质结构,提高环境的吸引力;③缓和社会矛盾;④保持内城与其他地区的人口和就业结构的平衡。内城政策还认为工业的驱动力和工业地方政策的改变对内城复兴有积极作用。内城更新导致了"绅士化"(Gentrification)——一些中产阶级家庭自发地从市郊迁回城市中心区,与低收入居民比邻而居。中产阶级家庭的迁入,增加了居住地区的税收并带来一些投资,改善了居住环境,平衡了城市交通的压力。卡迪夫城市中心区在这一时期的更新改造便是典型。政府投资建设了过境交通线路、城市中心环线以及市内步行商业系统,兴建了大量公共设施与住宅以吸引市民返城居住。同时,合理组织各类交通系统,创造更多就业机会,引导大规模的物质形态更新,大大改善了城市居住环境,为城市内部区域的更新以及经济的发展创造了有利条件。

2)反城市化运动

荷兰在1960年代末城市化迅速发展后,为应对城市化所引发的诸多地区问题,集中化分散(concentrated deconcentration)的规划模式以及振兴国家东南部和东北部经济发展以平衡全国经济的策略应运而生。随后,振兴边缘地区的经济发展政策以及城市地区土地利用重新分配的策略规划再次被用以应对城市化运动的影响和冲击,于是,目标规划(Destination Plan)作为城市地区土地利用重新分配策略规划的补充随之创立。1970年代的这一反城市潮流严重影响了荷兰国内以阿姆斯特丹为代表的大城市的人口发展,中等城市的居住形式渐渐成为人们的首选,邻里设计中的城市更新开始转向更加小心谨慎和尊重历史的做法。

1.4.2 城市再开发(Urban Redevelopment)

1.4.2.1 面临问题

1980年代,许多城市传统的工业结构经历了剧变,失业和城市居民分异成为最主要的政治问题。传统工业的衰退带来了一系列的严重问题,诸如失业、土地荒废、社会隔离、种族歧视、环境恶化等等。在英国,地方官员开始像中央政府那样与私人投资者联合,不断向边缘地区寻求解决方法。其他国家亦采取了不同的策略,如法国的解决方法是通过国家的大量资助探寻权力向地方社区的转移,而德国的富裕地区的地方政府则花费大量的财力以度过城市的危险期,这种状态一直到东、西德国重新统一才有所改变和好转。

在具体的政策与措施上,英国新执政的保守党政府开始计划缩减公共开支,提高贷款利率,控制货币流通量,降低税率,撤销一些政府干预措施,提倡自由竞争,实行非国有化。在这些政策的影响下,人口集聚问题、城市边缘土地过量开发问题以及恢复落后地区的内城功能问题成为这一时期的关注焦点,内城更新和振兴成为当时英国城市土地开发工作的一项重要内容。在德国与荷兰,1980年代后期,随着经济结构的变化和后工业化的到来,服务型产业增长迅速,原有与制造业相配套的建筑已不能适应如写字楼等办公空间的需要,废弃建筑大量出现,加上城市交通的混乱以及各类空间使用的矛盾,内城衰退成为城市规划的中心议题。

1.4.2.2 重要思想

1970年代中后期,"新马克思主义"(Neo-Marxism)理论兴起,强调从资本主义制度的本质矛盾层面来认识、理解城市的空间现象,并通过对制度的更新来获得新的、健康的城市环境。1980年代,由里根—撒切尔推行的"新自由主义"(Neo-Liberalism)思想占据优势,强调市场作用和个人自由,主张市场原则、权力分散,反对官僚主义,希望以此摆脱经济危机,刺激经济增长。西欧诸国普遍开展了以提高政府效率为主旨的政府重塑运动,政府的企业化改造开始盛行起来。大部分国家政府(以英国最为典型)因此削减公共开支,将大量公共机构调整为私营,城市规划作为"官僚政治体系"的一部分,亦被相应调整和缩减(张京祥,2005)。大伦敦都市区委员会在这一时期被撤销,直接导致了区域规划的停滞。全球经济一体化的发展趋势又加剧了城市间的竞争,城市规划开始强调对促进经济效益的作用,城市开发公司由此产生,负责各类更新发展项目,借助市场的充分作用来促进城市经济效益的增长。

1.4.2.3 政策措施

1980年代的城市再开发阶段部分延续了1970年代的政策,但更多地表现为对前期政策的修改和补充,以一批大规模的旗舰工程为标志,进入新一轮城市再开发的实施阶段。其突出特点是强调私人部门和部分特殊部门的参与,培育合作伙伴,以私人投资为主,社区自助式开发,政府有选择地介入。空间开发主要集中在地方的重点项目上,大部分为置换开发项目,对环境问题的关注更加广泛。公共参与的规划原则在此时已广泛地渗入城市更新运动之中,其主要目标为改善环境,创造就业机会,以及促进邻里和睦等。小规模并由社区内部自发产生的以自愿式更新为主的自下而上的社区规划成为1980年代城市更新的主要方式。

这一时期,英国政府的城市更新政策有了重大的转变,地方权力机构的作用被中央政府借由财政、立法和行政等多种手段大为削减,私营企业慢慢成为城市开发公司的"旗舰"。根据1980年的《地方政府规划及土地法》(Local Government Planning and Land Act),地方规划局对内城现存的空地和废地实行土地注册政策,从侧面对内城的荒废地、空地加以数量控制,同时设立城市开发公司,建立土地情报制度和城市开发援助金制度。1982年的企业区(Enterprise Zones)以及之后相继出现的城市开发补贴(Urban Development Grant,UDG)、城市复兴补贴(Urban Regeneration Grants,URG)、城市补贴(City Grant,UDG 与 URG 合并)等更新计划便是此段时间城市更新策略的极好体现。1986 年的《住宅与规划法》(Housing and Planning Act)赋予了政府设置简化规划区的权力,通过采取与企业特区相同的区划式开发控制方法来检验简化规划程序是否有助于吸引投资并刺激经济发展。

在德国,根据当时的住宅现状,对城市内部的住宅区采取了如下改建措施:优先大修一切坚固耐用的建筑物;进行翻新的对象只限于那些未来在规划中已经明确了的场地和项目;对那些完全破旧、即便修复和翻新亦无利可图的住宅,则按照城市发展的总体规划有计划地加以拆除,代之以新建住宅。1980 年代中期以后,德国的城市建设实践从大面积、推平头式的旧区改造转为针对具体建筑的保护更新,小步骤、谨慎的更新措施越来越受到重视,这一发展趋势在 1984 年的《城市建设促进法补充条例》(Gesetz zur Änderung des Städtebauförderungsgesetzes)中得到了很好的反映。1987 年,在《联邦城市建设法》(Bundesbaugesetzbuch)和《城市建设促进法》的基础上,德国颁布了新的《建设法典》(Baugesetzbuch),重点提出了城市生态、环境保护、重新利用废弃土地、旧房更新、旧城复兴等问题。

至于荷兰,1984 年针对内城衰落,政府颁布了《城市和村镇更新法》(Wet op de stads-en dorpsvernieuwing)。1985 年又重新修订了《形态规划法》(Wet op de Ruimtelijke Ordening),增加了相关法令,修订了建筑规划,以立法的形式提出了更新内城的方针政策。1988 年的《第四次空间规划报告》(De Vierde Nota over de Ruimtelijke Ordening)开始特别强调日常生活环境质量的提高和空间结构的改善,重新开始强调兰斯塔德地区的重要性以便提高荷兰的国际地位,增强其国际竞争力,开始重视中央、省和地方政府间以及公营部门与私营部门间的合作。

1.4.2.4　重要实践

1)保护性更新

面对 1960 年代大规模整治旧城所导致的对传统城市空间结构的破坏及其产生的负面影响,德国的城市建设开始侧重"保护性更新"——谨慎地对待建筑的修缮和城市骨架及街道网络的改造,步行优于汽车交通考虑,并在许多城市的中心地带规划建设了步行区域。城市改建的目标十分明确,即保护老的城市结构,对建筑进行维修,改造现有城市街区、道路、休憩用地,使之更适于人的居住。这段时间内,对城市中心的再开发在西德许多地方亦同时发生,虽然各地开发的重点及手法各不相同,但都比较重视老城的保护和恢复传统城市中心活力。如在奥格斯堡(Augsburg),老城被加以整修,并插建新的建筑,以增加城市的活力(图 1-16)。在法兰克福,沿莱茵河岸建造了一系列引人注目的博物馆,加上历史中心的改建和银行区附近会展城的建设,使历史城市获得了新的活力(图 1-17)。而汉堡在改建中通过中心区商业、办公、居住等功能的混合亦更新了其逐步衰退的老城(朱隆斌,2001)。

2)紧凑型更新

荷兰在 1980 年代针对旧城功能振兴、旧城区改造的开发控制,开始重点加强旧城区特别是中心车站和中央商业区的改造。集中化政策在城市复兴运动中有具体体现,在旧城更新中也面临新的挑战:对一些丧失原有功能的城市地区(如工业和码头区)加以再开发,同时尽可能地整合现有地区(如福利住房、工厂和码头等),在此基础上规划新的居住和工作社区。研究现有建筑的城市肌理在城市再开发和内填式开发中愈显重要,保持城市空间联系性、保留地方特色和历史见证再度引起人们的广泛关注。此种更新形式以鹿特丹城市中心的更新改造最为典型(图 1-18)。

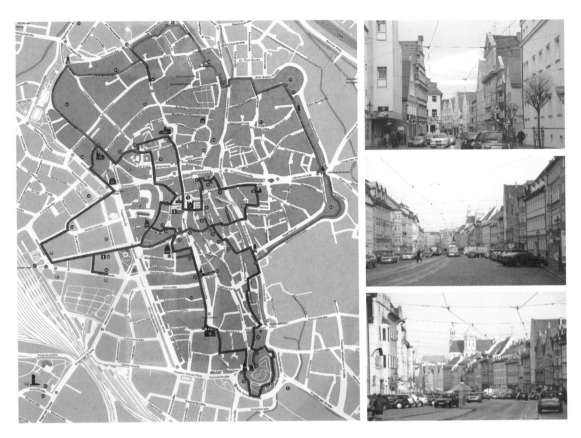

图 1-16   德国奥格斯堡老城的保护性更新

图 1-17   德国法兰克福莱茵河沿岸的城市建设

图 1-18　荷兰鹿特丹中心地区的更新改造

3）城市交通整治

1980 年代，德国开始强调减缓市中心区和住宅区的交通压力，减少干扰，汽车时速限制在每小时 20～30 km；发展公共交通，扩建有轨电车、近郊火车和地铁（地铁一直延伸到市中心区），以减少汽车交通对市中心区的压力。如在法兰克福，交通拥挤是城市发展面临的三大问题（就业、住房、交通）之一，为了缓解中心区的交通拥挤状况，该市在规划中提出了以下措施：①到市中心区的通勤人员主要用公共交通工具；②禁止在中心区高层建筑附近设置停车场，把小汽车限制在中心区外围；③在中心区边缘有交通干道的地方，改造原有第二产业的厂房，使其适合第三产业的需要，并相应发展居住用地。

1.5　1990 年代及其后的城市更新

1.5.1　面临问题

进入 1990 年代，由于社会经济的变化，各国的城市中心地区不同程度地出现了明显的内城功能衰退现象。城市中心区不但人口大量流失，工业大量外迁，而且商业区和办公区也开始往外迁移至郊区，各大城市的郊区星罗棋布地开辟大量大型的超级市场、休闲娱乐区、行政办公中心。同时，包括贫富差异、族群歧视在内的社会问题依然是 1990 年代城市发展中的主要问题。此外，环境的可持续发展和改善在当时的城市中已达成共识，《城市环境绿皮书》（Green Paper on the Urban Environment）（Commission of the European Communities，1990）认为，全球环境保护可以通过城市政策加以提升，就像"为居民提供富有吸引力的环境"以及"强调混合使用和高密度发展"等城市发展的基本目标那样开始为人们所熟悉。在所有政策层面，城市更新如何作为城市可持续发展的一种手段,成为西欧城市的重大挑战。

1.5.2 重要思想

1990 年代,国际环境的转变、生产方式的变化、生活方式的转型等致使城市问题变得越来越复杂,已没有任何一种理论、方法能被用来整体地认识城市、改造城市,新区域主义、生态城市与可持续发展等成为主导新时期城市更新思想的关键词。始于 1980 年代末的"新区域主义"(New Regionalism)以"开放"为特征,关注空间效益集约、环境可持续发展、社会公正、社会和文化网络交流与平衡等内容,强调自上而下与自下而上的规划的结合互动以及区域发展与规划中的社会多极化。这一理论是目前影响西欧区域发展与规划的主流思想。1993 年,欧盟15 国为促进持续发展、增强全球竞争力、共同实现区域与城市空间的集约发展开始了《欧洲空间发展前景》(European Spatial Development Perspective,ESDP)的跨国规划,希望借此使各国城市间单一的竞争关系转为策略性联盟。《21 世纪议程》(Agenda 21)、《阿姆斯特丹条约》(Amsterdam Treaty)、《欧洲人居会议》(The Habitat Ⅲ Europe Regional Meeting "European Habitat")等,无不强调维护区域意识、加强区域基础设施和规划上的管理与合作。欧洲城市组织(Eurocities)、欧洲大都市联盟(METREX,The Network for European Metropolitan Regions and Areas)等组织由此成立。区域复兴运动亦在如火如荼地进行。继德国鲁尔地区的全面区域规划整治工作之后,英国政府为重振衰退经济,于 2000 年提出了"第二次现代化"的概念,重点是努力推进传统产业区域的再发展,利物浦、格拉斯哥等传统产业地区都已成功地实现了区域发展转型(张京祥,2005)。

生态城市与可持续发展的思想在这一时期亦得以蓬勃发展。生态城市思想的提出体现了现代城市基于生态学原则而建立的社会、经济与自然间协调发展的新型社会关系,展现了有效利用环境资源实现可持续发展的新的生产和生活方式。1987 年可持续发展理念[①]的提出广泛影响了人们对世界、城市、生活的重新认知,奠定了生态城市思想的发展基础,"生态足迹""紧凑城市"等便是以生态问题为出发点提出来的对城市发展模式的再思考。1990 年代后,基于对以前更新改造实践的反思,城市更新开始与可持续发展思想合流,出现了更加注重人居环境和社区可持续更新的发展取向。在可持续发展思潮的影响下,西欧国家城市更新的理论与实践有了进一步发展。一方面是前所未有的多元化,城市更新的目标更为广泛,内容更为丰富;另一方面是继续趋向以谨慎渐进式的小规模改建为主的社区邻里更新,谋求政府、社区、个人和开发商、工程师、社会经济学者的多边合作。1996 年 6 月,在伊斯坦布尔召开联合国第二届人类住区会议,确立了 21 世纪人类为之奋斗的、具有全球性重要意义的两个主题:"人人有适当住房"和"在日益城市化的世界发展可持续的人类住区"。会议提出"积极的可持续的人类住区"的观念,为 21 世纪的城市更新确立了主题思想。

---

① 1972 年,联合国环境会议秘书长 M. 斯特朗(Maurice Strong)最早提出"生态发展"(Eco-development)一词;1980年,国际自然保护联盟(International Union for Conservation of Nature,IUCN)发表的《世界自然资源保护大纲》(World Conservation Strategy: Living Resource Conservation for Sustainable Development)中首次提出"可持续发展"(Sustainable Development)一词。1980 年,联合国向全世界发出呼吁:"必须研究自然的、社会的、生态的、经济的以及利用自然资源过程中的基本关系,确保全球持续发展。"1983 年,联合国成立了世界环境与发展委员会(World Commission on Environment and Development,WCED),挪威首相布伦特兰夫人(Gro Harlem Brundtland)任主席。1987 年,该委员会把研究长达 4年、经过充分论证的报告《我们共同的未来》(*Our Common Future*)提交给联合国大会,正式提出了可持续发展的概念。1992 年,联合国环境与发展会议(United Nations Conference on Environment and Development,UNCED)通过的《21 世纪议程》更是体现了当代人对可持续发展理论认识的深化。

1999 年,由理查德·罗杰斯(Richard Rogers)领衔,包括彼得·霍尔在内的"城市工作专题组"(Urban Task Force)发表了《走向城市复兴》(*Towards an Urban Renaissance*)这一研究报告(亦被称为"城市黄皮书"),第一次提出了"城市复兴"(Urban Renaissance)的概念,这一研究报告成为"新世纪之交有关城市问题最重要的纲领性文件之一"。黄皮书中分析了城市发展中存在的若干问题,就可持续发展、城市复兴、城市交通、城市管理、城市规划和经济运作等方面主题,提出了城市转型的三个原动力:以信息技术为核心的新技术革命;基于对急速消耗的自然资源和可持续发展的深刻理解,关注生态技术;伴随日益增长的对生活质量的追求和生活方式的选择而带来的社会转型(吴晨,2002)。专题组通过研究英国各地的实际情况,参考德国、荷兰、西班牙等国的经验,提出要开发已使用的土地和建筑,提高城市环境质量,在政府领导、规划管理和公众参与层面提高效率,改善基础设施建设,减少对车辆的依赖等一百多项城市发展建议,试图创造一种高质量且具有持久活力的城市生活。

随后,英国政府在 2000 年颁布了一份城市白皮书《我们的城镇:迈向未来的城市复兴》[1](*Our Towns and Cities:The Future-Delivering an Urban Renaissance*),提出处理城市社会、生活、经济和环境方面问题的政策措施,并认为只有在保证城市特征和生活质量的基础上,才有可能实现城市的复兴。2002 年在伯明翰召开的英国城市峰会(Birmingham Urban Summit)的主题和提出的口号是"城市复兴、再生和持续发展"。关于"城市复兴"的概念,英国副首相普雷斯科特(John Prescott)解释说,城市复兴就是用可持续的社区文化和前瞻性的城市规划来恢复旧有城市的人文性,同时整合现代生活的诸多要素,再造城市社区活力。在"城市复兴"思想的指引下,一些地区、城市开始注意到文化对城市发展的巨大潜力,纷纷制定城市的文化发展战略并且加大政府对文化建设的投资,通过文化规划与城市设计及经济再生的结合,成功地使一些经济衰退的城市重获发展,极大提高了城市的竞争力。如英国城市格拉斯哥便是通过升级更新城市文化设施改变了城市的面貌。而在伦敦,城市复兴包含更为广泛的内容:应对全球竞争、实现可持续发展、还原社区功能。

2000 年,彼得·罗伯茨和休·赛克斯(Hugh Sykes)合著《城市更新手册》(*Urban Regeneration:A Handbook*)一书,就经济财政问题、物质环境问题、社会社区问题、就业教育培训问题、住房问题以及更新政策问题等方面提出城市再生关注的重点,同时提出城市再生的十大原则:①详细分析城市及地区的各种问题与情况;②力争同时改变或改善城市物质空间、社会结构、经济基础与环境条件;③尝试利用全面和综合的策略解决问题,使其平衡有序且具有积极意义;④确保深化策略与再生的进度,使之符合可持续发展的思想;⑤设立明确的、可操作的、量化的目标体系;⑥尽可能地优化利用自然、经济、人以及其他各种资源,包括土地及现存的建筑环境;⑦寻求并确保行动的共识,通过所有相关者尽可能多地参与和合作,满足各自合法的利益;⑧策略进展的特定评估极为重要,同时要对各种内部及外部影响进行监控;⑨根据情况变化允许对初步计划进行修改;⑩在实际操作中,允许再生策略的不同要素与部分之间进展速度不同,这可能需要增加或减少某种资源以达到再生计划进展的大致平衡。

2003 年,克里斯·库奇(Chris Couch)、查尔斯·弗雷泽(Charles Fraser)和苏珊·珀西(Susan Percy)发表了《欧洲城市再生》(*Urban Regeneration in Europe*)一书,对城市再生有了新的诠

---

① Department of the Environment,Transport and the Regions,2000. Our Towns and Cities:The Future-Delivering an Urban Renaissance (Urban White Paper)。白皮书通常是用来表示政府的这些政策将以新的法规形式予以提出,因此具有法规征求意见稿的作用,同时也就有了政策宣示的作用,即使尚未真正进入立法的程序中,在行政过程中也是可以被运用的。

释,他们针对当前欧洲城市面临的一系列复杂的社会、经济、物质、环境和财政等问题,分析了城市再生带来的经济因素和自然因素的影响,辨别并批判地讨论了城市更新的机遇与挑战以及这些问题的普遍性程度,在对现行更新策略进行反思的基础上,提出现阶段城市更新的新议程,其具体的主题包括经济全球化对城市和区域更新的重要性,提升地区形象吸引力的需求,城市和区域间日益激烈的竞争,长期地方合作的重要性,城市更新计划中整体性的可持续政策目标,潜在的文化导向更新,建立与教育、科研机构相关联的新兴产业,制定具有包容性的社会和资金政策等。

1.5.3 政策措施

1990 年代的"城市再生"理论是在全球可持续发展理念的影响下形成,并在面对经济结构调整造成城市经济不景气、城市人口持续减少、社会问题不断增加的困境下,为了重振城市活力、恢复城市在国家或区域社会经济发展中的牵引作用而被提出来的。城市开发开始进入更加强调综合和整体对策的更新发展阶段,城市开发的战略思维得以加强,区域尺度的城市开发项目不断增加。城市再生涉及已失去的经济活力的再生和振兴,恢复已经部分失效的社会功能,处理那些未被人们关注的社会问题,以及恢复已经失去的环境质量或改善生态平衡等。在组织形式上,建立明确的合作伙伴关系成为其主要的形式,并且更加注重人居环境和社区可持续性等新的发展方式,更加侧重对现有城区的管理和规划。目前主要集中在六个主题上:①城市物质改造与社会响应;②城市机体中诸多元素持续的物质替换;③城市经济与房地产开发、社会生活质量提高的互动关系;④城市土地的最佳利用和避免不必要的土地扩张;⑤城市政策制定与社会惯例的协调;⑥城市可持续发展。在城市复兴基金方面注重公共、私人和志愿者三方间的平衡,强调发挥社区作用。这一时期较前一阶段更注重城市文化历史遗产的保护和可持续发展。

1991 年,英国政府开始启动城市挑战(City Challenge)政策,试图将规划及更新决策权交还地方,鼓励地方权力机构与公共部门、私人部门和自愿团体建立伙伴关系联合投标,加强了中央对计划实施的控制以推动部门间的竞争,使更新目标更具社会性。1993 年,国家环境部提出单一更新预算(Single Regeneration Budget,SRB)政策,希望能够跨越传统部门界限,充分协调,有效聚拢各方预算;由于放宽了政策的广度和深度,SRB 成为 1990 年代英国城市更新政策的新旗舰。

针对大型居住区,法国于 1991 年通过了《城市指导法》(Loi d'orientation pour la ville,LOV),主要关注居民的生活质量、服务水平、公民参与城市管理等;1993 年发起了"城市规划行动"(Le grand projet urbain,GPUL),目的在于恢复 12 个最困难街区的活力;1995 年的《规划整治与国土开发指导法》(Loi d'orientation pour L'amènagement et le développement du territoire)加强了"城市计划"行动,开辟了"城市重新恢复活动区"(Zone de redynamisation urbaine,ZRU)。同年与次年又颁布了有关住宅多样性和重新推动城市发展的法律文件,鼓励在各个城市化密集区、市镇乃至街区,发展多样化住宅,以扭转社会住宅不断集中的趋势,避免居住空间的社会分化。2000 年颁布的《社会团结与城市更新法》以更加开阔的视野看待土地开发与城市发展问题,在探讨城市规划的同时,还涉及了城市政策、社会住宅以及交通等内容,意在对不同领域的公共政策进行整合。

1.5.4 重要实践

1.5.4.1 解构与重构

1990年两德统一,柏林作为新的首都进行了大规模的建设(图1-19)。面对东部地区的内城衰退、住房紧缺、大量施工设施荒废及基础设施落后等一系列问题,长久以来在西德不断发展的城市更新实践与经验开始在这些城市逐步推广。于是,这些城市首先迅速修缮城市的历史地段,建设文化体育设施,在解决住房紧缺问题时也遵循"内向发展"的原则,以在城市内部解决为主,对现有建筑和地块,如废弃的工业用地,加以改造利用,避免城市过度扩张,保护自然环境,同时对东德时期新建的一些大型居住区进行更新改造,并且采取城市土地功能混合使用的措施来增加居住区的活力,提高居民的生活质量。

图1-19 东西柏林合并之后的城市重构

1.5.4.2 城市功能整体提升

随着经济全球化的发展和欧盟体制的逐步完善,欧洲城市的发展焦点开始从内向型转向外向型,并且将城市工作重点转向充分挖掘城市在地区、国家乃至在国际经济中的发展潜力,全面的城市发展战略将有助于城市在国际竞争中取胜。因此,区域复兴越来越成为提升国家与城市竞争力的重要手段(图1-20~1-22)。大巴黎地区规划、大伦敦发展战略规划、兰斯塔德地区规划、柏林/勃兰登堡统一规划等都一致强调了在更大区域范围内加强整体联系,以极大的热情来寻求广泛的国际合作,以应对国际经济秩序重组所带来的政治、经济和环境的压力,实现共同繁荣、社会公平与环境改良的目标。

1.5.4.3 老工业区的更新与再开发

进入"后工业化时代",制造业开始从城市中分离出来,城市中的传统制造业比重日趋下降,新兴产业逐渐取代传统的产业门类,这一趋势导致过去在制造业基础上发展起来的大部分城市出现不同程度的结构性衰落。像英国伦敦、伯明翰、曼彻斯特和格拉斯哥(图1-23),德国鲁尔区、汉堡,荷兰鹿特丹,以及法国东北部等一些曾经强盛无比的传统工业中心在逐渐解体和衰退。为了给老工业区注入新的活力,获得经济上的复兴,人们不遗余力地进行了大规模的更新改造与再发展。例如,德国鲁尔地区为摆脱工业衰退的危机,以适应新形势下经济发展的需要,于1989年开始关注整个鲁尔区工业遗产旅游开发的一体化工作,制订了一个为期10年的国际建筑博览会的宏伟计划,重点是对鲁尔区核心地区(800 km²,拥有200万人口、17个城市)进行区域性大规模更新与再开发;1998年又展开了区域性整治规划,包括社会、经济、文化、生态、环境等多重整治和区域复兴目标;通过持续、不断以及务实的区域规划,以新技术革命、多样化、综合化发展来

图 1-20 法国巴黎副中心拉·德·方斯的西扩

图 1-21 伦敦城金融中心的大规模建设与再开发

图 1-22　伦敦泰晤士河南岸的整体复兴

图 1-23　英国曼彻斯特老工业区的转型

图 1-24 德国鲁尔地区区域性环境整治

促进区域经济结构的全面更新和提升,重塑区域的全球竞争力,成为老工业区持续发展的典范以及德国区域整治最成功的实例(张京祥,2005)(图 1-24)。

1.6 西欧城市更新的总体评价

从全球的城市化进程来看,西欧发达国家城市化已基本上走完了其兴起、发展和成熟的历程,进入了自我完善阶段,其发展速度将日趋缓和。纵观西欧城市更新的历史发展,自 18 世纪后半叶在英国兴起的工业革命引发城市更新运动起至今,西欧城市更新的目标、内容及方式已发生了很大的变化,目前西欧城市面临的已不是战后重建初期出现的诸如房屋破旧、住宅紧张等物质性表象和社会性表象的问题,而是一些更为深层、综合的城市社会和经济结构等方面的问题。因此,西欧各国的城市更新概念与实践呈现出丰富多样的状态,并且在发展历程中既有诸多成功的经验,也存在一些不足或者是失败的地方,这些均需要我们作全面客观的判断。

1.6.1 相似与不同

1.6.1.1 术语的多样与更新方式的差异

西欧城市更新概念有多种不同的表述方式,分别代表了不同发展阶段的主要目标与内容,但各种表述间仍有相似,它们均涵盖了:政府当局的组织行为(常常是公众倡议的结果);对于某一特殊城市地段更新的时间与花费;对于居住单元的关注已超出了改善和重新安置范畴;对于传统邻里的关注包含建筑、基础设施、社会、经济、政治等层面;认为城市更新并非一个独立行为,而是一个持续的社会过程;与受影响居民直接交流的行为;在地方政府组织能力不够的情况下出现的复杂社会问题;等等。当传统意义上的以物质形体空间改造为核心的内容不能全面概括城市有机体的更新过程时,涉及物质、经济、社会空间结构变动与功能重组的相关概念便随之被提出。可以说,"城市更新"的提出代表了一个过程,它是以长期以来城市的发展变化及政策调整为基础的,而左右城市变化与政策的五个主要因素包括:①城市地区明显的环境条件与社会及政治间回应的关系;②对城市地区住房及社会健康与福利的重视;③社会进步与经济增长间令人向往的关联;④牵制城市质量提升的因素;⑤城市政策角色与作用的改变。

一般意义上的理解,城市更新是指针对城市现存环境,根据城市发展的要求以及为了满足城市居民生活的需要,对建筑、空间、环境等进行的必要的调整和改变,是有选择地保存、保护并通过各种方式提高环境质量的综合性工作。它既不是大规模的拆建,也不是单纯的保护,而是对城市发展的一种适时的"引导"。城市更新的形式主要有修复(Restoration)、适宜性整治和修缮(Adaptive Modification and Rehabilitation)、复制(Replication)、改造(Renovation)、改建和重建(Rebuild and Reconstruction)及插建(Infill Development),如在保存历史建筑外观的同时对内部进行适应现代生活的整改,新建与原有建筑相协调的建筑,清理违章建筑和搭建,进行合理的交通组织,改善基础设施等。

其中,最为主要的更新形式有三种,即重建、整建与维护。简单而言,重建就是将市区土地的地面构筑物予以拆除并加以合理使用,这种方式适用于建筑物和环境恶化的城市区域,最为激进,耗费最大,但阻力也较大,耗时极长。整建就是将建筑物的全部或部分予以修整完善,改造或更新设备,增强其城市服务功能,使其恢复继续使用,这种方式能迅速完成,亦可减轻原住户安置的困难,不需耗费巨大资金,更新方式也较为缓和,适用于现已衰落但仍可复原而无须重建的地区或建筑物,在减缓旧区继续衰落的同时,亦可进一步改善城市生态环境。而维护则是针对尚能正常使用的建筑物或区域,为避免其环境恶化而对现有城市结构、建筑物的修理与保护,这种方式最为缓和,耗费也最低,适用于社会经济运行正常的旧城区。

1.6.1.2 相似的成因、目的与不同的实践

尽管西欧各个时期各个国家城市更新的计划不同,但其成因和目的极为相似,都是由城市问题引起,希望通过相应的更新措施,抑制城市衰退,实现城市复兴。城市问题的产生无非物质、经济与社会诸方面。就物质环境而言,主要表现为住房破损与供需失衡、绿化欠缺、基础设施落后、大量工商业废弃地的出现;而社会、经济方面则突出表现为社会混乱、经济衰退、高失业率、高犯罪率、住房拥挤、人均收入水平低下、人口大量外移、房地产价格下跌、工作场所与居住地日益分散。

城市更新的目的有侧重物质环境方面的,也有侧重社会、经济和政治方面的。物质环境方面的目的大约可归纳为:

- 调整有碍城市发展的用地,使之合理化,提高土地的使用价值;
- 改善城市环境,补充公共设施,提高城市的吸引力;
- 对功能衰退的城市结构加以调整,给城市注入新的生命力;
- 增强城市防灾能力;
- 限制零星改建,提倡综合开发。

其社会目的是消灭贫穷引起的社会问题,提供就业机会,改善生活,缓解阶级矛盾。经济目的是增强城市活力,改善政府财政,创造就业机会,增加投资效益。政治目的则是改善政府形象,唤起民众意识,促进公众参与。

但是,由于各个国家的社会、政治、经济背景各有差异,城市更新的起因和目的虽有相似,但具体实施的更新实践仍各有不同。如面对社会混乱和经济衰退等问题,英国自1946年开始推行

新城建设,通过卫星城来转移城内多余人口与经济活动,缓解城市人口、交通、环境等压力;随后,又针对内城问题与过度郊区化开始了内城复兴、中心商贸区恢复、社会福利改善等举措;面对内城衰败,政府推行了一系列以提高政府效率、减少公共干预、削减福利开支、强化市场机制、营造投资环境、刺激经济发展为核心的重大体制改革;当市场需求成为城市更新的主导力量后,又借助建立城市开发公司来实现区域振兴、高效利用土地和建筑物设施、鼓励现有工商业发展;近年来则更为注重再生或振兴城市已失去的经济活力,恢复已经部分失效的社会功能,处理未被关注的社会问题,其经济、社会和文化复兴成为城市更新的主要焦点。

至于德国,则长期强调恢复居民间的社会联系及传统城市中心的经济活力,关注传统城市空间和城市文脉的延续;近年来更加注重"内向发展"与土地功能混合,并以此来增强城市居住区活力和促进城市经济发展。

1.6.1.3 相似的更新发展与不同的更新历程

西欧国家的城市更新发展基本上都经历了从城市重建、城市复苏、城市更新、城市再开发、城市再生到城市复兴的几个重要阶段,亦是由于物质、社会、政治、经济背景等诸多差异,城市发展略有先后,城市更新的历程自然会有所差异。

作为西欧城市更新的代表,英国的城市更新经历最早,发展也最为全面。从 1940—1950 年代的战后重建、新城运动、贫民窟清理,到 1960 年代针对过度郊区化而实施的城市恢复,然后是 1970 年代的城市更新(即为内城更新)、1980 年代以市场为主导的城市再开发,再至 1990 年代以"人文主义"与可持续发展为主导的城市再生,直至 2000 年以后的城市复兴、经济复兴、社会复兴、文化复兴,60 多年的发展基本上涵盖了西欧城市更新发展的方方面面。

法国的城市更新则受其工业化与城市化发展影响,大致可分为五个阶段:1944—1954 年的战后重建阶段,侧重生产性经济实体的建设;1955—1967 年的工业化和城市化快速发展阶段,侧重城市基础设施建设和有计划的开发建设;1968—1982 年的国家计划性规划阶段,关注旧区改建、住宅更新、保护自然环境、限制独立式小住宅蔓延;1983—1999 年的权力下放和社会住宅政策阶段,关注居民的生活质量、服务水平、公民参与城市管理;2000 年至今的整合各种公共政策、推广新型城市发展更新模式阶段,注重推广以节约利用空间和能源、复兴衰败城市地域、提高社会混合性为特点的新型城市发展模式。

而德国的城市更新亦大致分为五个重要阶段:1945—1960 年是城市重建和高速发展时期;1960 年代城市进一步发展,进行了较多的卫星城和新城建设,同时为解决交通和基础设施问题对城市内部加以整治;1970 年代开始侧重"保留周边、推倒内部"的旧城改造;至 1980 年代城市用地向外扩张的趋势得到控制,城市更新转向以城市改造和增加城市中心的密度为主;1990 年以后两德统一,柏林重新成为统一后德国的中心,故在柏林和原东德地区进行了大规模的城市改建。

至于意大利,因为更为关注历史文化名城的保护,虽有战后的修复重建,其城市更新发展依然长期以保护更新为主题。

1.6.2 经验借鉴

1.6.2.1 取得的成就

纵观西欧城市更新,其综合效益在于能适时适地实施,以此挽回城市老化,进而创造城市新的生机,极大地促进了城市的可持续发展。

1)实质性效益

城市更新本身便是为改善市区老化地区诸多不良现象而采取的一系列公私活动。其措施不但包括破旧住宅的改善,而且更有主动改善社区环境,消除单调,美化市容,使之兼具观瞻、实用两重功效。因此,城市更新的结果必然会供应足够的公共设施和改善市区的环境,同时运用城市设计美化市容,使其更富吸引力且适于居住、工作和休憩。

2)经济性效益

城市老化会产生很多不良经济环境,尤其会导致地方政府税收减少而支出增加。因此,及早实施城市更新,既有助于地方经济复苏,又方便政府财政周转。虽然城市更新实施期间,政府会有更多的投资性支出,但通常在5~10年内不但可抵偿这种投资,还常能有更多收入,其中更新地区不动产增值而增加的税收便相当可观,另有就业率提高后所得的收入、建筑工程施行结果的收入、吸引高收入家庭迁入后的收入等。

3)社会性效益

城市更新完成后,原有社会结构得以维系,由于家庭生活水平的提高、社区环境的改善,致使就业率增加,各种犯罪大量减少,教育机会较多,发展机会同步增多,城市卫生缺陷也大有改善,城市因而获得社会安定、健康与持续发展。此外,城市更新强调对城市居民需求的关注,注重生活中人们的社会互动、交往联系与情感归属。随着城市更新、社区发展和邻里保护等多种实践的开展,早期混乱而疏远的负面情绪慢慢消减,居民间的社会交往日益频繁,相互间联系与依赖渐渐增强,社区内居民的满足感、参与感、认同感、归属感日渐加深,促使社区内教育、服务等社会福利事业的积极开展,治安得以改善,犯罪、伤害等社会问题大大减少,社会文明日渐恢复。

1.6.2.2 可供借鉴的经验

1)更新规划与配套政策的编制与法律化

当城市问题出现并予以深入的研究探讨后,一系列城市更新的方法措施随之出现。在正式执行前需要使其具象化以利于实施,而作为城市建设外在表现形式的更新规划便是这一具象化、拟定化的有效手段。针对不同地区不同城市问题编制专门的更新规划,提出各种更新可能,同时制定配套的政策以便于更新规划切实有效地落实,必要时更需颁布相关的法律法令,方便国家、政府与社区的组织管理及资金筹措,确保同一时期相似的城市问题一一获解。

2)更新过程中多元角色的积极互动

城市更新涉及的多元利益主体中最主要的是政府、市场与公众,它们三者目的不一致,但这三者的合力却决定了城市更新的成功与否。政府作为社会整体利益的代表,在其中扮演的是积极、公正和诱导性的角色,而非"趋利"的一方,主导城市更新朝促进地方经济发展、提升城市机能、创造长期性就业机会的方向发展。同时市场与公众亦需有效参与,通过利益调整的再分配,提供多样化选择,综合考虑社会各因素,促进社会各阶层的有机融合与社会繁荣,可从某种程度上保证更新实践的可实施性。经过几十年的长期实践,西欧国家在此方面已形成了一套相对完善、行之有效的政策和执行机制,一批非营利性机构应运而生,城市开发公司便是极好的一例。

3)更新实践的综合系统化

不同于一般的房地产开发,城市更新是一项极为复杂的社会系统工程,必须充分考虑各项社会利益,各种措施也需要紧密配合。以伦敦码头区为例,作为伦敦城市更新战略重要组成部分的码头区的更新改造,最初发展并不顺利,由于政府规划引导不足、资金投入较少、与市中心交通未改善等因素,加之当时整个经济处于萧条期,1992年第一期工程完成后,办公用房的出租率仅为60%,开发商奥林匹亚和约克公司(Olympia & York)申请破产。为增强码头区的吸引力,英国政府批准扩建地铁线并将之延伸到码头区,促进新中心整体开发条件的成熟,目前办公用房的空置率下降到20%以下。

4）超越物质空间的社会经济目标的制定

随着城市更新理论与实践的发展,现代西欧的城市更新已不再拘于物质环境改善,开始追求全面的城市功能和活力再生,活化城市的社会与文化,降低犯罪率,创造更多的就业机会,以改善城市经济、财政,提升城市竞争力等。纯空间领域的物质规划影响日渐式微,而经济与社会决策正日益替代空间上的筹划。环境整治、社会改良、机能改善、经济活力增强以及竞争力提高等方面日益成为城市更新关注的焦点。

1.6.3　存在问题

1.6.3.1　公共需求与更新计划的脱离

在所有的更新计划中,居住问题、环境问题、交通问题、社会问题是大众最为关注的,优美舒适的居住环境、有序快捷的交通通达性、安全和谐的社会治安、稳定的就业、良好的教育是广大市民的基本要求,也最为贴近他们的日常生活。这些需求在更新计划的前期调研与计划拟订时都有出现。但是,由于更新计划的政府主导性,政府在实际制订计划时往往会站在更为宏观、更为长远的立场,以城市发展为最终目标,但却很难满足各个阶层的公众需求,再加上更新实践的长期性以及各阶段公众需求的时时变化,更新计划常常会出现远高于或远偏于公众实际需求的两种极端。如以市场为导向的伦敦码头区,在更新改造时以创造优质的住房与工作环境为目标,由于在开发中忽视地方和地区利益,其新建的住房中有一半属豪华住宅,远超出了普通市民的购买能力,无法充分满足当地居民的需求,反而加剧了社区的贫富差距,严重威胁社区发展,致使社区分异问题日益突出。

1.6.3.2　更新内容的片面与不足

目前城市更新的重点不再仅仅停留于解决物质、社会性表象问题,而是开始转向探寻如何才能解决导致城市衰退根本矛盾的深层结构性问题,并且随着城市发展的多元化以及城市更新实践的日趋广泛,更新内容日渐向全面性方向发展。但在具体实践中,由于物质性要素的直观性与经济性、社会性要素的概念性及不可预知性间的强烈对比,以及政府与公众对物质更新的惯性思维,更新时很难兼顾各个方面,时常出现一些片面性与局部欠缺的问题。

1.6.3.3　权力衔接的偏差与冲突

城市更新实践中由于涉及的公共、私人部门较多,虽有理想状况下相关政策的牵引与制约,但在现实利益驱使下,各部门间权力分配难免有失平衡。政府内部各级部门间、政府与私人部门间权力衔接、交接的不当往往会给具体的更新实践带来极大影响,诸如更新资金能否全部到位,更新地段内的居民安置,交通系统的组织调整,市政设施的补充完善,以及公众参与中与居民的交流及其所持态度,相关社会经济问题的解决措施及其最终全部落实的可能性,等等。每个城市更新项目即便规划完美,在实施过程中却不得不面对既得利益各方的矛盾及理念冲突,而权力衔接的偏差又容易加深这一矛盾,并导致某项措施无法顺利实施。

1.6.3.4　更新的高风险与未知性

城市更新属长期规划,耗时颇长,常会经历多次政府重整。由于不同时期不同政党所推行的城市建设理念不同,在资金补助及政策制定方面便会有所差异。而全球经济的动态发展也会影响国家甚或某个私营企业的经济发展,作为投资方的私营企业一旦调整企业运营政策或做出资产重整,整个城市更新项目便很容易遭受停滞或内容调整。同时,由于城市更新策略的制定多以当前主要城市问题为依据,上一更新政策下的具体实践如未按时完成,常会作重新调整以适应城市发展的现状需求;若有冲突,推翻重拟亦有可能。故每个城市更新项目虽有极好的初衷,却往往因其耗时长而遭受中途的多次调整,或予以完善,或面目全非,其高风险性增加了城市更新的难度与未知性。以英国伯明翰布林德利(Brindley)地区为例,自 1970 年代更新计划提出,1987 年开发任务书制定,其后各开发公司或退出或破产,更新实践多次搁浅,直至 1993 年新的开发公司成立并提出新的总体规划,这一地区的更新改造才得以圆满完成。

1.6.3.5 新的社会问题与矛盾

每一阶段的更新实践都是为了抑制城市衰退,实现城市复兴;而每一城市或地段的更新实践亦都是为了改善该城市或地段的物质环境,缓解社会矛盾与经济衰退。相较于物质环境改善与经济恢复发展的容易实现及快速见效,社会矛盾的缓解是一个较为长期且更为复杂的过程。高犯罪率的减缓相对比较容易,但新的社会矛盾依然会随之而来:原有社会结构与城市文脉的破坏多多少少在所难免,不断更新发展的社会需求以及实践影响下的生态失衡亦会带来各种社会问题,加上长久以来无法根除的就业、教育压力,一系列不惜代价的措施的推出,往往会产生负面的社会和环境影响。阿姆斯特丹就是拥有以上矛盾的大都市:支柱产业部门的就业率高速增长,不断深化融入全球经济,国际投资水平不断增长,社会边缘化和等级分化不断增多,等等。另外,欧洲一些地区在过去十年对廉价住宅的投资急剧下降,甚至停止。在某些案例中,内城更新项目促使房租和地价上涨,居住用地转化为商业用地,导致低收入居民被置换到城市边缘地带。在其他城市,破败衰老的内城居住区仍是广大贫民的居住地。在以上两种情况下,贫民阶层的集聚导致失业者大都涌入低标准住宅区,缺少交通和通信设施,造成持续的社会问题和紧张状况。在里昂和布鲁塞尔等城市,这种现象甚至导致了严重的社会混乱的爆发。

1.6.4 发展趋势及启示

1.6.4.1 从贫民窟清理走向社区邻里更新

随着"人本主义"思想在社会经济生活中的复苏以及可持续发展思想在国际范围内的兴起,西欧国家的城市更新开始以积极创造就业机会、促进邻里和睦为主要目标,由社区内部自发产生了以自愿式更新为主的自下而上的"社区规划"。同时更为关注人的尺度与需求,关注政府、社区、个人和开发商、工程师、社会经济学者之间所形成的高效率的多边合作,关注人居环境和社区的可持续性;更新重点也逐渐从对贫民窟的大规模扫除转向社区环境的综合整治、社区经济的复兴以及居民积极参与下的社区邻里自建,强调城市的继承和保护,注重住房建设和社区的可持续发展。

1.6.4.2 从物质层面更新走向综合更新

随着社会经济的发展,城市更新研究所包含的因素越来越多,也越来越复杂。据 2000 年英国的 18 个国家政策行动小组(Policy Action Team 18,PAT18)在小区级地理信息系统研究列表中所列数据,包含了服务、社会环境、犯罪情况、经济状况、教育/技能/培训、健康状况、住房、物质环境以及失业状况共 9 种数据(PAT18,2000),已远远超出了物质空间的研究范围,还包括社会、经济、政策、技术等内容。城市更新规划已由单纯的物质环境改善规划转向社会规划、经济规划和物质环境规划相结合的综合性更新规划。以伯明翰、格拉斯哥等城市为例,城市更新开始转向创造城市特色、提高国际竞争力,进而最大化地吸引外来资金投入。通过整合城市现代生活诸要素,再造城市特色与社区活力,恢复城市人文特性,提高城市应对全球竞争的能力来解决城市的经济衰退,实现社会、经济再生。

1.6.4.3 从推倒重建走向渐进式谨慎更新

随着城市更新理论、方法的多样化以及多种更新形式、内容的出现,更新实践开始越发注重城市机能的改善及人与环境的平衡关系,也愈加侧重于规划本身的灵活性和对环境的可适应性。大规模的、开发商主导的、剧烈的推倒重建式城市更新已无法满足居民的各项要求,同时也给城市带来了极大破坏。随着旧城改造、城市中心区振兴、邻里关系重建与城市社区复兴,城市更新开始转向结合地方实情的、小规模分阶段的、主要由社区自己组织的谨慎渐进式改善。尽管速度与生效较慢,却利于城市问题长期有效的解决以及城市的长远发展,避免了大规模拆毁式改造带来的恶性循环。通过渐进式更新发展,原有城市肌理和形态得以保护,城市社会、经济、生态等方面的发展得以促进,同时亦节省了大量的人力、物力和财力。

1.6.4.4　从专项更新走向区域整体更新

一方面,随着城市更新研究的具体化、细致化,许多城市更新中的细节问题也越来越受关注,如规划决策评价具体化、空间环境形象处理、城市特色、信息标志系统等,小地段城市更新的细节内容不断深化和丰富。另一方面,随着城市化和郊区化的交互作用,西欧国家大城市的空间结构发生了极大的变化,城市聚集区(Urban Agglomerations)和城市群(City Clusters)相继出现,"城市—区域"体系由此形成。加上相邻城市间联系日益密切,彼此间社会经济发展的依赖性与互补性加深,城市与区域关系以及相关社会经济类宏观问题的研究深入,城市更新开始转向区域化——以区域和城市整体为立足点,从区域角度完善城市结构,调整城市功能,注重利用国家和地方政府政策促进大城市范围内的经济增长和环境改善。英国大伦敦地区、法国巴黎大区、德国鲁尔区、荷兰兰斯塔德都市群的城市更新便是区域更新的成功范例。

2 中国城市更新的发展回顾

中国城市更新自1949年发展至今,无论在促进城市的产业升级转型、社会民生发展、空间品质提升、功能结构优化方面,还是在城市更新自身的制度建设与体系完善方面,都取得了巨大的成就。今天,伴随城镇化进程的持续推进,中国城市更新的内涵日益丰富,外延不断拓展,已然成为城市可持续发展的重要课题之一。由于不同时期发展背景、面临问题、更新动力以及制度环境的差异,其更新的目标、内容以及采取的更新方式、政策、措施亦相应发生变化,呈现出不同的阶段特征。对其70年发展历程的回顾,有助于理解中国城市更新特定的诞生逻辑、阶段问题与经验教训。

2.1 中国城市更新的阶段划分

中国的城乡规划体系诞生于计划经济时期,其历史演化的起点突出表现为"经济计划"的延伸,早期的城市规划与更新活动具有突出的政府主导特征。改革开放以来,市场力量与社会力量不断增加,中国的城市更新开始呈现政府、企业、社会多元参与和共同治理的新趋势。根据我国城镇化进程和城市建设宏观政策变化,将中国城市更新划分为相应的四个重要发展阶段(图2-1)。

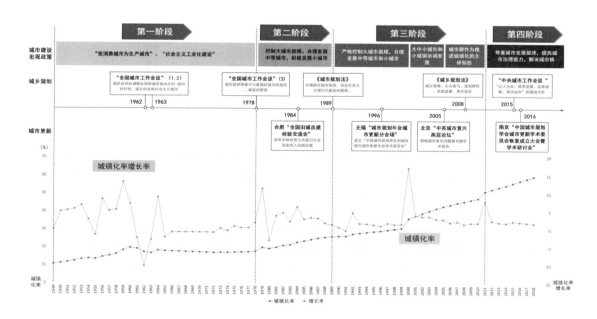

图2-1 中国城市更新的阶段划分

第一阶段(1949—1977年),城市建设秉持"变消费城市为生产城市"与集中力量开展"社会主义工业化建设"的基本国策,1962年和1963年的"全国城市工作会议"都明确了"城市面向乡村"的发展方针。在财政匮乏的背景下,仅着眼于最基本的卫生、安全、合理分居问题,旧城改造的重点是还清基本生活设施的历史欠账,解决突出的城市职工住房问题,同时结合工业的调整着手工业布局和结构改善。当时建设用地大多仍选择在城市新区,旧城主要实行填空补实。

第二阶段(1978—1989 年),第三次"全国城市工作会议"制定了《关于加强城市建设工作的意见》,该文件的颁布大幅度提高了城市建设工作的重要性。1984 年公布了第一部有关城市规划、建设和管理的基本法规《城市规划条例》,提出"旧城区的改建,应当遵循加强维护、合理利用、适当调整、逐步改造",这对于当时还处于恢复阶段的城市规划工作具有重大转折性指导意义。此后,伴随国民经济的日渐复苏以及市场融资的资金支持,大部分城市开始发生急剧而持续的变化,城市更新日益成为当时城市建设的关键问题和人们关注的热点。

第三阶段(1990—2011 年),过去"控制大城市规模,重点发展小城镇"的城市发展方针发生转变。与此同时,土地使用权出让与财政分税制的建立,释放了土地使用权从国有到私有的"势能"。在这样的制度背景下,自下而上的人口城镇化与自上而下的土地财政双重驱动,旧城更新通过正式的制度路径获得融资资金。以"退二进三"为标志的大范围城市更新全面铺开,一大批工业企业迁出城市市区,企业工人的转岗、下岗培训与再就业成为这一时期城市更新最大的挑战。

第四阶段(2012 年至今),我国城镇化率超过 50%,过去几十年的快速城镇化进程埋下了生态环境与粮食安全的危机,面对空间资源趋向匮乏、发展机制转型倒逼的现实情境,城市更新成为存量规划时代的必然选择。2014 年《国家新型城镇化规划(2014—2020 年)》以及 2015 年"中央城市工作会议"的召开,标志着我国的城镇化已经从高速增长转向中高速增长,进入以提升质量为主的转型发展新阶段。党的十九大进一步明确将满足人民日益增长的美好生活需要作为国家工作的重点。在新的历史时期,城市更新的原则目标与内在机制均发生了深刻转变,城市更新开始更多地关注城市内涵发展、城市品质提升、产业转型升级以及土地集约利用等重大问题。

2.2 第一阶段(1949—1977 年):以改善城市基本环境卫生和生活条件为重点

2.2.1 总体情况

新中国成立初期的中国城市,大多是有着几十年甚至几百年历史的老城。这些半封建半殖民地时期建造的城市,由于连年战争而呈现出日益衰败的景象。尤其是劳动人民聚居的地方,环境卫生条件异常恶劣,存在许多安全隐患。治理城市环境和改善居住条件成为当时城市建设中最为迫切的任务。当时国家经济十分困难,各城市采用以工代赈的方法,广泛发动群众,对一些环境最为恶劣、问题最为严重的地区进行了改造,解决了一些旧社会长期未能解决的问题。北京龙须沟改造、上海肇嘉浜棚户区改造、南京内秦淮河整治以及南昌八一大道改造等,都是当时卓有成效的改造工程。

"一五"时期,由于国家财力有限,城市建设资金主要用于发展生产和新工业区的建设。大多数城市和重点城市旧城区的建设,只能按照"充分利用、逐步改造"的方针,充分利用原有房屋、市政公用设施,进行维修养护和局部的改建或扩建。由于缺乏经验,过分强调利用旧城,一再降低城市建设的标准,压缩城市非生产性建设,致使城市住宅和市政公用公共设施不得不采取降低质量和临时性处理的办法来节省投资,为后来的旧城改造留下了隐患。

此后,我国的城市规划事业经历了一段"大跃进"时期以及"文革"十年动乱。在此期间,许多脱离实际的建设目标以及不稳定的政治环境导致城市人口过分膨胀,市政公用设施超负荷运转,乱拆乱建和随意侵占的事件频发。直至1970年代初,我国的城市规划事业才有所恢复,但是,依旧面临单位体制各自为政和财政力量十分有限的制约,导致该阶段的旧城改造项目协调不足、标准偏低和配套不全,加之保护城市环境和历史文化遗产的观念淡漠,还存在侵占绿地、破坏历史文化环境的严重现象。

2.2.2 重要实践

1) 北京龙须沟改造

新中国成立之初,北京旧城普遍缺乏现代化的基础设施。尤其是劳动人民聚居的贫困住区,由于缺乏下水道,人们长期居住在恶劣的环境中,潜藏了巨大的公共卫生与安全隐患。针对这一严峻问题,北京市人民政府于1950年提出了一份工作计划,决定在紧张的财政中拨出款项,改善人口集中地区的下水道等基础设施。其中,龙须沟改造工程的概算占当年北京全市卫生工程局预算的近五分之一,是新中国成立初期我国城市基础设施更新的代表性案例。

1950年2月,北京市第二届第二次各界人民代表会议决议修建龙须沟下水道工程。工程分两期进行:第一期是1950年5—7月,重点是将天坛大街至天坛北坛根的明沟改为暗沟;第二期是1950年10—11月,重点是将红桥至太阳宫的明沟改为暗沟。

在第一期改造工程的实施过程中,施工部门攻克了龙须沟地区地下水水位高、雨水多、土质差、街道窄、沟渠两旁房屋不坚固以及其他多个方面的技术困难,初步解决了龙须沟地区的积水问题。随后的第二期工程中,施工部门继续在新沟中铺设下水管线,在沟上覆盖铺设整洁的柏油马路,并在马路两边配置路灯。从此,龙须沟地区的劳动人民可以方便地使用电灯与自来水。在龙须沟改造工程实施完成以后,政府还将龙须沟北侧的金鱼池整治一新,使其成为著名的风景区。1952年,市卫生工程局等单位进一步整治了龙须沟下游常年积水的洼地和苇塘。并且,依附地势修建了供市民日常休闲使用的龙潭湖公园。至此,龙须沟改造工程以及系列城市环境整治与美化活动基本完成。北京龙须沟地区的基础设施、环境卫生与城市面貌焕然一新,广大劳动人民的生活条件大幅改善。1982年由北京电影制片厂出品的电影《龙须沟》便有关于这一民生工程的情节(瞿宛林,2009)。

2) 上海肇嘉浜棚户区改造

与北京的情况相似,新中国成立初期的上海市劳动人民大部分居住在拥挤不堪的简屋和棚户中,安全和健康受到很大的威胁。随着国民经济的恢复与发展,人口逐年增加,住房紧缺问题日益严重。为了贯彻为生产服务、为劳动人民服务的方针,上海市政府从1951年起大批兴建工人住宅,对部分环境卫生问题严重的棚户区进行整片改造。当时,上海的棚户区改造主要有两种类型:自我翻修型和政府主导型。而政府主导型里又分为市政建设型、建筑部门与居民参与相结合型、新工房型。其中,位于上海市区的"肇嘉浜棚户区改造"是新中国成立初期上海棚户区改造的代表性案例。与北京的龙须沟相似,由于缺乏基础设施,河浜污染严重,严重威胁到周边贫苦居民的健康。

1954年10月,肇嘉浜改造工程正式动工。在财政吃紧的情况下,当时的上海市政府仍拨款700多万元用于改造肇嘉浜,但仍然面临施工工具缺乏、技术水平有限的问题。在抽干浜水后,工人与居民志愿者只能依靠最原始的方法,一桶一桶地挖掘淤泥。在淤泥清理完成后,埋设巨大的钢筋水泥排污管,继而填平黑臭的肇嘉浜,铺设崭新的沥青路。1956年12月底,长3 km、宽40 m,沿线遍植绿植的肇嘉浜路全面竣工通车。此后,历经两次拓宽,现在的肇嘉浜路联结徐家汇、打浦桥,已经是上海一条繁华、热闹的马路干道。从臭水浜蜕变成林荫大道,肇嘉浜的改造正是上海城市变迁的一个缩影(上海党史,2019)。

3)南京内秦淮河整治

南京内秦淮河整治工程探索了城市内部河道水系的环境整治与防洪防涝系统一体化建设的路径与方法,是通过水利工程解决城市内涝与环境卫生问题的代表性案例。1949年7月,南京城内发生内涝水患,内秦淮河河水溢上岸,导致白鹭洲等地区积水三个月,而内秦淮河地区又是南京老城人口聚居的地区,于是,南京城内的水利整治成为新政府刻不容缓的任务。1950年开始,市政府组织人力对秦淮河进行了疏浚。1951年至1952年,市政府邀请专家及相关部门人员进行沿途勘察,经过讨论制定了近期整治秦淮河的方案。1953年6月,南京市政府成立"南京市秦淮河整治委员会",专门致力于内秦淮河治理的实施工作。1953年9月21日,整治工程开工,先后开展了疏浚拓宽、引水换水、建设排涝抽水站、砌筑沿河驳岸、埋设截流管等工作,着重于城市的防汛排涝。至1955年2月15日,内秦淮河整治工程完工,为后期内秦淮河的水利治理奠定了坚实的基础(戴薇薇,2012)。

4)南昌八一大道改造

1950年7月,南昌市人民政府为了保护人民利益,提出"服务生产""服务人民""展开新市区""兼顾老城区"等口号,并以此为方针展开建设。道路是城市发展的基础,在新政权刚成立、各项资金都很紧张时,南昌市政府毅然作出发展城市道路的计划,其建设的重点主要是拓展八一大道、发展站前路和第四交通路即现在的北京西路段。1951年,时任省长兼南昌城建委首席主任委员的邵式平先生提议改造安石路,原有路面拓宽达60余米,并更名为八一大道。1952年,南北向贯穿市区的八一大道顺利通车,1956年,八一大道的路面实现了混凝土改造,一跃成为当时中国大陆排名第二的城市大道(排名第一的是北京的长安街大道)。八一大道的建成,也为日后南昌向东南方向的延伸创造了条件(庞辉,2013)。

总的来说,第一阶段的中国城市百废待兴,在财政十分紧缺的情况下,提出了"重点建设,稳步推进"的城市建设方针,将建设资金优先用于发展城市新工业区。这一时期的大规模城市建设是中国历史上前所未有的,对城市居住环境和生活条件的改善起了积极的作用(图2-2)。在更新思想方面,梁思成先生和陈占祥先生在"中央人民政府行政中心选址"中提出的著名"梁陈方案",从更大的区域层面,解决城市发展与历史保护之间的矛盾,疏解过度拥挤的旧城人口,为后来整体性城市更新开启了新的思路(梁思成,陈占祥,2005)。

以改善城市基本环境卫生和生活条件为重点

1950年 北京龙须沟改造　　1954年 上海肇嘉浜棚户区改造　　1955年 南京内秦淮河整治　　1950年 南昌八一大道改造

图2-2　第一阶段代表性更新案例

2.3 第二阶段(1978—1989年):以解决住房紧张和偿还基础设施欠债为重点

2.3.1 现实背景

1978年是中国具有划时代意义的转折年,标志着中国进入了改革开放和社会主义现代化建设的新时期。在城市建设领域,明确了"城市建设是形成和完善城市多种功能、发挥城市中心作用的基础性工作"。城市政府要集中力量搞好城市的规划、建设和管理,"对城市生产力进行合理布局,有计划地逐步推进城市发展,形成与经济发展相适应的城镇体系"(邹德慈,2014)。

这一阶段国家对城市发展和城市规划工作高度重视,城市规划法律体系初步建立。1984年颁布的《城市规划条例》成为我国第一部有关城市规划、建设和管理的基本法规,法规明确指出"旧城区的改建,应当从城市的实际情况出发,遵循加强维护、合理利用、适当调整、逐步改造的原则",这对于当时还处于恢复阶段的城市规划及其更新工作的开展具有重大指导意义。1987年12月,深圳市首次公开拍卖了一幅地块,开启了新中国成立以来我国国有土地拍卖的"第一槌"。1988年,宪法修正案在第10条中加入"土地的使用权可以依照法律的规定转让",城市土地使用权的流转获得了宪法依据。1989年实施的《城市规划法》,进一步细化了"城市旧区改建应当遵循加强维护、合理利用、调整布局、逐步改善的原则,统一规划,分期实施,并逐步改善居住和交通条件,加强基础设施和公共设施建设,提高城市的综合功能"的要求。

2.3.2 实践探索

为了满足城市居民改善居住条件、出行条件的需求,解决城市住房紧张等问题,偿还城市基础设施领域的欠债,北京、上海、广州、南京、沈阳、合肥、苏州等城市相继开展了大规模的旧城改造。沈阳提出严格控制城市规模,调整工业布局和住宅布局,全面改造旧区,加强配套设施建设,积极治理环境。合肥从实际出发,制定了城内翻新、城外连片的近期城市建设方针,借助社会财力,发动有关单位,同心协力,对旧城进行综合治理。广州为解决城市住房紧张等问题,以改善和提高现有的居住环境和居住水平为目标,贯彻"充分利用,加强维护,积极改造"的方针,提出"公私合建"政策推行旧城改造。上海制定了《南京东路地区综合改建规划纲要》,对南京东路上的第一百货、时装公司、第一食品公司等名特商店进行全面改造,实施步行街更新与建设。南京市中心综合改建规划根据其特定环境,开辟城中辅助干线,建立向中山路东侧发展的步行街区,使新街口商业中心的服务功能得到加强,空间环境得到提升。苏州桐芳巷着重研究了旧街坊改造过程中人口迁移比例、建筑拆迁比例、居住与非居住建筑比例以及规划控制指标等问题。北京菊儿胡同整治创新性地进行了整体保护和有机更新的实践探索(表2-1、图2-3)。

表2-1　第二阶段典型更新实践

案例名称	更新问题	启示
沈阳总体规划	旧城更新、功能调整与结构优化	严格控制城市规模,调整工业与住宅布局,加强配套设施建设,积极治理环境
合肥旧城改造	旧城更新	从局部交通改善、市容美化,扩展到"成街成坊"改造

续表 2-1

案例名称	更新问题	启示
广州旧城改造	解决城市住房紧张	贯彻"充分利用,加强维护,积极改造"的方针,以"公私合建"政策推行旧城改造
上海南京东路改建	商业街更新	对百余家名特商店进行全面改造,实施步行街更新与建设
南京市中心综合改建	城市中心区更新	开辟城中辅助干线,建立向中山路东侧发展的步行街区,强化商业中心的服务功能
苏州桐芳巷小区改造	居住区更新	着重研究人口迁移比、建筑拆迁比、居住与非居住建筑比以及规划控制指标,为传统居住区更新的人口引导问题提供了指引
北京菊儿胡同整治	居住区更新	以"类四合院"体系和"有机更新"思想进行旧居住区改造,保护了北京旧城肌理

以解决住房紧张和偿还基础设施欠债为重点

1981沈阳 总体规划　　1989合肥 旧城改造　　1984南京 夫子庙　　1985上海 南京东路

1989北京 菊儿胡同　　1987苏州 桐芳巷　　1986天津 总体规划

1986南京 市中心

图 2-3　第二阶段代表性更新案例

2.3.2.1　旧城功能调整与结构优化

1)沈阳总体规划

改革开放以来,沈阳产业结构调整,第三产业迅速发展,城市功能得到充分发挥,城市用地不断扩大。为适应新形势的需要,1975 年沈阳市开始编制第二轮城市总体规划。历经数次修订、调整和补充,最终于 1981 年 6 月被国务院批准实施。在这一版的总体规划中,确定了城市性质为辽宁省省会,东北地区交通枢纽,以机电工业为主的综合性社会主义工业城市。在旧城改建与城市更新方面,规划提出了严格控制城市规模,调整工业布局和住宅布局,全面改造旧区,加强配套设施建设,积极治理环境等措施,有效改善了旧城的人居生活环境(赵辉,谭许伟,刘治国,2007)。

2)合肥旧城改造

1983 年仲夏,合肥市委、市政府为贯彻城市总体规划,从实际出发,制定了城内翻新、城外连片的近期城市建设方针。借助社会财力,发动有关单位,同心协力,综合治理,以加快旧城改造的步伐。1983 年,合肥首先花了三个月的时间,改建了长江路西段(该段长 500 m),达到了改善交通、调整网点、美化市容的目的,起了"投石问路"的作用。1984 年,合肥又对金寨路北段进行了成街成坊的改建,1985 年又建成了城隍庙市场、改建了安庆路,缓解城市商业和服务业的紧缺。总的来说,为更新改造保护旧城,逐步改善旧城的基础设施,提高旧城整体环境质量,合肥市政府从城市的整体角度出发,对旧城的内部组织结构和土地使用系统进行全面调整和综合治理。与此同时,还通过配套建设,不仅在旧城区成片开发建设中注重市政设施配套,还在旧城成街成坊改造中注重公建配套,大大提高了旧城基础设施的现代化水平,改善了城市的投资环境,方便了居民生活(图 2-4)。

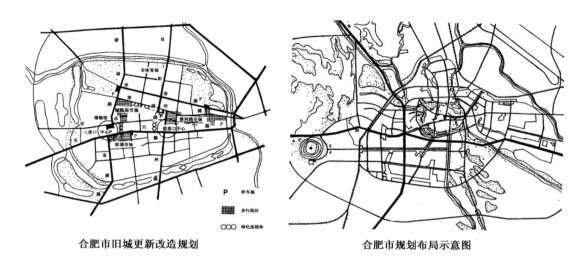

合肥市旧城更新改造规划   合肥市规划布局示意图

图 2-4 合肥城市中心结构示意图

资料来源:程华昭,1992:60-61(左图);陈衡,1987:42-46(右图).

3)广州旧城改造

1979 年,广东省正式实行对外开放。1984 年,广州作为中国经济体制的改革试点,开始开展市场经济改革。1989 年,《广州市城市国有土地使用权有偿出让和转让试行办法》中明确广州市市区城镇国有土地的使用权实行有限期、有偿地出让和转让,标志着土地市场制度的建立。随着改革的不断深入,广州高速发展,城市规模也持续增长,城市进入全面快速现代化建设时期,城市发展建设的主体和资金来源呈现多元化。

作为改革开放试点城市,广州市城市总体规划于 1978 年开始编制,1982 年提出"公私合建"政策推行旧城改造,并召开专家评审会议,对总体规划进行补充和修正。同年,广州入选我国第一批国家历史文化名城,对旧城改造提出了更高的要求。为解决城市住房紧张等问题,以改善和提高现有的居住环境和居住水平为目标,《广州市城市总体规划(1982—2000 年)》贯彻"充分利用,加强维护,积极改造"的方针,明确旧城区为城市中心区。在旧城改造方面,总体规划强调以改善和提高现有居住环境和居住水平为目的,对老城中的人口集中、居住环境差、公共服务设施差的地区进行改造,同时利用郊区建设居住区来异地安置改造后的居民,并且要求在 1985 年人均居住面积提高到 5 m² 。同时对老城的用地结构进行调整,主要有居住用地改为商业服务中心和传统商业街,通过拆迁重建来实现改造目的(图 2-5)。

2.3.2.2 城市中心地区更新

1)上海城市中心区的再开发

上海历史上曾是远东贸易、运输、金融和经济中心,地理区位优越,产业发达,经济规模居前,

图 2-5　广州市城市总体布局示意图

资料来源：叶浩军，2013：128.

上海走向国际化大都市有着独特优势。但是另一方面，上海是老城市，人口密度全国第一，而基础设施和公用事业落后，在某种程度上，上海患有世界流行的"大城市病"。这些都是上海建设国际化大都市的障碍所在，也是潜力所在，必须善于处理，促其转化。为此，上海本着最大限度地发挥城市经济的集聚效益，适度分散、合理组织现代化城市社会生活，经济社会发展和布局形态发展相结合的原则，从建立现代化国际大都市的要求出发，改变中心城原有规模和空间容量过小的状况，突破原有城市化地区的狭小空间，对城市规模、布局结构作出重大调整。随着城市化水平迅速提高及改革开放和市场经济的发展，规划户籍人口从 1300 万人提高到 1400～1500 万人，城市总人口规划在 1800～1900 万人，即城市流动人口约 400～500 万人。城市化地区用地规模有较大突破，结合浦东新区开发，较大幅度地增加上海的城市化地域面积，在全市 6340 km² 范围内着手城市空间布局。市区范围按 2057 km² 规划；集中的城市化地区（即中心城）用地从原规划的 300 km² 扩大到 1000 km² 左右。人均城市用地从现状的 34 m² 提高到 100 m² 左右。合理的城市布局结构是城市现代化的重要特征。城市区域结构的群体化和城市内部结构的经济集聚效益及生活多中心化是城市现代化发展的一大趋势。上海从区域规划着眼，建立和发展中心城、辅城、二级市、郊县 4 个层次的城镇体系，建立和发展以中心城为核心的多心组团式都市圈。与此同时，大力调整中心城布局结构，构建多心、多层次、多功能、强化经济集聚效益的多心组团式圈层结构。规划中央商务区（CBD）、中心商业区、中心城区（内环综合区）、外环区、环外新区、辅城和二级市等不同层次，规划市级中心、副中心、专业中心、地区中心等不同功能和规模的公共活动中心。其中 CBD 包括浦西的外滩、苏州河、西藏路、延安路之间的 2 km² 和浦东的陆家嘴金融贸易区约 1.7 km²，共约 3.7 km²。规划以金融、保险、经贸、信息、交易、服务等为主，是经济活动的中枢。在中央商务区周围，受其辐射影响较大，经济社会繁荣，土地区位优越，规划为中心商业区,是上海商业最繁华的地区,面积约 30.6 km²,该区按照土地使用的经济规律,结合工业和人口的疏解,进行土地使用功能的重划。将生产性工业,特别是污染环境的"三废"工厂,高能耗、高水耗、运输量大的工厂、仓库向规划指定的地区外迁;重点发展商业、服务、贸易、办公、文化娱乐,增强城市绿化及改善城市基础设施。对中心商业区的河道,特别是黄浦江(外滩和陆家嘴向两侧延伸)及苏州河(恒丰路桥以东的地段)的岸线作合理调整。对污染环境、运输量大的仓库、码头,按规划有计划地外迁,以增加城市生活岸线,发挥城市的综合效益。目前,这一总体发展战略已在实践中得以逐步实施。据报道,地处上海黄金地段的黄浦区,近年来常住居民以每年 1 万人的速度递减,并呈现不断加剧趋势,闹市中心人口递减的原因主要是近年来上海推行的土地批租政策和大举进行旧城改造,使大量居住条件较差的市民搬离市中心区。这一积极举措可视为上海正在启动一个全方位的城市空间置换的良好征兆(邵辛生,1992)(图 2-6)。

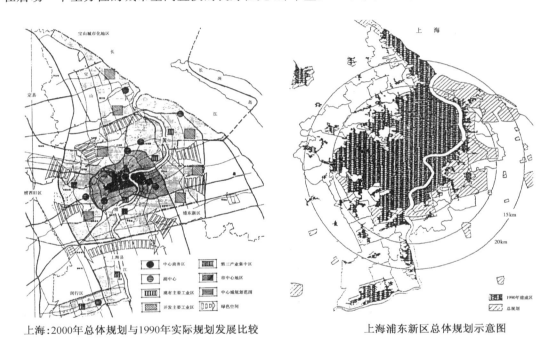

上海:2000年总体规划与1990年实际规划发展比较　　　　上海浦东新区总体规划示意图

图 2-6　上海城市总体布局的调整和拓展

资料来源:邵辛生,1992.

2) 北京市中心综合改建

在新的形势下,北京的城市建设和城市发展亦面临着许多新情况和新问题,主要表现在以下几方面:一、人口规模提前突破规划控制目标,而大部分人口和产业仍集中在市区,市区空间容量不足的问题日益突出;二、随着北京成为现代化国际城市目标的提出,大批新的设施有待建设,尤其是为政治文化中心和国际交往服务的各项设施远不能适应需要,市区土地使用及各项功能迫切需要调整;三、随着城市规模的扩大和经济社会各项事业的发展,对城市交通、通信、能源、水源等基础设施提出了更高的需求,要求根据城市发展的新需求,进一步研究基础设施的容量和布局,提出相应的对策措施,为各项基础设施超前建设创造条件。针对这诸多的问题,北京在最近完成的总体规划修订中从生产力合理布局出发提出两个战略转移———城市建设重点从市区向远郊区转移和市区建设外延扩展向全面调整改造转移(张敬淦,1993)。一方面,为了改变目前北京市人口和产业过于集中在市区、空间容量狭小的状况,从生产力(主要是人口和产业)合理布局的观念出发,把城市建设的重点逐步从市区向广大郊区作战略转移,大力发展卫星城市和其他城镇,积极开拓城市新的发展空间,逐步实现人口和产业的合理分布,创造城市良好的生态环境。另一方面,在城市建设重点向远郊转移的同时,对城市功能、结构和布局进行全面调整和改造,提高城市素质和环境质量,进一步加强和完善全国政治中心和文化中心的功能,大力促进城市经济的发展,为建成现代国际城市创造良好的基础条件。新的北京城市总体规划对市区的调整改造主要包括:①增强政治、文化中心功能。继续完成天安门广场和东西长安街两侧的改建,完善南北中轴线及其延长线两侧用地的功能,把体现政治、文化中心功能的重要设施安排在城市的这些显要位置,使之成为体现首都特色的最重要的地段。②规划商务中心区。在朝阳门至建国门、东二环路至东三环路之间建设商务中心区。同时,在西二环路东侧阜成门至复兴门一带建设国家级金融管理中心。③为发展第三产业安排建设用地。现有的王府井、西单和前门三大商业区要加快改造,引进资金,建设具有国际水平的现代化商业文化服务中心。此外,按照多中心格局,在朝阳门外、公主坟、马甸、木樨园、海淀等处建立新的市级商业文化服务中心,并在各居住区建设配套齐全的商业服务业网点。与此同时,在旧区改造中结合路网加密、街坊块划小,争取增加更多的沿街铺面房,逐步形成多层次、多功能的商业服务网络。④安排高新技术产业的发展用地。⑤增加外事用地。⑥加快危旧房改造。逐步消灭破旧危房,改善居民居住条件,完善生活配套设施和各项市政公用设施,提高城市中心区的环境质量。⑦调整工业、仓库用地。⑧完善改造城市基础设施。通过调整土地使用功能,改善交通条件,增辟停车场地,继续完善供水、供电、供热、煤气和电信等市政管网,逐步改善原有下水道,增加绿地,建设公园,提高环境质量和城市现代化水平。⑨调整市区范围内农村地区的土地使用功能。⑩适度调整市区边缘集团的规模,分不同情况逐步进行综合开发,安排一定的住宅和配套设施以及部分产业,分散中心地区建设的压力,等等(范耀邦,1993)(图 2-7)。

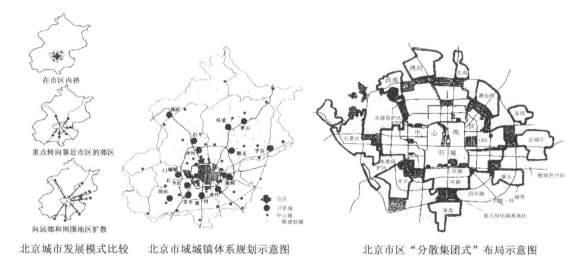

北京城市发展模式比较　　北京市域城镇体系规划示意图　　北京市区"分散集团式"布局示意图

图 2-7　北京城市总体布局的调整和拓展

资料来源:张敬淦,1993.

3) 南京市中心综合改建

在 20 世纪 80 年代初期,南京新街口商业中心内大型商业设施数量还较少,主要集中在中山东路和中山南路交叉口的东南侧地块内。进入 20 世纪 90 年代,国内城市兴起一股大型百货商店建设的热潮,南京市也在 90 年代初期新建和扩建了一批大型百货商场,使得新街口商业中心的大型商业设施集聚程度更高。商业服务设施继续沿主要道路发展,拓展主要向西和东南方向。

虽然有 40 m 宽的中山路,但南京新街口中心区道路密度仍然较低,除中山路外几乎没有通畅方便的次要路,人车全部集中在一条路上,交通无法疏通,拥挤不堪。除此之外,中心区还存在建筑陈旧问题,以及满足第三产业发展所需的新的城市空间需求(图 2-8)。

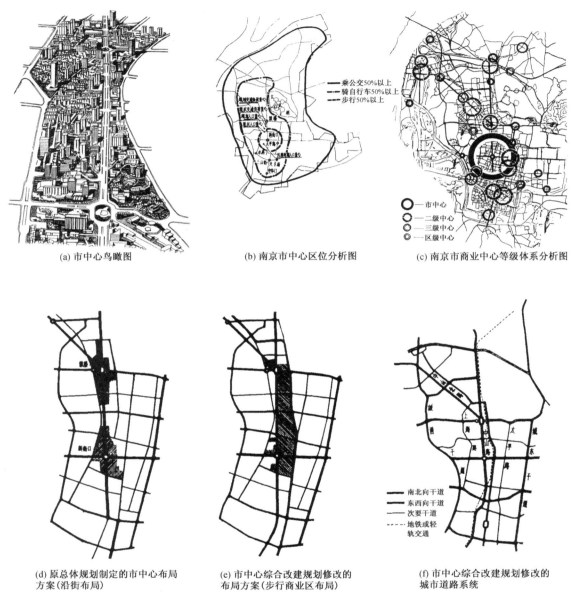

(a) 市中心鸟瞰图   (b) 南京市中心区位分析图   (c) 南京市商业中心等级体系分析图

(d) 原总体规划制定的市中心布局 方案(沿街布局)

(e) 市中心综合改建规划修改的 布局方案(步行商业区布局)

(f) 市中心综合改建规划修改的 城市道路系统

图 2-8 南京市中心综合改建规划

资料来源:吴明伟,柯建民,1987.

针对南京市中心存在的交通拥挤、公建布局不当、基础设施不足、建筑陈旧、土地利用率低以及环境质量差等一系列问题,"南京市中心综合改建规划"立足于详细的规划调查,包括南京市中心的历史沿革、物质基础、商业中心位置、性质规模、交通方案的抉择和有关环境设计意向的社会调查,并且,从一开始就站在城市总体系统的高度,明确了综合改建规划的项目性质。在规划成果中,综合改建规划将市中心地区作为一个有机整体,深入探讨各构成要素之间的关系,而且还从城市角度,对市中心的性质、规模、布局等作出全面的分析论证,确定了以下规划原则:①明确市中心规划与城市总体规划之间的衔接与反馈关系;②防止孤立地处理规划区内的建设问题,做到单项规划与系统规划相结合;③各项调查成果尽可能应用新的技术手段做出定量分析,做到定性分析与定量分析相结合;④在规划中既要注意物质形态的分析调查,同时还要应用多学科的理论和方法对导致物质结构演变的背景因素做出研究;⑤制定方案要兼顾到不同时期的建设发展要求,做到远近结合(吴明伟,柯建民,1987)。

2.3.2.3 城市居住区更新

1) 北京菊儿胡同改建

菊儿胡同改建工程位于北京旧城中心偏北,西临南锣鼓巷,与北京中轴线上的地安门大街一街之隔。它在历史城市中采用"有机更新"的方式改造居住环境,提出了"新四合院"体系的建筑类型,既适用于传统城市肌理,又能满足现代化的生产、生活方式。与此同时,还要保持原有的社区结构,使地方社会网络得以延续。在具体的试点工程中,选取了菊儿胡同41号院开展工作。在设计手法上,首先适当提高建筑密度,加强建筑艺术与传统风貌的整体性,延续了老北京城密集的"合院"肌理。在社区规划中,通过强调空间的私密性与交往兼顾,营造有机秩序,并通过住宅合作社鼓励社区居民的公众参与,最终回迁了大部分原住民。菊儿胡同改造项目保护了北京旧城的肌理和有机秩序,强调城市整体的有机性、细胞和组织更新的有机性以及更新过程的有机性,从城市肌理、合院建筑、邻里交往以及庭院巷道美学四个角度出发,与北京历史文化风貌取得了很好的协调。该改建工程获得了亚洲建筑师协会金质奖和联合国颁发的"世界人居奖"(图2-9)。

图2-9 北京菊儿胡同改建工程

资料来源:吴良镛,1994.

2) 苏州桐芳巷小区改造

1987年开始编制的《苏州古城桐芳巷居住街坊改造详细规划》是建设部全国第三批城市住宅建设试点的项目之一,同时桐芳巷也是国务院对苏州市城市总体规划批复后体现保护古城风貌的住宅试点小区,具有特殊的意义。

在当时国家土地改革的大背景下,有计划的商品经济在全国范围内推行。苏州古城的经济形态也由单一转向多元,土地有偿使用已成为城市改造与再开发的重要环节。与此同时,苏州作为国家级历史文化名城,古城内的街坊改造必须坚持"全面保护古城风貌"的原则。但古城内居民的现有生活方式已与传统的生活方式有了很大的不同,在居住空间、交通空间、交往空间等方面有了新的标准。面对历史保护的要求与居住需求的变化,桐芳巷小区改造以城市总体规划为依据,以改善居住条件、完善市政设施与公共设施、繁荣地段商业服务为目标,解决旧街坊内居民生活水平欠佳的问题,注重旧街坊改造开发社会效益、环境效益及经济效益三者的统一,着重研究旧街坊改造过程中人口迁移比例、建筑拆迁比例、居住与非居住建筑比例以及规划控制指标等问题。规划为实施管理创造条件,物质空间规划与改造实施的控制性经营管理规划并重,两者互相结合,相辅相成(孙骅声,龚秋霞,罗赤,1989;桐芳巷小区设计组,1997)。

3)北京小后仓胡同改造

北京小后仓胡同是一种较为典型的自然衍生型旧居住区,在对其危旧房进行拆除重建中,针对地段的个性特点,成功地保留了该区原有的社会网络。小后仓胡同位于北京西直门内,在1.5 hm² 用地上共有住户 298 户,人口 1 100 人,人口密度近 800 人/hm²。一方面,原有住宅都是简易平房,大部分为危房,居住条件十分恶劣,群众对改变现状的要求极为迫切。但是另一方面,小后仓胡同居民绝大部分是该地段的老住户,职业构成以公共交通、服务行业、小学及幼儿园教师、托儿所保育员为主,这些住户的工作单位不可能分配新住房。他们与周围环境已产生千丝万缕的联系,本身也是保障北京市民衣、食、住、行的基本队伍,如果搬到郊区新居住区,不仅生活会发生困难,对城市生活也将产生影响,甚至可能破坏原有的社会网络。针对这一情况,小后仓胡同危房改建没有采取一般简单粗暴的改造方式,而是从拆迁、规划、设计、施工直到分配住房都进行了大量细致的调查分析,采取原住户全部迁回原地、不增加新住户的政策,维持了住宅区配套服务建筑原来的平衡状态,保持了住宅区原有的社会网络,取得了良好的社会效果(图 2-10)。

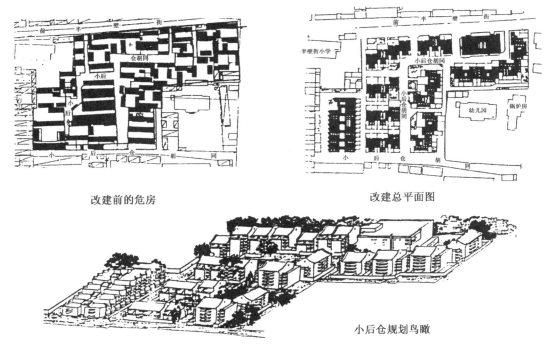

改建前的危房　　　　　　　　　　　改建总平面图

小后仓规划鸟瞰

图 2-10　北京小后仓危房改建工程

资料来源:黄汇,1991.

2.3.3 学术研究

这一时期围绕旧城改建与更新改造开展了一系列的学术研究和交流活动。1979 年原国家城市建设局下达给上海市城市规划设计院、北京城市规划局,由 9 个协作单位完成《现有大、中城市改建规划》[①]研究课题,涉及旧(古)城保护和改建、旧居住区改造、市中心改建、工业调整、卫星城建设等方面[①]。1984 年 12 月,城乡建设环境保护部在合肥召开全国旧城改建经验交流会,此次会议是新中国成立以来专门研究旧城改建的第一次全国性会议,会议认为在旧城改建中必须高度重视城市基础设施的建设,采用多种经营方式吸引社会资金是解决旧城改建资金匮乏的有效途径。通过这次经验交流会,我国的旧城改建揭开了新的一页(程华昭,1986)。1987 年 6 月,中国建筑学会城市规划学术委员会在沈阳召开"旧城改造规划学术讨论会",对旧城改造所面临的形势以及有关的方针、政策、规划原则等问题进行了讨论,强调旧城改造必须从实际出发,因地制宜,量力而行,尽力而为,优先安排基础设施的改造,注意保护旧城历史文化遗产(石成球,1987)。

在城市更新思想方面,吴良镛先生提出"有机更新论",在获得"世界人居奖"的"菊儿胡同住房改造工程"中,以"类四合院"体系和"有机更新"思想进行旧居住区改造,保护了北京旧城的肌理和有机秩序,并在苏州、西安、济南等诸多城市进行了广泛实践,推动了从"大拆大建"到"有机更新"的根本性转变,为我国城市更新指明了方向,现实意义极为深远(吴良镛,1991)。吴明伟先生结合城市中心区综合改建、旧城更新规划和历史街区保护利用工程,提出了系统观、文化观、经济观有机结合的全面系统的城市更新学术思想,对城市更新实践起到了重要的指导作用(吴明伟,柯建民,1985)。

2.4　第三阶段(1990—2011 年):市场机制推动下的城市更新实践探索与创新

2.4.1　现实背景

20 世纪 90 年代,伴随国有土地的有偿使用以及建设用地的集中统一管理,我国城市的土地管理与出让制度开始建立,为此后长达 30 多年的工业化、城镇化、空间城镇化进程提供了支撑。1994 年《国务院关于深化城镇住房制度改革的决定》的公布,以及 1998 年单位制福利分房的正式结束,在全国范围掀起了一轮住宅开发和旧居住区改造热潮。土地有偿使用和住房商品化改革,为过去进展缓慢的旧城更新提供了强大的政治、经济动力,并释放了土地市场的巨大能量和潜力。各大城市借助土地有偿使用的市场化运作,通过房地产业、金融业与更新改造的结合,推动了以"退二进三"为标志的大范围旧城更新改造。

与此同时,企业工人的转岗、下岗培训与再就业成为第三阶段城市更新最大的挑战,城市更新涉及的一些深层社会问题开始涌现出来,暴露出不恰当的居住搬迁导致社区网络断裂、开发过密导致居住环境恶化、容量过高导致基础设施超负荷、工厂搬迁不当导致环境污染与生活不便等严重问题(阳建强,1995)。如何实现城市更新社会、环境和经济效益的综合平衡,并能够为之提供持续高效而又公平公正的制度框架,是这一阶段留给我们的经验与启示。

---

① 原国家城市建设总局 1979 年课题"现有大、中城市改建规划"阶段成果,上海市城市规划设计研究院、北京城市规划局等单位参与研究.

2.4.2 实践探索

随着市场经济体制的建立、土地的有偿使用、房地产业的发展、大量外资的引进,城市更新由过去单一的"旧房改造"和"旧区改造"转向"旧区再开发",北京、上海、广州、南京、杭州、深圳等城市结合各地具体情况,大胆进行实践探索。例如,由上海世博会大事件驱动的江南造船厂、上钢三厂所在的中心城黄浦江两岸功能转型和再开发,由艺术家"自下而上"聚集推动的北京798艺术区更新、上海田子坊创意区更新,都是文化主导的老工业区更新案例。除此之外,后工业城市的产业结构调整、城市功能结构转型、土地区位与级差地租作用以及城市社会空间和人口空间重构,也为这一阶段的旧工业区更新提供了重要动力(阳建强,罗超,2011)。而在保护性更新方面,这一阶段代表性的案例有南京老城南地区保护更新和苏州平江历史街区的保护整治。前者将重点放在老城南的文化展示、环境整治与功能提升(周岚,2004),后者遵循"生活延续性"原则,对街区进行渐进式更新,并通过局部旅游开发,反哺街区的基础设施更新,留住了大部分原住民(林林,阮仪三,2006)。在旧城更新方面,21世纪以来的杭州采取了城市有机更新的策略。常州旧城更新基于现状评估、目标定位、总体更新策略、重点专题和行动计划五大方面,对旧城整体机能提升与可持续发展提出更新策略(东南大学,2009)。而在"三旧"改造方面,广州市的"三旧"改造、佛山市的"三旧"改造和深圳大冲村改造等探索了如何借助政府、企业与村民利益共享机制推动城市更新(袁奇峰,钱天乐,郭炎,2015;徐亦奇,2012)。这一阶段的城市更新涵盖了旧居住区更新、重大基础设施更新、老工业基地改造、历史街区保护与整治以及城中村改造等多种类型(表2-2、图2-11)。

表 2-2　第三阶段典型更新实践

案例名称	更新问题	策略与启示
上海世博会园区	旧工业区更新	借助上海世博会契机,对成片的工业厂房与历史建筑及其园区环境进行绿色改造与低碳再利用
北京798艺术区		早期通过艺术家的自发聚集,实现"自下而上"的地区复兴;后期依托政府投资,进行文创园区的商业化再开发
南京老城保护与更新	历史城区与街区更新	将老城发展的重点放在展现历史、改善环境、提升功能等方面
苏州平江路整治更新		通过局部旅游开发,将旅游开发收入反哺街区的基础设施建设
杭州城市有机更新	旧城更新	综合了城市设计、建筑立面整治、道路交通优化、河道景观提升、产业升级转型等一系列有机更新手段
常州旧城更新		以六大专题研究为支撑,分别为旧工业区、旧居住小区、城中村、历史街区保护、火车站地区的更新提供策略
广州"三旧"改造	旧城镇、旧厂房、旧村庄更新	成立广州市"三旧"改造工作办公室,开展以改善环境、重塑旧城活力为目的的城中村拆除重建和旧城环境整治工作
佛山"三旧"改造		聚焦利益再分配的难题,在地方政府和村集体之间达成共识,重构"社会资本",建设利益共同体,顺利推动"三旧"改造
深圳华润大冲村更新		在传统旧城改造的基础上强化了完善城市功能、优化产业结构,处置土地历史遗留问题

市场机制推动下的城市更新实践探索与创新

1998上海 田子坊　　1999上海 新天地　　2001北京 798

2002杭州 清河坊

2010上海 世博园　2009成都 东郊记忆音乐公园　2008广州 TIT创意园

2002南京 夫子庙

2004苏州 平江路

图 2-11　第三阶段代表性更新案例

2.4.2.1　旧工业区更新

1）上海世博会园区

上海世博会园区是典型的由大事件驱动的城市更新案例。2010年上海世博会选址于上海黄浦江两岸重工业区域,这里曾经是中国近代工业的发源地,有着南市发电厂、江南造船厂等一批反映中国近代民族工业发展变迁史的企业。随着这些工厂被搬迁,遗存的二三十栋不同时期的工业建筑中的大部分被改造成展示场馆。上海世博会第一次以"城市,让生活更美好"为主题,体现了社会公众对城市发展的期盼。世博主题的演绎,则着力于低碳、环保、绿色的展示,积极探索"城市,让生活更美好"的路径和对策。例如,园内采用了节能的电动公交,实现了"零排放";城市未来馆综合集成太阳能光伏发电、风力发电、水回收利用技术;中国国家馆和世博主题馆利用太阳能供电;后滩保留了凸岸滨滩生态环境,探索湿地净水技术,将之建成生态湿地公园;等等。今天,低碳可持续发展的理念已成为上海新一轮城市总体规划的目标之一。

2）北京798艺术区

北京798艺术区为原国营798厂等电子工业的厂区所在地,面积60多万平方米,是由艺术家"自下而上"聚集推动的老工业区更新案例。20世纪50年代,798厂区由苏联援建,东德负责设计建筑,因而拥有许多包豪斯风格的工厂建筑。随着北京产业结构的调整,798厂区逐渐荒废。2002年开始,一批艺术家和文化机构开始陆续进驻798厂区。艺术家们租用空置的厂房并进行自主改造,以适用作其艺术创作与产品生产的场地。随着艺术家与文化机构的聚集,798旧工厂区逐步发展为北京的一个艺术中心。但是,随着798艺术区知名度的上升,越来越多的游客进入艺术区,带动了旅游商业的快速发展。进而,旅游绅士化的进程导致厂房租金日益上升,不少小型的文化机构与艺术家迁出。今天,798艺术区更多地服务于文化旅游者,功能业态以展示、零售、餐饮和其他商业服务业为主。

2.4.2.2　历史城区与街区更新

1）南京老城保护与更新

南京是中国的著名古都,明城墙围合的老城是古都南京的核心,面积约40 km²,至今尚存的各类历史文化资源有1000处左右,占南京历史文化资源总量的2/3。同时,南京老城又是各种现代城市功能的集中地。这些功能在给老城带来繁荣与活力的同时,也对老城的传统风貌和历史保护造成了一定的压力。

为妥善处理好保护和发展的关系,2001年南京城市总体规划修编首先提出了"老城做减法,新区做加法"的整体思路,提出将城市现代化建设的重心转移到新区,而将老城发展的重点放在展现历史、改善环境、提升功能的战略举措。为落实这一城市总体发展战略,自2002年起,由南京市规划局牵头,组织开展了老城保护与更新规划工作。2002年9月,南京市规划局牵头完成了老城保护与更新规划的"总体纲要"。通过"拉网式"的现状调查,掌握第一手详细的现状资料;然后,开展5个方面的专题研究,形成初步的规划纲要;于2002年10月召开南京老城保护与更新规划国际研讨会,并进行规划纲要公示。在专家咨询意见及市民公示意见基础上,形成"南京老城保护与更新规划"总体阶段的说明书,明确老城总体发展战略;并于2003年2—12月先后完成了老城5个分区保护与更新的控制性详细规划;最后,在2004年1—8月,进一步深化控规成果,最终形成《南京老城保护与更新规划》白皮书,经政府批准后,作为今后老城规划依法管理的依据。

在实施过程中,规划将重点放在老城南的文化展示、环境整治与功能提升上,并编制了《2002—2005年老城环境整治方案》。围绕"十运会"基础设施建设,全面整合历史文化资源,推进新区和老城协调发展,使城市特色更浓、整体环境更优、服务功能更强、综合效益更大、百姓受益更多。

2) 苏州平江路整治更新

苏州是我国第一批国家级历史文化名城,也是古城"整体保护"的突出典范。平江历史文化街区位于苏州古城的东北角,街区面积116.5 hm²,是古城内迄今保存最完整、规模最大的历史街区。21世纪初,以第28届"世界遗产大会"(2002年)为契机,苏州市启动了"平江路风貌保护与环境整治先导试验性工程"。在更新机制上,由国有企业苏州市城投公司、平江区国资公司联合出资,组建专门的开发公司,负责地块动迁、规划设计、建设施工、招商引资、资金运筹等,以及道路翻建、管线入地、违章拆除、危房翻建、桥梁抬高、驳岸整修、河道清淤、绿化亮化等具体工作,彻底改变了平江路破旧的面貌,同时满足历史文化保护的要求。该规划遵循"生活延续性"原则,通过对平江路沿线的旅游开发,反哺整个历史街区的基础设施更新,留住了大部分原住民,实现了遗产保护、经济发展与社会发展的平衡。

2.4.2.3 旧城更新

1) 杭州城市有机更新

改革开放以来,杭州就开始集中财力开展旧城改造,并于1990年代初提出了2000年前全面完成旧城改造的目标。但是,由于当时的旧区更新改造以改善居住条件和提升城市形象为单一目标,在更新过程中对历史文化遗产造成了较大的破坏。杭州吸取过去的经验教训,形成了一套"城市有机更新"的"杭州经验",体现在七个方面。①城市形态的有机更新。大力实施"城市东扩、旅游西进、沿江开发、跨江发展"战略,构筑"东动西静南新北秀中兴"的网络化、组团式、生态型空间布局。②街道建筑的有机更新。坚持"保护第一、应保尽保"原则,制定保护规划,完善政策措施,加大资金投入,注重合理利用,大力推进街道建筑的有机更新,并且使历史文化街区内的居民生活条件得以改善,生活品质得以提高。③自然人文景观的有机更新。先后实施了西湖综合保护、西溪湿地综合保护、"一湖三园"建设等重大工程,走出了一条自然人文景观有机更新的新路子。④城市道路的有机更新。坚持城市快速路、主次干道、支小路、背街小巷"四位一体",先后实施了一系列道路建设及整治工程,加快城市路网建设。⑤城市河道的有机更新。实施了京杭大运河(杭州段)综合整治与保护开发、市区河道综合整治与保护开发两大工程。⑥城市产业的有机更新。积极打造中国数字城市建设的杭州模式,培育一个万亿级的数字经济来支撑杭州经济新一轮的发展。⑦城市管理的有机更新。坚持以建设与世界名城相媲美的"生活品质之城"为目标,全面落实"条块结合、以块为主,块抓条保、公众参与"长效管理机制,提升城市综合管理、综合执法、综合服务能力。

2) 常州旧城更新

常州市旧城区长期以来一直是城市发展建设的重点地区与关注焦点,高度的社会经济集聚效益促成该地区不断发展与繁荣。21 世纪以来,在快速城市化的发展背景下,由于缺乏全面有效的政策引导与大规模的集中建设,旧城区的交通拥挤、环境质量下降、业态同质化、公共空间缺乏以及城市特色消退等问题日显严重。此外,随着常州市"一体两翼"新城市格局的逐渐形成,一方面为旧城转型、更新与提升创造了千载难逢的良机,另一方面随着周边地区新中心的迅速发展和崛起,旧城中心原有的地位与作用又必将受到严峻的挑战。尤其常州在 2010 年代后即将进入后工业化阶段,城市社会经济将进入产业布局、类型、结构的重构和转型的实质性实施阶段,"退二进三""退二优三"必然成为城市建设特别是旧城更新改造的重要主题。

2009 年东南大学和常州市规划设计研究院合作编制的《常州旧城更新规划研究》,基于现状评估、目标定位、总体更新策略、重点专题和行动计划五大方面,对旧城整体机能提升与可持续发展提出更新策略。具体而言,首先在判断阶层阶段发展特征、发展优势、更新矛盾、更新机遇与挑战的基础上,提出突出常州旧城的区域辐射和影响力、提升旧城产业结构、强化自身个性特色的整体发展目标与功能定位。其次,重点分析中心功能的强化与提升、新旧城区发展的互动、交通系统的调整与优化以及旧城特色保护与延续、公共空间整合与优化的具体规划策略。再其次,对旧工业区更新与再发展、旧居住区更新与整治、城中村更新与改造、历史文化街区保护、火车站地区更新与再发展进行了专题研究。最后通过详细的行动计划,全面引导常州旧城的更新改造。

2.4.2.4　旧城镇、旧厂房、旧村庄更新

1) 佛山"三旧"改造

在 2006 年之前,佛山市联滘地区是一个典型的农村工业化地区。南海区地方政府从 2006 年开始,对联滘地区进行更新改造。在集体用地的更新中,最困难的一点就是说服土地所有者,即农村集体的同意。在该案例中,地方政府扮演了重要的驱动角色,分别采取多种形式的"社会构建"过程,促进政府与社会之间信任的积累。其中的一个关键是,通过正式的规划制度供给,为集体建设用地的区位价值实现、资本的进入提供路径。在制度赋权和巨大的土地收益推动下,村集体终于不拘泥于土地性质和改造模式,直接参与到"三旧"改造土地出让的存量利益的分配。而对于参与该地区更新的开发商,其私有企业的性质必然使得追求利益最大化为终极目标。但是,在地方政府的监督与统筹下,能够更合理地分配土地增值收益,实现了市场资本盈利、村民收入增益的共赢(袁奇峰,钱天乐,郭炎,2015)。

2) 广州"三旧"改造

在国家严控土地增量的背景下,面对现有土地使用效率低下、未来新增建设用地枯竭的状况,为提高土地使用效率、推动产业转型,广东省政府于 2009 年 9 月在总结佛山市南海区经验的基础上出台了《关于推进"三旧"改造促进节约集约用地的若干意见》,计划从 2009 年至 2012 年,用 3 年时间"以推进'三旧'改造工作为载体,促进存量建设用地二次开发"。2010 年,广州市成立"三旧"改造办公室,在国土资源部、广东省共建节约集约用地示范省的政策目标下,针对"旧城镇、旧厂房、旧村庄"开展了改造规划。在实施过程中,"三旧"改造虽然有效推进了国有土地整备、盘活存量用地,但是更新机制过多地指向增量性的物质性拆除重建。此外,"三旧"改造工作

中还存在权责不清晰、规划目标零散、利益分配不均等问题(王世福,沈爽婷,2015)。

(3)深圳华润大冲村更新

大冲村位于深圳市南山区高新技术产业园的中部。1992年,大冲村村委会改为居委会,成立大冲实业股份有限公司。1996年产业园建设以来,外来务工人员剧增,大冲村村民的出租收益与日俱增。随着村内违章加建活动的增加,大冲村的设施匮乏与消防安全隐患问题凸显。2005年,南山区正式确立大冲村拆除重建的改造模式,大冲村改造得以实质性落地。在更新模式上,大冲村改造引入市场机制,创新性地采取了"政府主导+开发商运作+(集体)股份公司参与"的模式。2007年3月19日,华润集团和大冲股份公司签订合作意向书,大冲旧改正式拉开帷幕。2008年7月,南山区政府派出30余人的驻点工作组,进驻大冲村指导和协调合作双方开展工作。通过对现状的深入调研,兼顾相关各方面的利益,并将"村民受益"摆在了首要位置,使其获得货币补偿和物业补偿。这些经济方面的策略保证了改造开发有一定的合理利润,并有效带动改造实施主体的积极性,不仅更快推动旧村地区的改造,而且使规划具有可操作性。

2.4.3 学术研究

城市更新的学术研究在这一时期不断推进,进入了新的繁荣期。1992年,清华大学与加拿大不列颠哥伦比亚大学(UBC)联合举办了"'92旧城保护与发展高级研讨会",介绍了国际上有关旧城和旧居住区改造规划的主要理论和发展趋势,探讨了在改革开放形势下适合我国国情的城市旧区改造的基础理论、技术方法和相关政策(吴良镛,1993)。1994年,中德合作在南京召开了"城市更新与改造国际会议",双方专家就城市更新与经济发展的关系、城市更新的理论实践、城市规划的管理形式等问题进行了深入讨论。1995年,中国城市规划学会在西安召开旧城更新座谈会,一批专家学者结合中国实践,从城市更新价值取向、动力机制、更新模式与更新制度等方面进行了热烈讨论,会议认为城市更新是一个长期持久的过程,涉及政策法规、城市职能、产业结构、土地利用等诸多方面,决定筹备成立城市更新与旧区改建学术委员会。会后,在1996年第1期的《城市规划》中,以《旧城更新——一个值得关注和研究的课题》为题对会议主要观点做了重点介绍,显示了学术界对城市更新的高度关注。1996年4月,中国城市规划学会在无锡召开了中国城市规划学会年会的"城市更新分会场",讨论了片面提高旧城容积率、拆迁规模过大等问题,并正式成立了"中国城市规划学会旧城改建与城市更新专业学术委员会"(图2-12)。进入2005年,城市规划学界提出城市化速度并非越快越好,开始系列研讨历史保护与城市复兴问题(中国城市规划学会秘书处,2006)。

在学术著作上,这一时期相继出版了《北京旧城与菊儿胡同》(吴良镛,1994)《现代城市更新》(阳建强,吴明伟,1999)《当代北京旧城更新》(方可,2000)等论著,它们作为早期系统阐述城市更新的理论、方法与实践的著作,填补了我国城市更新研究的空白。

2.4.4 制度建设

面对新城快速扩张、旧城大规模改建带来的城市建设压力与挑战,我国关于土地管理与规划的法律法规不断健全完善。2004年国务院发布了《关于深化改革严格土地管理的决定》,文件将调控新增建设用地总量的权力和责任放在中央,盘活存量建设用地的权力和利益放在地方,希望通过权责的明确,限制过度的土地浪费与城市蔓延。同年,国土资源部又颁布《关于继续开展经营性土地使用权招标拍卖挂牌出让情况执法监察工作的通知》,规定2004年8月31号以后所有经营性用地出让全部实行招拍挂制度,有效遏制了土地出让中的不规范问题。2007年的《物权

图 2-12　1996 年中国城市规划学会旧城改建与城市更新专业学术委员会成立

资料来源：中国城市规划学会秘书处，2006.

法》赋予房屋所有权人基本的权利，规范了长期以来城市更新中存在的强制拆迁与社会不公平问题。2008 年实施的《中华人民共和国城乡规划法》规定，"旧城区的改建，应当保护历史文化遗产和传统风貌，合理确定拆迁和建设规模，有计划地对危房集中、基础设施落后等地段进行改建"。

在地方的实践与制度探索中，针对土地资源紧缺、土地利用低效、产业亟待转型和城市形象亟待提升等迫切问题，广东省出台了《关于推进"三旧"改造促进节约集约用地的若干意见》，积极推进"旧城镇、旧厂房、旧村庄"三类存量建设用地的二次开发。伴随着城市的超常规发展，深圳为了摆脱土地空间、能源水资源、人口压力、环境承载四个"难以为继"的困境，于 2009 年颁布了《深圳市城市更新办法》，初步建立了一套面向实施的城市更新技术和制度体系。

2.5　第四阶段(2012 年至今)：开启基于以人为本和高质量发展的城市更新新局面

2.5.1　现实背景

2011 年，我国城镇化率突破 50％，正式进入城镇化的"下半场"。过去几十年的高速发展，虽然彻底改变了新中国成立初期国内城市衰败落后的面貌，全面提升了城市的基础设施质量与生活环境品质，但同时快速的城市扩张与大规模的旧城改造也埋下了环境、社会、经济等多方面的潜在危机。今天，伴随经济发展从"高速"转入"中高速"阶段，这些过去被经济发展掩盖的隐性问题日益显象化，倒逼中国城市空间的增长主义走向终结(张京祥，赵丹，陈浩，2013)。以内涵提升为核心的"存量"乃至"减量"规划，已经成了我国空间规划的新常态(施卫良，2014)。土地发展权的价值分配成为存量规划机制研究的重点(田莉，姚之浩，郭旭，2015)。必须在充分掌握城市发展与市场运作的客观规律的前提下，处理好城市更新过程中的功能、空间与权属等重叠交织的社会与经济关系(阳建强，2018)。总的来说，在生态文明宏观背景以及"五位一体"发展、国家治理体系建设的总体框架下，城市更新更加注重城市内涵发展，更加强调以人为本，更加重视人居环境的改善和城市活力的提升。

2.5.2 实践探索

北京、上海、广州、南京、杭州、深圳、武汉、沈阳、青岛、三亚、海口、厦门等城市积极推进城市更新,强化城市治理,不断提升城市更新水平,呈现多种类型、多个层次和多维角度的探索新局面(表2-3)。三亚作为我国首个城市双修的试点城市,将内河水系治理、违法建筑打击、规划管控强化三个手段相结合,推动生态修复、城市整体风貌改善与系统修补(张兵,2019)。延安则主要结合革命旧址周边环境的整治与生态系统改善开展城市双修工作。在社区微更新方面,北京东城区通过史家胡同博物馆建设,扎根社区积极开展社区营造。上海的社区微更新工作通过公共空间改造,促进社区治理,启动了"共享社区、创新园区、魅力风貌、休闲网络"四大城市更新试点行动,发起社区空间微更新计划。深圳"趣城计划"构建了多方参与的城市设计共享平台,吸引公众参与城市更新设计。在旧工业区更新方面,北京首钢项目利用冬奥会的契机,推动旧工厂、旧建筑与园区的整体改造。上海城市最佳实践区,注重上海世博会后续低碳可持续利用和文化创意街区建设(世博城市最佳实践区商务有限公司,2017)。厦门沙尾坡以吸引年轻人和培育新兴产业为重点,为小微企业创新创业提供孵化基地,推动旧工业区的整体复兴(左进,李晨,黄晶涛,2015)(图2-13)。

表2-3 第四阶段典型更新实践

案例名称	更新问题	策略与启示
三亚城市双修	生态修复与城市修补	以治理内河水系为中心,以打击违法建筑为关键,以强化规划管控为重点,优化城市风貌形态
延安城市双修		改善城市生态系统,整修革命旧址及周边环境,传承红色文化
深圳"趣城计划"	社区微更新	通过创建多元主体参与、项目实施为导向的"城市设计共享平台",吸引公众参与城市更新设计,促进社会联动与治理
北京胡同微更新		通过将传统四合院生活与胡同绿化相结合,改善人居环境品质,并建立责任规划师制度,为社区居民提供咨询
上海社区微更新		通过口袋公园、一米菜园、创智农园等社区微更新项目,吸引社区居民参与,促进社区的共治、共享与共建
北京首钢更新	旧工业区更新	以冬奥会大事件为契机,推进旧工业园区的保护性再利用
上海城市最佳实践区		将后世博园区建设为集中了绿色建筑、海绵街区、低碳交通、可再生能源应用的可持续低碳城区
厦门沙尾坡更新		以宅基为基本单元开展微更新,吸引年轻人并积极培育新产业

2.5.2.1 生态修复与城市修补

1)三亚城市双修

三亚的双修工作内容主要包括生态修复和城市修补。生态修复采取问题导向与目标导向相结合,通过对山、河、海等生态要素的完善,修复"山海相连、绿廊贯穿"的整体生态格局和生境系统。相关专题研究包括《三亚市山体修复专题研究》《三亚市主城区城乡结合部污水设施专题研究》等。城市修补通过运用总体设计的方法,以"山、河、城、海"相互交融的城市空间体系为目标,针对城市的突出问题,因地制宜地进行"修补"。相关专题研究包括《三亚市城市色彩专题研究》

开启基于以人为本和高质量发展的城市更新新局面

图 2-13　第四阶段代表性更新案例

《三亚市广告牌匾整治专题研究》等。城市修补以城市形态、城市色彩、广告牌匾、绿化景观、夜景亮化、违章建筑拆除"六大战役"作为抓手,涵盖城市功能完善、交通设施完善、基础设施改造、城市文化延续、社会网络建构等多项综合性的内容,同时充分运用新的城市更新理念,加强城市设计,促进城市转型。

2) 延安城市双修

延安市为住建部"城市双修"试点城市。延安市政府高度重视,迅速制定并印发了《延安市区"城市双修"工作实施方案》,对"城市双修"工作的指导思想、基本原则、总体目标、工作任务、领导机构和职能职责、工作要求等进行了明确部署。其中,街景改造是"城市双修"的重点工作之一,宝塔区与延安市市区同城,是延安市开展"城市双修"工作的主阵地和主战场。为保障街景改造顺利进行,助力延安"城市双修"工作,宝塔区对照职能职责,部署开展了城区广告门头牌匾专项整治工作。2019 年,延安市举办了首届"延安遇见你"城市微更新设计邀请赛暨"城市记忆"摄影大赛,旨在提升延安整体城市气质,激发城区新的活力,留住城市记忆,全方位、多视角展示宝塔区之美,进一步推进城区老旧街区微更新改造,全方位展示宝塔区城市双修带给老百姓的幸福感、获得感。

2.5.2.2　社区微更新

1) 深圳"趣城计划"

深圳"趣城计划"是一系列城市设计社会行动,是一个面向多主体、以项目实施为导向的"城市设计共享平台"。它摒弃了宏大叙事的城市设计,转而选择通过对城市趣味地点的塑造,用城市设计"邀请"人们参与到充满创意的生活之中。在行动过程中,首先由城市设计主管部门建立平台,吸引公众参与,形成社会联合行动;然后由政府、企业、民间团体等多主体共同实施;最后征集建筑师自发参与设计提案,甚至组织实施。最终,通过建立由社会贡献的趣城公共案例库和创意分享网络,将城市设计与市民联结起来。

2) 北京胡同微更新

2019 年 2 月,北京市出台《关于加强新时代街道工作的意见》,30 条改革措施旨在构建简约高效的基层管理体制,增强街道统筹协调能力,畅通服务群众"最后一公里"。根据意见要求,北京市街道办职能从过去的"向上对口部门"转为"向下回应群众"。街道办内设机构数量大幅精简,突出社区建设、民生保障等部门设置。这种专业管理高效、协同治理有力的"条聚块实"体制,代表着新时代基层治理改革方向。同年5月,北京市规划和自然资源委员会发布《北京市责任规划师制度实施办法(试行)》,从制度上明确责任规划师的定位和工作目标、主要职责、权利和义务、保障机制等内容,为北京社区微更新引智。在加强街道工作与责任规划师制度的政策支持下,通过将街道划分为更细的街区,像绣花一样修复风貌、织补功能;将责任规划师引入胡同,为城市治理、加强名城保护和实现老城保护复兴"把脉开方",使街巷整治逐渐向街区更新发展。以东城为例,全区的17个街道被划分成81个一级街区和140个二级街区,分类施策,开展街区更新。全区17个街道,每个街道选择一个试点,让街区更新在全区范围内铺开。

  3)上海社区微更新

  2015年5月,上海市人民政府出台《上海市城市更新实施办法》,是上海城市发展进入存量更新阶段的里程碑。在城市有机更新的理念指导下,上海市开展了一系列城市更新活动,包括上海城市空间艺术季活动、"行走上海2016——社区空间微更新计划"活动等。在社区微更新中,共计几十位专家担任社区规划师,开展了社区公园、广场、园艺等多样化的公共空间与设施更新。以上海创智农园为例,该项目位于上海市杨浦区创智天地园区,规划在不改变土地性质和绿地属性的前提下,以深入的社区参与丰富了城市绿地的内涵与外延,以更乡土、更丰富的生境营造更新了人与自然的连接,以日臻完善的方式实现了社区民众对美好家园的共建共享。

2.5.2.3 旧工业区更新

  1)北京首钢更新

  北京首钢旧工业厂区更新是以大事件为驱动的旧工业区更新案例。早在2005年,国务院便批准"首钢实施搬迁、结构调整和环境整治"方案。2007年,北京市政府批复《首钢工业区改造规划》,提出首钢北京园区将来的发展重点是由制造业转向服务业。2010年6月,北京首钢建设投资有限公司(以下简称"首建投公司")成立,专门负责首钢北京园区的开发建设工作。2010年年底,首钢北京石景山园区钢铁主流程全面停产,闲置的首钢北京园区没有拆除,而是以保护和利用为基础,在原先的工业场地上进行规划和改造。2013年,国家启动全国城区老工业区搬迁改造试点工作,首钢老厂区进入首批试点名单。一年以后,国务院出台政策,首钢老工业区获得了政府土地和财税政策的支持。由于首钢多是筒仓、料仓、高炉等工业设施,改造复杂程度和难度非常大。在产业发展方面,首钢园区重点发展"体育+"、数字智能、科技创新服务、高端商务金融、文化创意等产业,积极利用和开发冬奥要素资源,推动体育与科技、传媒、创意等产业融合发展,在规划、机制、政策、生态等领域集中推进转型升级工作,通过首钢主厂区北区改造建设,确立起了示范区转型升级新的品牌形象。

  2)上海世博城市最佳实践区

  "城市最佳实践区"位于黄浦江西岸,北至中山南路,西至保屯路、望达路,南至苗江路,东至花园港路、南车站路,规划占地面积15.08 hm²,规划建筑面积25万m²。早在2010年上海世博会成功举办的同时,便作了相应的世博展区后续利用规划,从城市整体发展谋划了展区后续发展愿景。根据世博会《上海宣言》,城市发展应面向未来的生态文明,建设低碳的生态城市。整个园区致力于打造成为展示城市建设低碳创新技术和文化生活的交流平台,在空间上利用江南造船厂等搬迁后的厂房、仓库、办公建筑,展示了低碳、环保等最新科技成果和创新实践。其他方面的重点内容有绿色建筑、健康建筑认证,节水灌溉立体绿化,江水源区域能源系统,低碳交通管理计划,步行街道优化设计,可再生能源的应用,历史建筑保护和利用。

3）厦门沙坡尾更新

沙坡尾位于厦门岛西南端，是厦门港的发源地，也是极具地方特色的传统社区及工业遗产所在地。但近年来，沙坡尾地区面临周边高密度城市开发的侵蚀，以及社区自身的产业低端化、人口老龄化与贫困化问题。针对沙坡尾地区用地产权复杂、人文生态脆弱、更新代价高等关键性问题，沙坡尾社区更新行动规划借助夏港片区的产业升级，创新地提出了城市"从空间设计走向制度设计，从增量建设走向存量经营"的理念，坚持"土地产权基本不动，空间肌理基本不改，本地居民不迁，人文生态基本不变"的四项原则，将更新对象落实到"宅基"这一小尺度的基本单元层面，推动渐进式的社区更新。最终，通过政府、规划师、运营商共同建立行动平台，维护街区良性的生长环境，促成了以激励年轻人群创业为导向的创新产业培育基地，激发了这一老旧片区的经济与社会活力。

2.5.3 学术研究

为了适应新型城镇化背景下的城市更新实践要求，搭建多学科交叉融合的学术平台，提高城市更新研究领域的学术水平，中国城市规划学会于 2016 年 12 月恢复成立了"中国城市规划学会城市更新学术委员会"（图 2-14）。其主旨在于围绕城市更新理论方法、规划体系、学科建设、人才培养与实施管理，积极开展学术交流以及科研、咨询活动，并加强学界、业界与政界的沟通交流。近年来以"新型城镇化背景下的城市更新""城市更新与城市治理""社区发展与城市更新""城市更新，多元共享""复杂与多元的城市更新""城市更新与品质提升""城市更新，让人居更美好"等主题展开了广泛的学术研讨和交流。

图 2-14　2016 年中国城市规划学会城市更新学术委员会恢复成立大会合影

2.5.4 制度建设

在棚户区和老工业区改造方面，2012 年 9 月，李克强总理在中国资源型城市与独立工矿区可持续发展及棚户区改造工作座谈会上强调，推动独立工矿区转型，加大棚户区改造力度。2013 年出台了《国务院关于加快棚户区改造工作的意见》和《国务院办公厅关于推进城区老工业区搬迁改造的指导意见》等重要文件。2014 年,国务院办公厅印发《关于进一步加强棚户区改造工作的通知》(中华人民共和国中央人民政府,2014)。2014 年公布的《政府工作报告》提出"三个一亿人"的城镇化计划,其中一个亿的城市内部的人口安置就针对的是城中村和棚户区及旧建筑改造。在低效用地更新方面,2014 年原国土资源部发布《节约集约利用土地规定》,2016 年国土资源部印发《关于深入推进城镇低效用地再开发的指导意见(试行)》,2017 年又印发了《城镇低效用地再开发工作推进方案(2017—2018 年)》(中华人民共和国自然资源部,2016)。2019 年 7 月,住建部会同发展改革委、财政部联合发布了《关于做好 2019 年老旧小区改造工作的通知》,希望通过老旧小区改造,完善城市管理和服务,彻底改变粗放型管理方式,让人民群众在城市生活得更方便、更舒心、更美好(中华人民共和国中央人民政府,2019)。国家层面出台的这一系列政策文件,对指导城市更新工作有序开展起到了重要作用。

与此同时,顺应新的形势需求,几个重点省市在城市更新机构设置、更新政策、实施机制等方面进行了积极的探索与创新。2015 年 2 月"广州市城市更新局"挂牌成立,之后深圳、东莞、济南等相继成立城市更新局。在法规建设方面,上海市政府出台《上海市城市更新实施办法》,针对徐汇、静安(含原闸北)两个区发展需要解决的问题项目,分别进行了区域性研究评估。此后,上海市规划和国土资源管理局还出台了《上海市城市更新规划土地实施细则(试行)》《上海市城市更新规划管理操作规程》《上海市城市更新区域评估报告成果规范》等一系列文件,继续完善城市更新的制度体系。深圳出台了《深圳市城市更新办法》《深圳市城市更新办法实施细则》《深圳市城市规划标准与准则》等文件,为城市更新提供明确的制度路径。在配套机制方面,北京市探索了在分区规划、控制性详细规划中引入责任规划师的制度。2019 年 5 月,北京市规划和自然资源委员会发布《北京市责任规划师制度实施办法(试行)》。该文件规定,由区政府聘用独立的第三方人员,为责任范围内的规划、建设与管理提供专业咨询与技术指导(表 2-4)。

表 2-4　重点省市更新法律法规

	颁布机构	颁布时间	文件名称
广东省	广东省人民政府	2016 年	《关于提升"三旧"改造水平促进节约集约用地的通知》
	广东省国土资源厅	2018 年	《关于深入推进"三旧"改造工作的实施意见》
	广东省人民政府	2019 年	《关于深化改革加快推动"三旧"改造促进高质量发展的指导意见》
	广东省自然资源厅	2019 年	《广东省深入推进"三旧"改造三年行动方案(2019—2021 年)》
		2019 年	《广东省旧城镇旧厂房旧村庄改造管理办法(送审稿)》
上海市	上海市人民政府	2015 年	《上海市城市更新实施办法》
	上海市规划和国土资源管理局	2015 年	《上海市城市更新规划土地实施细则(试行)》
		2015 年	《上海市城市更新规划管理操作规程》
		2016 年	《上海市城市更新区域评估报告成果规范》
		2017 年	《上海市城市更新规划土地实施细则》
	上海市人民政府办公厅	2016 年	《关于本市盘活存量工业用地的实施办法》
		2016 年	《关于加强本市工业用地出让管理的若干规定》

	颁布机构	颁布时间	文件名称
深圳市	深圳市人民政府	2009 年	《深圳市城市更新办法》
		2012 年	《深圳市城市更新办法实施细则》
		2012 年	《关于加强和改进城市更新实施工作暂行措施的通知》
		2014 年	《关于加强和改进城市更新实施工作暂行措施的通知》
		2016 年	《关于加强和改进城市更新实施工作暂行措施的通知》
	深圳市规划和 国土资源委员会	2014 年	《深圳市城市规划标准与准则》
		2018 年	《深圳市城市规划标准与准则》(2018 年局部修订)
	深圳市人民政府办公厅	2016 年	《深州市人民政府关于施行城市更新工作改革的决定》
北京市	北京市规划和 自然资源委员会	2019 年	《北京市责任规划师制度实施办法(试行)》

2.6 总结与展望

2.6.1 发展轨迹

纵观中国城市更新 70 年的发展历程,从解放初期百废待兴,解决城市居民基本生活环境和条件问题,到改革开放随着市场经济体制的建立,开展大规模的旧城功能结构调整和旧居住区改造,到快速城镇化时期开展的旧区更新、旧工业区的文化创意开发、历史地区的保护性更新,再到今天进入强调以人民为中心和高质量发展的转型期,强调城市综合治理和社区自身发展,呈现出多种类型、多个层次和多维角度探索的新局面(表 2-5)。

表 2-5 中国城市更新发展轨迹总结

特征	时间			
	第一阶段 (1949—1977 年)	第二阶段 (1978—1989 年)	第三阶段 (1990—2011 年)	第四阶段 (2012 年至今)
发展方针	变消费城市为生产城市	控制大城市规模,合理发展中等城市,积极发展小城市	从"严格控制大城市规模"到"大中小城市协调发展"	尊重城市发展规律,发挥市场主导作用,提高城市治理能力,解决城市病
空间层次	关注城市局部的环境整治与最基本的设施更新	在部分城市着手推进各种类型的城市更新试点项目	全国范围内的大规模城市更新活动	重点城市的城市更新理念、模式、机制转型示范
更新机制	完全由政府财政支持,但财政较为紧缺	初步建立市场机制,但在试点项目中依旧以政府投资为主	全面引入市场机制,由政府和市场共同推动	建立国家治理体系,吸引社会力量加入城市更新
社会范畴	摆脱旧中国遗留下来的贫穷落后状况	以还清居住和基础设施方面的历史欠账为主要任务	出现显著的"增长联盟"行为,效率导向重于社会公平	多方参与、社会共治,社会力量成为新的主题之一

特征	时间			
	第一阶段 (1949—1977 年)	第二阶段 (1978—1989 年)	第三阶段 (1990—2011 年)	第四阶段 (2012 年至今)
更新重点	着眼于改造棚户和危房简屋	职工住房和基础设施	重大基础设施,老工业基地改造,历史街区保护与整治,城中村改造	创意产业园区转型,生态修复,城市修补,老旧小区改造,老工业区更新改造
更新政策	充分利用,逐步改造	填空补实,旧房改造,旧区改造	旧城改造,旧区再开发	有机更新,城市双修,社区微更新

2.6.2 主要成效

在新的发展阶段,我国的城市更新事业获得了社会各界的广泛关注与深度参与(图 2-15)。在中央政府"五位一体"的总体布局下,城市更新树立了面向社会、经济、文化和生态等更加全面和多维的可持续发展目标。地方政府在国策方针的指引下,全面开展针对旧中心区、旧居住区、老工业区、城中村以及历史街区等地区的更新改造工作,并且在更新过程中,通过为参与者提供正式的制度路径与优惠的政策支持,激励更广泛的社会力量参与,推动城市更新的顺利开展。在中央政府指引、地方政府响应的背景下,越来越多的私人部门与社会群体参与到城市更新中,为过去政府和市场主导的物质更新提供了更广阔的视角与更持久的动力,形成了政府力量、市场力量、社会力量共同参与的城市更新机制。

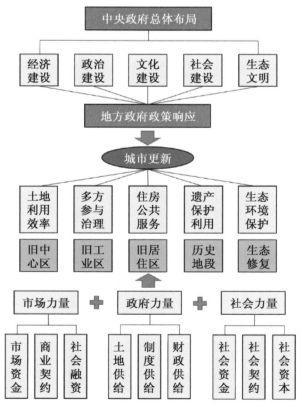

图 2-15　中国城市更新的多元参与主体

　　城市更新制度与法律体系的不断创新与完善,为城市更新工作的开展提供了有力保障(图 2-16)。1980 年代早期的三部法律,明确了城市规划的综合部署性质,并针对旧城改建,提出了合理利用、适当调整、逐步改善的原则,以及改善居住和交通条件,加强基础设施、公共设施建设的综合要求。进入 1990 年代,土地有偿出让、分税制改革与住房商品化改革成为推动旧城更新运行的重要动力,"831"大限、《物权法》等法律法规的出台,更加规范了城市规划与更新活动,体现出我国空间政策"激励"与"约束"的双重属性。在城镇化的下半场,我国城市更新的相关法律法规更加注重生态文明建设与以人民为中心的国家治理体系建设,在鼓励社会参与的同时,出台了棚户区改造、老工业区改造、低效用地再开发、城市双修、老旧小区改造等一系列城市更新的相关政策,从而使得城市更新工作得以健康持续开展。

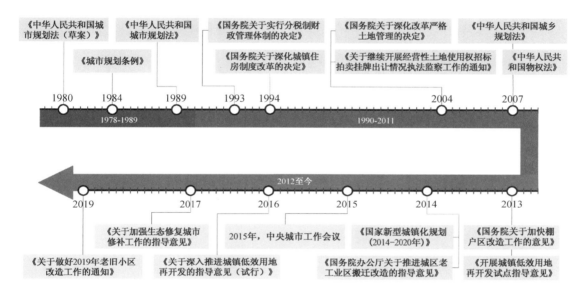

图 2-16　改革开放以来中国城市更新相关制度变迁

图 2-17　中国城市更新的未来展望

2.6.3 未来展望

在过去的 70 年中,城市更新在完善城市功能、提高群众福祉、保障改善民生、提升城市品质、提高城市内在活力以及构建宜居环境等方面起到了重要作用,积极地促进了中国城镇化的进程,使人们的生活环境变得更加美好,使城市更加宜居、安全、高效和持续。

但与此同时,城市更新时代的来临,无疑向城市规划和管理提出了新的和前所未有的挑战(图 2-17)。首先急需从过去单一效率主导的价值观转向基于以人为本和高质量发展的多元价值观;其次在更新模式层面,需要从过去"自上而下"的单一更新模式,转向"自上而下"与"自下而上"双重驱动的多元更新模式;在更新思维层面,需要从过去规划设计主导的物质更新,转向多学科交叉和融合的社会、经济、文化、生态整体复兴的综合思维;最后在制度层面,需要从过去单一的政府主导与审批的行政机制,转向权力下放、社会赋权、市场运作的空间治理模式,在国土空间规划体系框架下,进一步健全城市更新相关法律法规,建立贯穿国家—地方—城市层面的城市更新体系,搭建常态化的城市更新制度平台,发挥政府、市场、社会与群众的集体智慧,保障城市更新工作的公开、公正、公平和高效。总之,通过城市更新基础理论、技术方法以及制度机制的创新,使城市更新工作走向科学化、常态化、系统化和制度化。

3 城市更新的思想渊源与基础理论

城市更新是一个不断发展和多学科交叉的研究课题,城市更新相关的理论基础也来自不同的学科,包括了城市规划、城市设计、建筑设计、城市经济和城市社会学等领域。综观城市更新的思想与理论发展,呈现出由物质决定论的形体主义规划思想逐渐转向协同理论、自组织规划等人本主义思想的轨迹,同时也直接反映了城市更新价值体系的基本转向。早期城市更新主要是以"形体决定论"和功能主义思想为根基,面对用传统的形体规划和用大规模整体规划来改建城市屡屡遭到失败以及日益激烈的社会冲突和文化矛盾,许多学者纷纷从不同立场和不同角度进行了严肃的思考和探索。至"邻里复兴"运动兴起,交互式规划理论、倡导式规划理论又成了新的更新思想,多方参与成了城市更新最重要的内容和策略之一。20世纪末出现的基于多元主义的后现代理论,在思想上受到1960、1970年代兴起的后结构主义和批判哲学的深刻影响,这些均促进了对城市更新理论的不断思考与深化。

3.1 物质空间形态设计思想及理论

3.1.1 卡米洛·西特(Camillo Sitte):城市艺术

卡米洛·西特(1843—1903),曾任奥地利建筑工艺美术学院院长,是19世纪末到20世纪初著名的建筑师和城市设计师。西特倡导人性的规划方法,并且对反映日常生活的平常事物、建筑和城市抱有很大兴趣,他最早提出的城市空间环境的"视觉秩序"(Visual Order)理论是现代城市设计学科形成的重要基础之一。西特的城市设计思想主要反映在他于1889年出版的《城市建设艺术》(The Art of Building Cities)著作中。针对当时城市建设和城市改建出现平庸和乏味的城市空间的现实状况,西特充分认识到基于统计学和政策导向的城市规划与基于视觉美学的城市设计之间存在的分离,主张将城市设计建立在对于城市空间感知的严格分析上,并通过对中世纪大量的欧洲典型实例的考察与研究,总结归纳出一系列城市建设的艺术原则与设计规律。

在《城市建设艺术》中,西特总结归纳了大量中世纪欧洲城市的广场与街道设计的艺术原则。他认为中世纪城市建设遵循了自由灵活的方式,城镇的和谐主要来自建筑单体之间的相互协调,广场和街道通过空间的有机围合形成整体统一的连续空间,并且指出这些原则是欧洲中世纪城市建设的核心与灵魂。针对当时流行的所谓"现代体系",即矩形体系、放射体系和三角形体系,西特将其与古代城市公共广场设计进行对比分析后指出:现代城市公共广场一般把建筑物或纪念物不加考虑地置于广场中心,造成了广场与建筑的割裂;广场四通八达的开口方式使得广场支离破碎;采用"现代体系"形成的广场是各种矛盾空间的组合,由于缺乏空间的整体性,使人们实地很难感受到其"对称"的构图,而且"对称"构图的滥用还造成广场空间的单调与乏味。同时还尖锐地指出所有这些问题的根源主要是因为现代城市设计者违背了古老的空间设计艺术原则。

关于对现代城市中运用艺术原则进行建设的可能性,西特认为城市的发展不可避免,社会的进步将导致人们需求的变化,不可能也没必要完全仿效古代的城市建设。而且,城市规划的艺术也受到现代因素的多种制约,随着人口集中而导致土地价值的大幅增长,人们对城市用地进行更细的划分,来开辟新的街道和更多的迎街面,很难指望用单纯的艺术设计原则来解决城市面临的所有问题。因此,在建成环境中进行设计或更新时,必须接受既定的因素作为艺术设计的给定条件,并以此限定设计活动。

在具体的改建设计中,西特通过对几个采用古代原则改建的设计实例进行分析,证明艺术原则完全可以运用于现代城市建设。他认为,尽管现代城市的矩形用地划分在经济上十分优越,但是规则的矩形体系对于增加城市的美丽与壮观是十分有限的。因此有必要对城市过度规则的"现代体系"进行改进,以创造出具有文化和情感激励的室外公共空间。例如,在大的城市社区建设中,将中心广场与周边建筑作为一个整体进行设计。从一开始就重视广场和周边环境的布局,将其划分为若干部分的大结构体量。还可以根据透视原则围绕一个凹形线组合这些建筑。用这种方式创造出有趣的广场而不是昏暗、空虚的内院(图 3-1)。在街道布局中创造多变的空间,在不规则的广场上放上规则的建筑,都可以有效地排除这些规则因素,从而避免平庸和乏味的城市空间(图 3-2)。

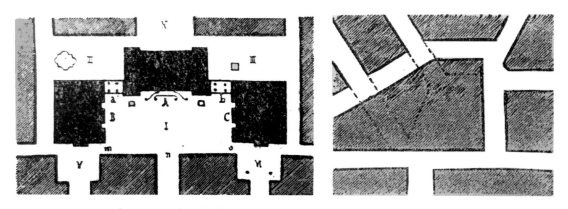

图 3-1　与矩形划分相近的艺术设计　　　　图 3-2　运用不规则建筑消除不规则空间

资料来源:西特 C,1990.

概括起来,西特的城市设计思想主要体现在批评了当时盛行的形式主义的刻板模式,总结了中世纪城市空间艺术的有机和谐特点,倡导了城市空间与自然环境相协调的基本原则,揭示了城镇建设的内在艺术构成规律,西特建立的这些城市设计理论与方法有力地促进了"城市艺术"(Civic Art)学科领域的形成与发展。尽管西特的城市设计思想对他的家乡——维也纳的重建影响甚微,但在欧洲乃至世界范围内的许多地方产生了广泛而重要的影响。《城市建设艺术》自出版后被翻译成多种语言,"西特学派"在当时的欧洲亦逐渐形成,对许多年轻建筑师和规划师产生积极影响。正如伊利尔·沙里宁指出的,"我一开始就受到西特学说的核心思想的启蒙,所以在我以后几乎半世纪的建筑实践中,我从没有以一种预见构想的形式风格来设计和建造任何建筑物……通过他的学说,我学会了理解那些自古以来的建筑法则"。

3.1.2　伊利尔·沙里宁(Eliel Saarinen):有机疏散

伊利尔·沙里宁(1875—1950),著名美籍芬兰建筑师和教育家,曾规划过芬兰首都赫尔辛基,他创办了美国匡溪艺术学院,倡导城市"有机秩序"(Organic Order)论,建构了融城市规划、城市设计、建筑、绘画、雕刻、园林、工艺设计于一体的教学体系。在城市规划领域,伊利尔·沙里宁发表的主要著作有《城市:它的发展、衰败与未来》(*The City:Its Growth,Its Decay,Its Future*)

和《形式的探索：艺术的基本途径》（*Search for Form：A Fundamental Approach to Art*），这两本书可以说是他"体形环境"设计观的代表作。

在《城市：它的发展、衰败与未来》一书中，沙里宁认为导致城市衰败的主要原因之一在于城市中日益严重的混乱和拥挤状态。在拥挤的城市中，各种互不相关的不同活动彼此干扰，阻碍城市正常地发挥作用。而那些"只讲实用"的规划人员，却采取最简便的办法去应付困难。例如，交通繁忙时便拓宽街道，导致更多的车辆涌入；而当人口增长、地价高涨时，就规划高层建筑，使得原本不良的居住条件更加恶劣（沙里宁 E，1986）。

为了寻找理想城市的模型，伊利尔·沙里宁重点回顾了中世纪城镇的发展历程。他认为中世纪城镇呈现出一种集中布置的、与自然相互协调的、扩张缓慢而审慎的基本特征。而这种类似于自然界树木年轮的成长方式与协调灵活的空间形式，充分体现了沙里宁口中的"有机秩序"理念。相比之下，19 世纪城镇建设逐渐抛弃了"有机秩序"的思想，最终导致城镇无法保持有机统一的结构。

基于对城市衰败起因的分析以及对中世纪城镇有机秩序的解读，沙里宁提出了治疗城市疾病的"有机疏散"方法（图 3-3），具体策略包括：

（1）走向分散的策略　主要通过"有机的分散"，将目前大城市中一整块拥挤的区域分散为若干集中的单元，而不是把居民和他们的活动分散到互不相关的地步。例如，保证城区的适当密度来提高企业的工作效率。

（2）重新安排居住和工作场所　主要是将不适宜城市的重工业产业分散到伸缩性更大的地区，而腾出来的用地正好为城市重建工作提供绝好的机会。

图 3-3　沙里宁的有机分散模式

资料来源：张京祥，2005.

（3）经济与立法　第一，在扩大的分散区域内，重点考虑如何创造出新的城市使用价值。第二，在衰败地区的改造中，确保每一个步骤都在经济上具有积极意义。第三，尽量保持所有的新老使用价值,即稳定的经济价值。此外,任何的分散过程还应当与经济计划相配合。

(4)新的形式秩序 按照大自然建筑的基本原则而建成为人类艺术的成果,促使城市与人在物质上、精神上、文化上的健康。例如单体房屋之间良好的协调关系,按照"分散化的开敞感"进行设计,满足居民对空气、阳光和空间的需要。

(5)必要的清除工作 处理好"体面"的问题,例如清理沿街道和广场竖立的那些低劣的招牌和广告,避免形成低级趣味和文化上的退步。

(6)全面的规划 重视城市问题的广泛牵涉面和关系全局的性质。在考虑某一项问题时,同时考虑与其相关的其他问题。为了避免混乱,要对城市的整个局面进行彻底的研究,制定一份总体规划。

如果说莱特(Frank Lloyd Wright)、霍华德与柯布西耶的思想分别代表了城市分散主义、集中主义的两种极端模式,那么沙里宁的有机疏散理论就是介于两者之间的折中(张京祥,2005)。1918年,沙里宁根据有机疏散的原则制定了大赫尔辛基规划(图3-4)。他主张在赫尔辛基附近建立一些半独立的城镇,以控制城市的进一步扩张。沙里宁的有机疏散思想主要是通过卫星城来疏散和重构大城市,缓解以城市拥挤为核心的大城市病,对于二战后的欧美城市重建工作起到了重要的指导作用。

图3-4 大赫尔辛基中心区分散规划模型

资料来源:沙里宁 E,1986.

3.1.3 勒·柯布西耶(Le Corbusier):现代功能主义

勒·柯布西耶(1887—1965)是20世纪最知名的建筑、规划、设计师之一,是"现代建筑"的先锋和"功能主义"的代表性人物。柯布西耶认为,20世纪初大城市面临的中心区衰退问题,应当通过展望未来和利用工业社会的力量才可以解决,从而更好地发挥人类的创造力。因而,柯布西耶主张用全新的规划和建筑方式改造城市,通过彻底的城市更新,依靠现代技术力量重建更加高效的城市。因此,柯布西耶的规划理论也被称作"城市集中主义",其中心思想主要体现在两部重要著作中,一部是发表于 1922 年的《明日之城市》,另一部是 1933 年发表的《光辉城市》。它的理论对西方大城市战后的复兴起了很大的作用。

他的城市规划观点主要有四点:

(1) 传统的城市由于规模的增长和市中心拥挤加剧,已出现功能性的老朽。随着城市的进一步发展,城市中心部分的商业地区内交通负担越来越大,需要通过技术改造以完善它的集聚功能。

(2) 关于拥挤的问题可以用提高密度来解决。就局部而论,采取大量的高层建筑就能取得很高的密度,同时,这些高层建筑周围又将会腾出很高比例的空地。他认为摩天楼是"人口集中,避免用地日益紧张,提高城市内部效率的一种极好手段"。

(3) 主张调整城市内部的密度分布。降低市中心区的建筑密度与就业密度,以减弱中心商业区的压力和使人流合理地分布于整个城市。

(4) 论证了新的城市布局形式可以容纳一个新型的、高效率的城市交通系统。这种系统由铁路和人车完全分离的高架道路相结合,布置在地面以上。

根据上述思想和原则,勒·柯布西耶于 1922 年发表的《明日之城市》一书中,假想了一个 300 万人的城市:中央为商业区,有 40 万居民住在 24 座 60 层高的摩天大楼中;高楼周围有大片的绿地,周围有环形居住带,60 万居民住在多层连续的板式住宅内;外围是容纳 200 万居民的花园住宅;平面是现代化的几何形构图,矩形的和对角线的道路交织在一起。规划的中心思想是疏散城市中心,提高密度,改善交通,提供绿地、阳光和空间,而实现这个"理想城市",便需要对原有的历史肌理进行彻底清除。

1925 年,柯布西耶为巴黎设计的中心区改建方案便充分体现了他的城市规划原则。在这个方案中,他将原有的巴黎城市肌理彻底推翻,取而代之以崭新高耸的现代城市,仅保留巴黎圣母院这类极少的重要传统建筑(图 3-5)。

虽然方案最终没有实施,但是柯布西耶的规划思想却在大洋彼岸的美国生根发芽,对二战后的美国城市更新运动产生了巨大影响。当时的美国刚刚进入汽车主导的城市交通方式,柯布西耶的规划理念倾向于扫除现有的城市结构,代之以一种崭新的理性秩序,他的理念与时任纽约建设局长的罗伯特·摩西(Robert Moses)的雄心壮志一拍即合,开启了纽约城自上而下的大规模推倒重建。

总的来说,柯布西耶的现代主义思想较之以前纯艺术的城市规划增加了许多功能布局、系统规划的内容。但是,仍然没有摆脱由建筑设计主导的城市建设思想,从本质上无一例外地继承了传统规划的"形体决定论",把城市看成是一个静止的事物,指望能通过整体的形体规划总图来摆脱城市发展中的困境,并通过田园诗般的图画来吸引拥有足够资金的人们去实现他们提出的蓝图。但是,在美国的实践中,大规模的推倒重建迫使成千上万的居民搬迁,并导致城市中心的小型商业倒闭,这都对邻里的社会和经济结构造成了极大破坏。随后,毁灭性的社区清理和拆除以及迟迟未见完成的重建,为美国城市埋下了社会与种族不安的重要因子。加之低收入阶层人群的经济生活并未因城市即将重建而立刻获益,而其居住社区内的环境品质在政府主要资源投入中心商业区后也毫无改善,不满和无奈积成怨愤,很快便在各主要城市中蔓延开来,并引发了种族暴乱,产生了消极的社会影响。

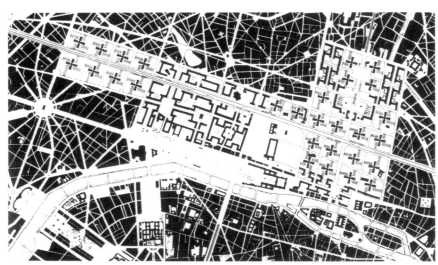

图 3-5 柯布西耶提出的巴黎中心区改建方案模型与总图

资料来源：Salat S，2013.

3.2 人文主义思想及理论

3.2.1 刘易斯·芒福德（Lewis Mumford）：有机规划与人文主义规划

刘易斯·芒福德（1895—1990）是美国著名城市理论家，是有机规划和人文主义规划思想的大师。在名人词典中，他有时被介绍为"城市建筑与城市历史学家"，有时又是"城市规划与社会哲学家"。他作为城市理论家，在对历史城市及城市规划进行系统的分析批判上，在论述内容的广度与深度上，在学术见解的独到性上，都独树一帜。他最突出的理论贡献在于揭示了城市发展与文明进步、文化更新换代的联系规律。他强调城市规划的主导思想应重视各种人文因素，从而促使欧洲的城市设计重新确定方向。第二次世界大战前后,他的著作被波兰、荷兰、希腊等国家一些组织当作教材,培养了新一代的规划师。芒福德的贡献和影响远远超出城市研究和城市规划的领域,深入哲学、历史、社会、文化等诸多方面。他曾十余次获得重要的研究奖和学术创作奖,其中包括 1961 年获英国皇家金奖(Royal Gold Medal),1971 年获莱昂纳多·达·芬奇奖章(Leonardo da Vinci Medal)和 1962 年获美国国家图书奖(National Book Award)。

芒福德论述城市文明最为著名的两部里程碑式代表作是《城市文化》(*The Cultures of Cities*,1938)和《城市发展史》(*The City in History*,1961),从他对城市起源和进化的开拓性研究开始,人们更加关注城市在西方文明发展中所发挥的组合作用,并确定了芒福德在城市研究领域中的重要地位。芒福德追求的目标从不限于仅仅记录历史,而是力图改变它。他给当代人提出的任务和难题,就是如何通过更新改造,创建出一种新的社区生活质量,同时造就新人。他警示说,这种更新改造任务成功的可能性有多大,取决于人类对于当今自身问题的深远根源有多少透彻理解。芒福德高度关注人类生活需求,关注城市和建筑环境的人文尺度;他偏爱小型规划和小型项目,而不大赞成大型的纪念性项目。由于这些主张,他在 20 世纪 40 年代至 50 年代奋起谴责和抵制大规模的城市更新计划、高速公路和高楼建设项目。他认为,这样的大规模举措破坏了各大城市中心地带的景观。他喜爱的城市,是那种以邻里生活为中心的富有活力和朝气的城市,人们可以相约在街边咖啡馆或者树影婆娑的公园里见面谈心。

《城市发展史》一书系统总结了西方城市规划的发展过程,对中世纪城市规划极为赞赏,对霍华德的"田园城市"思想评价极高。对于未来社会和城市的发展,芒福德提出的总目标是把它们向有机状态改造,具体任务包括:努力创造条件来开发人类智慧多层面的潜在能力;重新振兴家庭、邻里、小城镇、农业区和小城市;以小流域地区作为规划分析的主要单元,在此地区生态极限以内建立若干独立自存又相互联系的、密度适中的社区,构成网络结构体系;把符合人性尺度的田园城市作为新发展地区的中心;创立一种平衡的经济模式;复兴城市和地区内的历史文化遗产,将其成为优良传统和生活理想的主要载体;更新技术,大力推广新巧、小型、符合人性原则和生态原则的新技术。针对城市更新改造的突出问题与时弊,芒福德曾十分深刻地指出:"在过去一个世纪的年代里,特别在过去 30 年间,相当一部分的城市改革工作和纠正工作——清除贫民窟,建立示范住房,装饰城市建筑,扩大郊区,'城市更新'——只是表面上换上一种新的形式,实际上继续进行着同样无目的的集中并破坏有机机能,结果又需治疗挽救。"

芒福德认为,"城市的主要功能是化力为形,化权能为文化,化朽物为活灵灵的艺术形象,化生物繁衍为社会创新""城市乃是人类之爱的一个器官,因而最优化的城市经济模式应是关怀人、陶冶人"。

芒福德是当代影响最广泛的伟大思想家之一,其论著涉猎范围广,成就卓著。他对历史、哲学、文学、艺术、建筑评论、城市规划,以及城市科学和技术研究等众多领域都大有贡献,他的这些贡献开启了人类文明中一个更为宽广的领域,供读者重新思考。正如马尔科姆·考利(Malcolm Cowley)所评价的:"很可能,刘易斯·芒福德就是人类历史上最后一位伟大的人文主义者了。"

3.2.2　简·雅各布斯(Jane Jacobs):对现代主义的批判

简·雅各布斯(1916—2006)出生于美国宾夕法尼亚州,早年做过记者、速记员和自由撰稿人,1952 年任《建筑论坛》(*Architectural Forum*)助理编辑,也曾领导群众游行和抗议。她在负责报道城市重建计划的过程中,逐渐对传统的城市规划观念产生了怀疑。1955—1968 年,美国爆发了大规模的民权运动(Civil Rights Movement)。1961 年,简·雅各布斯以调查实证为手段,针对许多城市相继出现的"城市病",以美国一些大城市为对象进行调查与剖析,出版了《美国大城市的死与生》一书。书中考察了都市结构的基本元素以及它们在城市生活中发挥功能的方式,分析了城市活力的来源,抨击了传统的城市规划和城市重建理论。雅各布斯认为当今城市规划和重建是对地方社群的破坏,并揭示解决贫民窟问题不仅仅是一个经济上投资及物质上改善环境的问题,它更是一项深刻的社会规划和社会运动。因此,雅各布斯提出了城市规划和重建的新原则:主张进行不间断的小规模改建,并提出一套保护和加强地方性邻里社区的原则,由此奠定了城市设计理论与实践在新的发展阶段的基调。

简·雅各布斯认为,城市旧区的价值一直为规划者和政府当局所忽略,传统城市规划及其伙伴——城市设计只是一种"伪科学",城市中最基本的、无处不在的原则,应是"城市对错综交织使用多样化的需要,而这些使用之间始终在经济和社会方面互相支持,以一种相当稳固的方式相互补充"。对于这一要求,传统"大规模规划"的做法已被证明是无能为力的,因为它压抑想象力,缺少弹性和选择性,只注意其过程的易解和速度的外在现象,这正是城市病的根源所在。

在简·雅各布斯看来,勒·柯布西耶和霍华德是现代城市规划设计的两大罪人,因为他们都是城市的破坏者,都主张以建筑为本体的城市设计,认为霍华德的"田园城市"把城市问题简单化了,仅适用于封闭、静止状态的小城镇而难以解决多样性的现代大都市问题;勒·柯布西耶的"明日的城市"则完全忽略了城市背后的深层次关联,把城市规划引向歧途,是大规模重建、随意安排城市人口的规划方法的思想根源。简·雅各布斯认为城市问题是一个"有序的复杂问题"(problems of organised complexity),对城市而言,"过程是本质的东西"(for cities, processes are of the essence),并指出城市多元化是城市生命力、活泼和安全之源。城市最基本的特征是人的活动。人的活动总是沿着线进行的,城市中街道担负着特别重要的任务,是城市中最富有活力的"器官",也是最主要的公共场所。路在宏观上是线,但在微观上却是很宽的面,可分出步行道和车行道,而且也是城市中主要的视觉感受的"发生器"。因此,街道特别是步行街区和广场构成的开敞空间体系是雅各布斯分析评判城市空间和环境的主要基点和规模单元。简·雅各布斯认为街道除交通功能外,还与人的心理和行为相关,她指出现代派城市分析理论把城市视为一个整体,略去了许多具体细节,考虑人行交通通畅的需要,但却不考虑街道空间作为城市人际交往场所的需要,从而引起人们的不满,现代城市更新改造的首要任务应是恢复街道和街区"多样性"的活力,提出城市设计必须满足四个基本条件:

(1) 街区中应混合不同的土地使用性质,并考虑不同时间、不同使用要求的共用;

(2) 大部分街道要短,街道拐弯抹角的机会要多;

(3) 街区中必须混有不同年代、不同条件的建筑,老房子应占相当比例;

(4) 人流往返频繁,密度和拥挤是两个不同的概念。

这一分析思路及其成果对其后的城市规划与更新设计具有深远的影响。直到今天,简·雅各布斯的著作仍是美国城市规划和设计专业的必读书。

3.2.3 柯林·罗(Colin Rowe)和弗瑞德·科特(Fred Koetter):拼贴城市

柯林·罗(1920—1999)与弗瑞德·科特(1938—2017)被誉为西方二战后最有影响力的学者、建筑理论家和评论家,1995年柯林·罗曾被英国皇家建筑师学会授予金质奖章。他们在执教于康乃尔大学城市设计课的研究与设计工作基础上形成了"拼贴城市"思想。"拼贴城市"提供了一种反乌托邦式的城市设计理论,这种折中主义的混合并置与传统城市的层积性与现代主义思想抽象、纯粹的特性相比,更具有城市生活的意味,并且对城市大有裨益。

《拼贴城市》于 1978 年正式出版,其后一直受到学界的高度关注,许多著名的建筑与规划学院将其选为必读的教学参考书,可以说是建筑学和城市规划领域一本具有划时代意义的理论著作,在建筑学与城市研究向后现代转向的过程中,具有里程碑的地位。

柯林·罗和弗瑞德·科特从经典哲学、社会学、政治学到现代学术、现代文学、城市建筑史等广泛的视角,为我们展现了一个宏大的人文领域场景,他们认为城市由一种小规模现实化和许多未完成的目的组成,不同建筑意向经常"抵触"。柯林·罗和弗瑞德·科特对现代建筑的"远大理想"和成为"至善"工具的企图表示出怀疑,认为它们"悲剧性地被渲染上荒谬的色彩"。在书中,柯林·罗和弗瑞德·科特阐述现代建筑产生之后种种矛盾冲突以及混乱,铺垫了"拼贴城市"理论产生的时代背景以及理论背景,提出了"拼贴城市"理论。

"拼贴"概念在现代艺术中主要来源于毕加索的拼贴画,自立体主义以来拼贴就成为一种与统一、整体、纯净、终极的艺术观念相逆反的精神要素,而这种潮流也就构成了后现代的典型与精髓。所有这些都表征着在哲学意图上打破本质神学、理性陈述和二元思路所带来的理性时代的体制。"拼贴城市"是对现代建筑思想中的基本理性与整体叙事方式的一种破解,通过对现代建筑中所包含的理想城市的批判,试图将城市概念从一种单眼视域的乌托邦重新导向一种关于城市形态的多元视角。

同时《拼贴城市》通过黑白组合的"图底分析"方法,希望设计师们在进行建筑或者城市设计的时候能够更多地重视白色部分,也就是城市的空间,而不要把目光总是集中在实体本身。最简单的例子就是勒·柯布西耶的建筑作品独立看都很完美,一旦用黑白图去表达,可怕的、零散的空缺一目了然。

《拼贴城市》的核心内容针对一种也许处在乌有之中的危机的讨论以及针对思想策略的讨论,拼贴的概念成为对应这些前因的一种后果。拼贴城市的操作方式构成了传统城市的基础,针对现代城市的内核实质,柯林·罗和弗瑞德·科特提出了一种面对现代危机的后现代策略。归根结底,他们的目的是驱除幻象,同时寻求秩序和非秩序的共存,简单与复杂的共存,永恒与偶发的共存,私人与公共的共存,以及革命与传统的共存(图 3-6)。

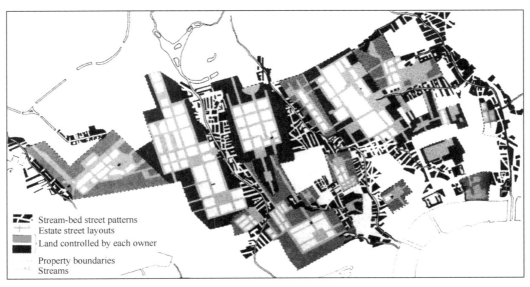

图 3-6 《拼贴城市》中对伦敦中心区"拼贴化"的图底分析

资料来源:罗 C,科特 F,2003.

3.2.4 凯文·林奇(Kevin Lynch):城市意象

凯文·林奇(1918—1984),20世纪城市设计领域最杰出的人物之一,曾任麻省理工学院城市研究和规划系教授,开设城市设计的课程。其重要论著《城市意象》(*The Image of the City*)第一次把环境心理学引进城市设计,在城市意象领域取得了开拓性的研究成果。凯文·林奇通过多年的细心观察和社会调查,对美国波士顿、洛杉矶和泽西城3座城市做了分析,将城市景观归纳为道路(Path)、边缘(Edge)、地域(District)、节点(Node)和标志(Landmark)五大组成因素(图3-7)。

凯文·林奇在其城市设计理论巨著《美好城市形态理论》(*A Theory of Good City Form*)中,从城市的社会文化结构、人的活动和空间形体环境结合的角度提出"城市设计的关键在于如何从空间安排上保证城市各种活动的交织",进而应"从城市空间结构上实现人类形形色色的价值观之共存"。他尤其崇尚城市规范理论(Normative Theory),这同样是一种从理论形态上概括城市设计概念的尝试。

(1)道路　　　　　　　(2)边缘　　　　　　　(3)地域

(4)节点　　　　　　　(5)标志

图3-7　城市设计五要素

资料来源:林奇K,2001.

他通过对人类城市历史发展的概要回顾,提出城市形态是受不同的价值标准影响的观点,认为一般的城市形态理论应以人为目的、以具体的物质形态环境为研究对象,并且应当具有动态、参与决策和公众可参与的特征。

凯文·林奇分析论证了乌托邦城市和未来主义理想城市的缺陷:乌托邦城市只关注社会结构的变革而忽视物质空间的创新;未来主义理想城市则仅考虑新技术在物质层面上的应用,却忽视了社会结构与生态环境对人类社会的意义。他还分析了三种成熟的宇宙城市模型——中国、印度、欧洲的城市模型,认为城市的形态决定于其社会整体的价值目标。现代所流行的城市形态标准理论有三个,即方格网城市、机器城市和有机城市,每一种理论都有其内在的价值标准。比如在美国,采用方格网体系的城市是基于投机买卖和土地分配的价值目标,"机器城市"则是在追求理想化、标准化的社会背景下产生的,"有机城市"的价值标准在于社区、连贯性、健康和良好的功能组织循环发展等贴近"自然"的宇宙。他同时批驳了一些常见的误解,认为在评判城市空间的价值上,是有可能形成标准理论的,这些标准有五个基本指标:活力、感受、适宜、可及性及管理,此外还有两个额外指标:效率和公平。

3.2.5　扬·盖尔(Jan Gehl):人性化设计

扬·盖尔(1936—)是丹麦著名的建筑师和城市设计师。他一生致力于人性化的城市设计,以提高城市公共空间的品质以及市民的生活质量。其代表性作品主要围绕人性化的公共空间设计展开,具体包括 1971 年初版的《交往与空间》(*Life Between Buildings:Using Public Space*)、2000 年的《新城市空间》(*New City Spaces*)、1996 年的《公共空间·公共生活——哥本哈根 1996》(*Public Spaces,Public Life*)、2006 年的《新城市生活》(*New City Life*)、2010 年的《人性化的城市》(*Cities for People*)以及 2013 年出版的《公共生活研究方法》(*How to Study Public Life*)等。为了表彰扬·盖尔对城镇规划的杰出贡献,1993 年国际建筑师联盟向他颁发了帕特里克·阿伯克隆比奖。《公共空间·公共生活——哥本哈根 1996》一书于 1998 年获得了"EDRA 场地研究奖"(EDRA Award)。

在 20 世纪 70 年代,扬·盖尔是当时为数不多的人文价值的积极支持者之一。在其奠基性的作品《交往与空间》一书中,他提出了"人本主义"的城市设计理论,认为城市设计首先应当关注人及其活动对物质环境设计的要求,并且重视评价城市和居住区中公共空间的质量。他在书中详细分析了公共空间和公共生活及二者之间的相互作用。呼吁规划设计师关心那些在室外空间活动的人们,并充分理解与公共空间中的交往活动密切相关的各种空间质量。从微观的社区空间到宏观的城市空间,从不同的空间尺度去分析吸引人们到公共空间中散步、小憩、驻足、游戏的兴趣点,找到促进社会交往与公共空间活力的方法。这些"以人为本"的城市空间设计理念,对当时"以车为本"的主导思想产生了巨大冲击。

在哥本哈根的实践中,盖尔将这一套理论应用到步行道与自行车道的设计中,倡导将城市公共空间归还于市民。经过长时间的规划实践,自行车道设计产生了巨大的社会效益,哥本哈根的城市空间再度恢复人性化的尺度与公共空间活力。随后,当地市政府出版了一系列文献来宣传哥本哈根的城市设计理念,如《人性化的大都市:哥本哈根 2015 城市生活愿景与规划目标》(*A Metropolis for People:Visions and Goals for Urban Life in Copenhagen* 2015)(2009)等,都集中反映了扬·盖尔对城市设计所产生的巨大影响。这一影响所带来的观念转变随即反映在丹麦国家建筑政策文件上。2014 年,哥本哈根再度提出了"建筑以人为先,都市以人为本"的规划目标。2016 年,哥本哈根被美国《大都会》(*Metropolis*)杂志评为全球最宜居的城市。

在其后期的作品《新城市空间》一书中,扬·盖尔进一步探讨了室外步行空间的设计。他将全球城市划分为四类,并对其中 9 个不同程度实现复兴的城市以及全球 39 处别具建筑特色的街道和广场设计进行分析,提出城市设计应当回归公共空间。在《新城市生活》一书中,扬·盖尔进一步描述了从"必要性行为"(necessary behavior)到"可选行为"(optional behaviors)的发展。指出空间质量是任何可选休闲娱乐行为的前提条件,只有在拥有优质空间的地方,"闲暇社会"里的城市居民才会考虑使用这些空间。因此,盖尔对城市中的散步道、市中心空间、仪式空间、静谧空间、水畔空间、空旷空间等基本类型的公共空间展开考察,提出了衡量空间质量的 12 个重要准则,并借助上述准则评估了哥本哈根全市的 28 处空间质量。盖尔认为:推行减少汽车流量、改善步行环境的措施有很高的难度,这并不是一两个城市的问题,哪怕在哥本哈根也没有例外;但是,一旦大家都看到了改造带来的益处,人们通常会欣然接受结果。所以"确实的益处""坚持完成""一点一滴、循序渐进的改变"是非常重要的。

在其最新的作品《公共生活研究方法》一书中,盖尔系统化总结了公共生活的各种方法。依旧以哥本哈根为例,介绍了"公共空间—公共生活"研究对政策进程的推动。盖尔对城市空间的研究转变了人们的思维定式,并且在大量的城市设计实践中越来越关注城市使用者的需求,更加追求创造人性化的公共空间。

3.3　公众参与规划思想及理论

3.3.1　保罗·达维多夫(Paul Davidoff):倡导性规划

保罗·达维多夫(1930—1984)是美国知名的规划师、规划教育家以及规划理论家。他提出的"倡导性规划"(Advocacy Planning)理论成为后来美国公众参与城市规划的基础性理论。为了纪念达维多夫对规划民主制度的贡献,美国规划协会每年向帮助弱势群体的项目、团体或个人颁发"保罗·达维多夫社会变革与多样性国家奖"(Paul Davidoff National Award for Social Change and Diversity)。

1962 年,达维多夫与托马斯·莱纳(Thomas Reiner)首次提出了"规划的选择理论"(A Choice Theory of Planning)。该理论对当时社会中不同的价值观冲突与矛盾进行讨论,提倡运用多元主义的思想,将规划决策权交还给社会,而规划师的角色则应当进行转型,为多元化的价值观提供尽可能多的方案供选择。

在这个理论的基础上,1965 年达维多夫在《美国规划师协会杂志》(*Journal of the American Institute of Planners*)上发表其著名的《规划中的倡导和多元主义》("Advocacy and Pluralism in Planning")一文,正式提出了"倡导性规划"理论。在这篇文章中,达维多夫首先分析了一个社会中不同群体的多元价值观,然后提出了城市规划不应当以一种统领的价值观来规训多元的社会价值。相反,城市规划师应该主动代表并服务于各种不同的社会团体,尤其是为弱势群体的价值观与利益诉求提供规划技术方面的帮助。每一个阶段的城市规划都应当广泛听取公众的意见,并将这些意见尽可能地反映在规划决策中。最终,通过规划全过程的公众参与制度,为具有不同价值观和需求的群体提供多元、平等的博弈机制(Davidoff P,1965)。

倡导性规划理论的提出,正值西方社会民权运动时期。当时的美国与英国都爆发了一系列反对高速公路建设、反对大规模城市更新的游行与抵制活动。过去由物质空间主导的城市更新以及精英自上而下的规划决策模式不再适用于时代对民主参与的切实需求。在反思城市更新运动的过程中,美国从 1960 年代末期开始,推行了一系列以社区为依托的行动规划。这些规划主要是基于达维多夫的公众参与理论,在社区中建设了许多培育机构来帮助居民学习参与社区建设,培育公民参与民主活动的能力。此后,1968 年开始推行的"新社区计划"(New Communities Program)以及后来的"模范城市计划"(Model Cities Program),都制定了相应的公众参与规章制度,规定所有项目的审批,都必须确认市民已经有效参与到规划制度过程与决策过程中之后才能进行拨款。

严格来说,达维多夫的规划理论应该被称为"多元性与倡导性规划理论"。于泓(2000)认为这包含了两个层面的问题:①观念的问题。由于城市中多元的政治生活与群体差异的存在,使得规划师不仅需要服务于政府,更需要为不同的社会群体,尤其是弱势群体提供服务。这要求规划师从观念上抛弃传统的"综合观、全局观",自下而上地进行基于多元价值观的规划重构。②方法的问题。过去的规划是精英主导的少数人决策,而当代的规划决策及其法规化是在一种动态的辩论与交易中完成的。这种协调过程可能导致低效,但是却隐含着社会公平。对于我国而言,随着市场化改革的日益深化,土地产权的分散使得多元参与和集体决策成为必然。同时,国家治理体系的建设自上而下推动民主化进程,由政府、市场、社会力量共同参与和治理,必然成为我国城市规划与更新建设的必由路径。

3.3.2 谢里·阿恩斯坦(Sherry Arnstein):市民参与的阶梯

谢里·阿恩斯坦(1929—1997)是世界知名的城市规划师。她曾担任美国住房和城市发展部(United States Department of Housing and Urban Development,HUD)的首席顾问,为 1966 年的"模范城市计划"(Model Cities Program)提供市民参与方面的政策建议。1969 年,《美国规划师协会杂志》刊登了阿恩斯坦的论文《市民参与的阶梯》("A Ladder of Citizen Participation"),这篇论文随后出版成书,并以不同的语言出版多达 8 次,被认为是城市规划公众参与的奠基性作品之一。

在 1960 年代,阿恩斯坦与达维多夫都是当时最知名的自由主义倡导者。其不同之处在于,对比达维多夫的倡导性规划参与,阿恩斯坦作为专业的社会工作者,更提倡对个体与社区的赋权,从而使市民直接参与到规划的决策过程中。阿恩斯坦描述道:市民参与中的每一个人都有自己的价值准则。规划决策应当充分尊重市民的选择。通过制度上的赋权,使市民拥有决策的权力(Arnstein S R,1969)。在《市民参与的阶梯》中,阿恩斯坦将市民参与的程度划分为 8 个阶梯:操纵、治疗、通知、咨询、安抚、合作、赋权、市民掌控(图 3-8)。

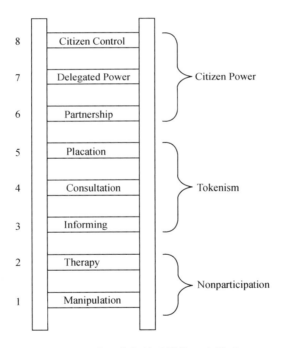

图 3-8 市民参与的阶梯的八个梯磴

资料来源:Arnstein S R, 1969,35(4):216-224.

(1)第一级阶梯:"操纵"(Manipulation)。决策者构建了一个虚假的公众参与制度,将市民设置在没有实际权力的委员会中,来确保公共项目符合决策者的需求。

(2)第二级阶梯:"治疗"(Therapy)。决策者将市民视为集体门诊治疗的对象,让市民参与广泛的活动来了解"疾病",但是并不解决"生病"的病因。

(3)第三级阶梯:"通知"(Informing)。关键性的权利、责任和选择信息,只在单一的方向上"自上而下"传递。市民没有渠道进行反馈或改变决策结果。

（4）第四级阶梯："咨询"（Consultation）。政府邀请市民进行选择，召开公众听证会或进行社会调查，但这只是装点门面的工程，不能保证公众的意见会被纳入考虑。

（5）第五级阶梯："安抚"（Placation）。此时，市民在规划决策中开始具有一定程度的影响力。部分市民将加入公共机构获取投票权。但是这取决于政府对市民让步的程度，往往因为信息壁垒和官僚主义而导致社会赋权名不副实。

（6）第六级阶梯："合作"（Partnership）。决策的权力在市民与政府间直接重新分配。一些基本的集体决策规则开始建立起来，不再受到少数精英的决定性影响。

（7）第七级阶梯："赋权"（Delegated Power）。在这个阶段，代表市民的委员会或社区机构在决策体系中开始占据多数席位。市民手握重要权力，确保项目对其高度负责；而当权者需要通过协商推动，而不再能以施压的方式回应。

（8）第八级阶梯："市民掌控"（Citizen Control）。人民此时已经能够充分掌握政策的制定、规章的管理等各方面。对于一个项目或机构而言，市民拥有一定的控制权来进行项目管理。新的权力结构与控制模式不断涌现。

但是，公众参与也有其局限性。麻省理工学院的教授伯纳德·J.弗里登（Bernard J. Frieden）反对过度的公众参与。他通过大量的美国案例，证明了过度的社会赋权与民主导致城市规划制度成本的指数级增长。这不仅破坏集体行动的效率，还会降低社会整体的福祉以及公共利益。事实上，许多反对规划建设的市民并不是出于环境保护或社会公平的考虑。他们的真实目的是维护自身的个人利益，保护私有财产及其市场价值不受破坏。更重要的是，通过维护私有土地与固定资产来获取更长久的空间特权。于是，激烈的"邻避效应"（Not in My Back Yard, NIMBY）对城市规划项目的实施造成巨大阻碍，致使美国的城市规划常常陷入举步维艰的地步。这正是由于过度的社会赋权、缺乏公共利益的统筹所导致的负面效应。

3.3.3 帕齐·希利（Patsy Healey）：协作式规划

帕齐·希利（1940—）是英国纽卡斯尔大学的荣誉教授，也是世界著名的规划理论家和实践者。2004年，希利被评为欧洲规划院校协会（Association of European Schools of Planning）荣誉会员，成为第二个获此殊荣的规划师。2006年，希利被授予英国皇家城镇规划学会（Royal Town Planning Institute）金奖，成为53年来第一位获此荣誉的女性规划师。

在希利最有影响力的著作《协作式规划：在碎片化社会中塑造场所》（*Collaborative Planning：Shaping Places in Fragmented Societies*）一书中，希利首先讨论了城市规划长期争论的一个问题：为什么城市区域对于社会经济和环境政策如此重要？政治团体又该如何组织起来提升场所质量？基于在城市规划领域以及房地产开发领域的长期实践，希利提出城市规划不应当仅仅提倡市民参与，还应当鼓励其他利益相关者的协同参与。规划师根据特定的社会经济背景，将规划战略、政策和实施的过程作为构建社会的过程，为社会公正和环境可持续性政策提供更具包容性、更具效率的治理机制。最终，基于社会、政治和空间领域的发展，立足当前世界制度现状的新规划框架，立足于国际视野和广博的学科领域，推动传统的空间规划工作，从技术和程序主导转向交流和协作主导，实现在碎片化社会中塑造共享空间的公共目标。

希利最主要的贡献就是在此基础上提出的"协作式规划"（Collaborative Planning）理论。这个理论在交流式规划理论的基础上，进一步深入分析特定社会经济背景中的个体行为和组织的本质。倡导通过沟通式的规划参与方法构建"权力共享社会"（Stakeholder Society）。同时，也提出保障所有的利益相关者诉求权利的规范性道德承诺。在具体的治理过程和协作式规划制度设计的过程中:一方面,要注重形成并维持服务特定场所发展战略的"非正式合作性决策环境"
(Soft Infrastructure);另一方面,由正式的规则和政策体系构成"法定的政策制定环境"(Hard In-
frastructure)。通过规划制度的刚柔并济来孕育多元主体合作的信任基础并建立集体行动的
共识。

而在理论的应用方面,希利主要运用 5 个因子来判断政策方案的运行是否能够采取协作式
规划的理论方法,包括:

(1) 承认需要协调的合作者来源的多样性;

(2) 对政府部门的集中权力进行适当的分散;

(3) 为非政府机构或地方组织提供机会;

(4) 鼓励和培养地方社区的自治能力;

(5) 以上所有过程必须持续、公开、透明地进行,并提供公共解释。

今天,伴随全球经济一体化进程的加速,包括欧盟国家和美国田纳西流域沿岸城市在内,都
广泛开展了基于协作的国际间、区域间以及城市间的空间发展规划,如欧盟国家制定的《欧洲空
间发展前景》(唐子来,张雯,2001;董金柱,2004)。希利的协作式规划理论为这些活动的开展提
供了重要的理论基础,不仅将区域发展的时空动力理论与政府治理结构形成的社会理论有机结
合,广泛涉猎了城市政治学、现象学、人类社会学、制度社会学、政策分析以及规划理论的研究,尤
其是 20 世纪 80 年代兴起的制度主义社会学和区域经济地理学,都被应用到这个新的理论中来
帮助规划师更好地理解"社会力量"(Social Force)的重要性。协作式规划理论对当今多元社会实
现参与式民主实践作出巨大贡献,被广泛应用于规划参与制度的设计中,被认为是 20 世纪后半
叶以来城市规划理论的重大思想突破。

3.4　复杂系统规划思想及理论

3.4.1　J. 布莱恩·麦克洛克林(J. Brian McLoughlin):系统规划理论

J. 布莱恩·麦克洛克林(1934—1994)是系统规划理论的奠基者之一。他早年就读于世界知
名学府泰恩河畔纽卡斯尔大学的城市规划专业。1954 年,刚刚从学校毕业的麦克洛克林便成了
一名职业的城市规划师。当时,城市规划从业者主要是为市镇规划提供空间设计方面的服务。
但是,他在实践中发现,规划师的工作更多的是在监测和管理城市的增长与转型。1960 年代,地
理学科发生了"计量革命"(quantitative revolution),地理学科成了自然学科。城市规划领域的从
业者从过去以建筑学和测量学背景的毕业生为主,转变为由更多的地理学者承担规划工作。在
这样的时代背景下,以英美为代表的规划学界,迫切希望从新兴的"系统观"中汲取理论和思想支
撑,用更精确的地理学方法、生态学方法来武装城市规划学科。

1969 年,麦克洛克林出版了《系统方法在城市和区域规划中的应用》(*Urban and Regional
Planning:A Systems Approach*)一书,此书不久便成为西方城市规划学科的标准教科书。在书
中,麦克洛克林详细论述了如何应用系统方法进行规划资料的收集、规划预测、规划模拟、规划方
案的量化评定以及规划的实施等内容。麦克洛克林提出了著名的"空间规划作为对复杂系统的
控制"(Physical Planning as the Control of Complex Systems)的思想,将城市规划推向一门"科学"
(science)(McLoughlin J B,1969)。1971 年,乔治·查德威克(George Chadwoick)出版了《规划的
系统观:迈向城市和区域规划过程理论》(*A Systems View of Planning:Towards a Theory of*

the Urban and Regional Planning Process），进一步发展了系统规划的理论和实践方法。这两本著作的出现,标志着现代系统规划理论研究达到顶峰。

根据系统规划理论,城市区域被看作若干个系统,每个功能系统在丰富的经济、社会活动中紧密关联,而不仅仅是物质空间或美学方面的视觉联系。相对应的,城市规划便是对这些系统进行分析和控制的活动。首先,城市规划师需要拓展自身在经济地理和社会科学方面的知识,而不是局限于建筑学、美学或土地测量。其次,重点关注城市的功能、活动和变化,去了解"城市是如何运行的"。由于城市是不断变化的,因此城市规划是在变化的情景下进行监测、分析、干预的动态过程,而不是过去根据城镇理想而绘制的一劳永逸的"终极蓝图"。系统规划理论对城市规划的本质有了更深的揭示,使其逐步从以建筑学和美学为背景的空间设计中脱离出来,成为一门更独立的学科以及科学。而且,系统论的动态内涵还要求城市规划具有更强的适应性、弹性、应对变化的能力。这些观点对今天的城市规划工作依旧具有重要的影响力并发挥着广泛的实际作用。

3.4.2　乔纳森·巴奈特(Jonathan Barnett):设计过程理论

乔纳森·巴奈特(1937—)曾任纽约总城市设计师,现任宾夕法尼亚大学教授,是当代著名的城市规划理论家。他提出的"城市设计作为公共政策"的理念,超越了传统物质空间设计主导的城市规划与设计活动,重新基于当代的城市社会问题,提出了规划设计的过程理论。

在《城市设计概论》(*An Introduction to Urban Design*)一书中,巴奈特首先批评了传统的仅注重建筑单体而缺乏城市整体空间关系考虑的设计方法,认为综合考虑了各种相关的目标和决策过程后,城市是可以被设计的,同时强调了规划师和建筑师参与到城市政府决策以及投资决策的过程中的重要意义。

相比以往,关于城市设计的社会、经济背景都发生了巨大的变化,包括环境保护意识增强、人们参与城市设计过程的积极性提高以及城市历史保护运动的兴起。因此,在对美国新的城市设计背景做出分析的基础上,巴奈特以纽约为代表,结合多个案例,介绍了美国20世纪以来城市设计发展的几个阶段,重点论述相关公共政策对城市设计过程的影响,剖析了城市设计过程中存在的问题,从而提出对相关政策及城市设计过程的修正方法。

乔纳森·巴奈特曾指出,"城市设计是一种现实生活的问题",在其《城市设计概论》中提出"设计城市而不是设计建筑(Designing Cities without Designing Buildings)"(Barnett J,1982)。他认为,我们不可能像勒·柯布西耶设想的那样将城市全部推翻后一切重建,强调城市形体必须是通过一个"连续决策过程"来塑造,所以应该将城市设计作为"公共政策"(Public Policy)。乔纳森·巴奈特坚信,这才是现代城市设计的概念,它超越了广场、道路的围合感、轴线、景观和序列这些"18世纪的城市老问题"。现代城市及其社会结构较前诸个世纪远为错综复杂。虽然说18世纪的城市设计主要考虑的广场、轴线、视线和行进序列等仍起作用,却已不能完全满足现代城市功能的需要了。现代城市设计应更多地着眼于城市发展、保护、更新等的形态设计,着眼于不同运动速度、运动系统中的空间视感,乃至行为心理对城市设计的影响。确实,现代主义忽略了这些问题,但是"今天的城市设计问题启用传统观念已经无济于事"。

从方法论的角度,乔纳森·巴奈特还探讨了城市设计的重要性及方法,重点是区划(Zoning)、图则(Mapping)和城市更新(Urban Renewal)三种手段。

首先,区划是一种强制性的技术规范,是对城市各地块中可建建筑的类型、尺度、形式等提出相应的设计要求的管理手段,其目的是避免由私人为逐利开发所造成的城市环境混乱的现象,以形成整体性的城市设计。最早的区划制度于 1916 年在纽约实施,其目的是保证街道具有基本的日照和通风,同时形成必要的城市功能分区,可称之为传统的区划制度。传统区划制度对建筑形式产生了直接的影响,也带来一些弊端,美国早期许多城市零乱的天际线、泛滥的方格网街道和单调的方盒子建筑都多少与之有关。

为了克服传统区划制度的缺陷,实践中发展了三种对传统区划的修正方法:规划单元开发(Planned Unit Development,PUD)、城市更新和奖励性区划(Incentive Zoning)。所谓 PUD 是指在新开发的单元中以通过审批的规划方案作为建设的指导依据;城市更新则是在原有城区内以公共利益为主导,在政府的监控机制之下有选择地进行建设活动;于 1961 年实施的奖励性区划是对传统区划的综合性修正,其基本内容是以容积率奖励来鼓励地块开发对城市公共空间做出贡献,从而达到引导城市设计的目的,这是区划制度的重大发展。巴奈特同时还以纽约的林肯艺术中心区、第五大道、下曼哈顿区等若干实例说明了奖励性区划在实践中的应用,分析了其积极意义和存在的问题。同时,在剖析这些问题的基础上,又介绍了实践中对区划制度的修正方法,如更加强调历史遗产的作用、容积率指标的应用、注重街道的活力和连续性等等,此外还介绍了旧金山的区划制度的经验。

在书中,巴奈特还进一步从土地使用、开放空间、街道家具、城市交通、立法、公共投资等方面阐述了与城市设计密切相关的发展战略的重要性及其方法。例如,在土地使用方面批评了传统的严格而明确的土地功能分区方式,提倡土地功能混合使用的策略,注重历史文化的保护和旧建筑的再利用,鼓励私人所有的土地开发与城市的发展策略相吻合,主张修正区划制度以使地块开发的公共空间能够真正为公众所使用,强调街道空间的连续性,说明街道是城市公共开放空间的关键。乔纳森·巴奈特提倡统一设计城市中的街道家具、灯具和各种标志,以避免混乱的视觉秩序。在城市交通方面比较并从交通管制的角度探讨了不同的交通运输方式;在政策法规层面讨论了法规与城市整体、建筑群、建筑单体设计之间的关系;最后,从公共投资的角度阐述了政府对公共领域投资进行引导的重要性,并提出了指导公共投资的三种主要手段:补贴、退息和减税。

另外,乔纳森·巴奈特于 1974 年还出版了《作为公共政策的城市设计》(*Urban Design as Public Policy*)一书,强调设计者应该有权介入政策的制定过程,若拒设计者于这一过程之外,则会使"政策"缺乏想象力,出现刻板单调,并指出城市设计的行动框架应该是灵活的。而且,城市设计导则应当具有合理的范畴,它所关注的应当是城市形态和景观的公共价值领域,包括建筑物对于城市形态和景观的影响,但不是建筑物本身(唐子来,付磊,2002)。这就是巴奈特所说的"设计城市而不是设计建筑"。近年来,巴奈特将精力集中于郊区的城市增长边界控制以及大都市旧区的交通沿线城市更新问题。目前,他正在为密苏里州、威斯康星州和纽约州编制城市增长管理规划,并且对原铁路用地和军事基地进行规划更新设计。

3.4.3　彼得·霍尔(Peter Hall):系统规划和城市战略

彼得·霍尔(1932—2014)是世界知名的城市规划学者,曾担任伦敦大学巴特雷建筑与规划学院系主任 20 余年,同时也是英国城乡规划协会(Town and Country Planning Association)以及区域研究协会(Regional Studies Association)两大协会的主席。霍尔因其对全球城市所面临的经济、人口、文化、管理问题的研究而享誉世界,多年来,一直为历届英国政府做规划与更新方面的咨询工作。1991—1994 年,霍尔担任英国政府的战略规划特别顾问,随后又于 1998—1999 年担任副首相城市工作专题组(Deputy Prime Minister's Urban Task Force)的顾问。此外,霍尔于 1977 年提出的香港"自由港"概念,后期逐步发展为优惠政策与税收折扣相对集中的"企业区"

(Enterprise Zone)概念。这个政策理念在许多国家尤其是发展中国家中得到大力推广,因而彼得·霍尔也被称作"企业区"概念之父。

霍尔一生出版的城市规划相关著作多达 30 余部。早期的《城市和区域规划》(*Urban and Regional Planning*,1975)一书系统性地回顾了 20 世纪英国的城市规划理论与实践。该书以英国城市发展的早期历史和城市规划的先驱思想作引,论述了 19 世纪城市规划作为解决公共健康问题的政策内容之一而被确立起来的过程,继而介绍了影响早期规划运动的多位先驱思想家以及二战后的城市规划转型与重构。在正文中,霍尔首先对比了包括西欧和美国在内的发达工业国家的城市规划经验,然后详细阐述了 20 世纪英国城市规划与实践的发展和演变过程,最后,在了解发达国家规划历史的基础上,总结归纳了城市与区域规划的编制程序,以及在每一个规划阶段中可能使用的重要规划技术。例如,在"规划过程"这个章节中,霍尔建立了"系统规划"的整体框架,提出城市规划首先应当确定规划目标、任务和对象,然后通过预测模型的建立以及过去经验的总结对未来进行预测,最后基于预测的结果进行规划方案的设计,并对方案进行对比和评价。该书是了解英国规划理论、政策和实践的经典教科书。

此后,彼得·霍尔将注意力更多地转向文化经济、社会城市、新技术、营运资本(Working Capital)等研究中,剖析了以伦敦为代表的国际大都市在 21 世纪面临的机遇和挑战。其中代表性的作品包括 1988 年的《明日之城:一部关于 21 世纪城市规划与设计的思想史》(*Cities of Tomorrow:An Intellectual History of Urban Planning and Design in the Twentieth Century*)、1994 年与卡斯特合著的《世界的高技术园区》(*Technopoles of the World*)、1998 年的《文明中的城市》(*Cities in Civilization*)、2007 年的《伦敦声音、伦敦生活:营运资本的故事》(*London Voices,London Lives:Tales from a Working Capital*)。

2014 年,彼得·霍尔出版了最后一本书——《好的城市:更好的生活》(*Good Cities:Better Lives*)。在该书的最后一章"英国规划的奇怪死亡:如何实现奇迹般复兴"(The Strange Death of British Planning:And How to Bring a Miracle Revival)中,霍尔颇有忧患意识地批判了英国规划同行的落伍问题,并试图将规划研究的注意力转向欧洲大陆。在同年 5 月举行的"沃尔夫森经济学奖"(Wolfson Economics Prize)竞赛中,他提出了在英格兰西北部、中部和东南部地区,将现有城镇和新的花园城市聚集在一起,形成充满活力的新城市区域的设想,作为其学术生涯最后的贡献。

3.4.4 克里斯托弗·亚历山大(Christopher Alexander):模式语言

克里斯托弗·亚历山大(1936—)任职于美国加州大学伯克利分校,是世界知名的建筑师与设计理论家。他的设计理论重点探讨了人性化设计的本质,被许多当代的建筑研究共同体付诸实施。例如,在"新城市主义"运动中,人性化设计理论便被用于倡导人们重新掌控自身的建成环境。但是,因为亚历山大对当代建筑理论与实践的激烈批判,也引发主流建筑理论家们对他的争议。在建筑领域之外,亚历山大对城市结构内在模式的分析,在城市设计、计算机软件开发以及社会学领域都有着深远的影响。维基百科网站技术便直接取用了亚历山大的研究成果。因此在计算机领域中,亚历山大也被称为"模式语言之父"(the Father of Pattern Language)。

亚历山大的主要作品包括《形式综合论》(*Notes on the Synthesis of Form*)、《城市不是一棵树》(*A City is Not a Tree*)、《建筑的永恒之道》(*The Timeless Way of Building*)、《城市设计新理论》(*A New Theory of Urban Design*)、《俄勒冈实验》(*The Oregon Experiment*)以及新近的《秩序的本质》(*The Nature of Order:An Essay on the Art of Building and the Nature of the Universe*)。

亚历山大最知名的作品当属 1977 年出版的《建筑模式语言》(*A Pattern Language：Towns，Buildings，Construction*)。在这本书中，亚历山大通过对世界历史上最为成功、最吸引人的城市结构案例的学习，发现连接的边缘在城市生活里有重要的作用(Alexander C，Ishikawa S，Silverstein M，1977)。许多人类活动只在几何界面发生，其触媒就是分界本身具有的复杂性。现代主义有意消除城市元素之间的分界面，只是为了追求一种没有连接的"纯净"的视觉效果，而亚历山大意识到分界面的重要性。他通过分解原理，以基本的几何关联而非各自独立的建筑来建立城市，认为分界线是一些代表线状元素的边缘，沿着它们才有了城市"生活"。但是，今天的城市规划与设计关注的结构的哲学意义从建筑之间的空间转到纯粹而孤立的建筑几何性，城市公共空间的重要性就消失殆尽了。正如亚历山大对现代建筑运动的批判，"没有连接的边缘，只有单纯的装饰作用，而只有当步行是城市交通的主体方式的时候，城市功能才能在城市空间中正确地发生"。

3.4.5　尼科斯·A. 萨林加罗斯(Nikos Angelos Salingaros)：复杂性理论

尼科斯·A. 萨林加罗斯(1952—)是一位有着数学家背景的职业城市设计师和建筑理论家。他的研究集中于城市与建筑理论、复杂性理论以及设计哲学，与著名的建筑理论家 C. 亚历山大是关系密切的研究伙伴。在最近世界范围内举办的一次"有史以来最杰出的思想家"的网络投票中名列第 11 位。目前，尼科斯在美国得克萨斯大学圣安东尼奥分校担任数学系教授。此外，他还在意大利、墨西哥与荷兰的几所建筑院校中承担教职，是传统建筑与城市地区国际组织(International Network for Traditional Building，Architecture & Urbanism，INTBAU)成员。与此同时，他还在世界各地与知名的从业者开展合作，将自身对数学、科学和建筑学相互关系的独到见解应用到建筑和城市设计中，对建筑理论学界具有很大的影响力。

2006 年，萨林加罗斯的第一部重要作品《建筑论语》(*A Theory of Architecture*)出版。在这本极富争议的著作中，萨林加罗斯将最新的科学模型应用到社会文化现象的解释与研究中。当时，数学研究领域正兴起一股大众科学热潮，研究者热衷于运用更加科学的数学术语来理解城市与建筑。萨林加罗斯基于亚历山大的研究成果，提出应用数学标度定律尤其是分形数学来对城市进行分析。他认为，原始的审美规则来源于科学，而非传统的艺术手法。他对现代主义建筑设计方法进行了激烈的批判，并提倡一种替代性的设计理论，即通过严谨的科学以及深刻的直觉经验来更好地满足人类需求。

在他另一部有关城市理论的重要著作《城市结构原理》(*Principles of Urban Structure*)中，萨林加罗斯利用最新的技术以及科学和数学的最新认知，解释了城市是如何真实运转的，从而为规划师们重新使城市恢复人性化提供了指南和灵感(Salingaros N A，2005)。萨林加罗斯指出，当代城市规划的主流理论无法应对过去几十年间人类在技术、文化和科学上的革命，我们所留下的遗产是一个充斥着过多沥青和缺乏生命的混凝土环境。在这本书中，他意图帮助那些想要了解城市如何以及为什么会依靠着它们的形式、组成部分和子结构的需要来决定其成功或失败状态的职业规划师、学生和教师。科学模型将有助于概念性地展示如何从多维尺度与分形城市相联系，以帮助读者获得最需要的相关城市规划和设计新工具。例如，他提出了城市中连接的相对数量奠定了一座活力城市的运作基础的理论。为了适应这些连接，交通网络必须是多元化的。此外，基础设施必须足够完善，以便允许产生许多可选择的路径(图 3-9)。

今天，越来越多的人开始意识到城市是一个复杂的巨系统。城市系统的不同类型的重叠形成了富有生机的复杂性城市，十分有必要使用诸如连贯、突现、信息、自组织和适应性等复杂科学概念来对其加以理解。萨林加罗斯的理论将复杂科学概念与城市联系在一起,从中展示了复杂巨系统的运作状况与运作机制。萨林加罗斯的先锋研究无疑对今天的城市科学具有标志性意义。

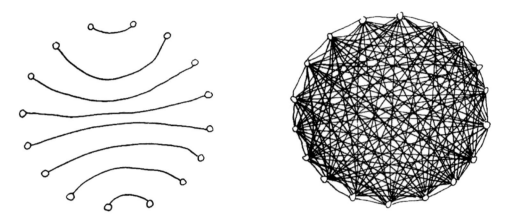

图 3-9　左图中独对连接的节点无法构成一个网络,而右图中能够形成一套完全连接的节点

资料来源:萨林加罗斯 N A,2011.

3.5　后结构主义思想及理论

3.5.1　亨利·列斐伏尔(Henri Lefebvre):空间生产理论

亨利·列斐伏尔(1901—1991)是当代著名的哲学家、思想家、社会学家,同时也是新马克思主义的代表性人物。1991 年,他的著作《空间的生产》(*The Production of Space*)的英文版出版(法文版出版于 1974 年),系统提出了"空间生产"理论,对 20 世纪末以来的城市空间研究产生了深远影响。

列斐伏尔最大的创举,便是开创性地将马克思主义应用到城市问题与空间研究中。他吸取并提炼了马克思与恩格斯有关城市的相关理论,将资本积累、生产方式、剩余利润、租金、工资、剥夺、不平衡等论述引入城市空间研究中,建立起所谓的城市政治经济学或制度经济学。他认为,资本主义城市的发展,与其他任何商品一样,都是资本主义制度的产物,可以应用马克思主义理论进行分析。这突破了传统空间研究的地理学、规划学、社会学、人文生态学等视角,将空间分析与符号学、身体理论以及日常生活结合在一起,极大地拓宽了城市空间研究的范畴。

作为马克思主义在空间研究领域的发展,列斐伏尔的"空间生产"理论是基于"空间实践、空间表征、表征的空间"(spatial practice,representations of space,representational space)的三位一体的概念。他首先用"空间的生产"的概念替换了马克思的"物质资料的生产"的概念。然后,以欧洲为中心进行了世界空间化的历史分析,用以解释社会空间生产的过程。列斐伏尔将这种过程分为"空间中的生产"(production in space)和"空间的生产"(production of space)两种生产方式。并认为马克思的物质资料生产只重视"空间中的生产",例如工业生产,而忽视了日常的空间生产。因此,他的空间生产理论更多地侧重"空间的生产",作为对马克思生产方式理论的发展。

此外,列斐伏尔还提出了"社会空间"(Social Space)这个重要概念。他认为社会空间是一种社会性的产品。虽然以自然空间为原料,但是加入了很多社会、阶级、价值等人工内容,属于一种加工品。尤其在后资本主义社会中,社会空间是通过大量复制性的劳动而得,可以通过某些特定的手段转化为资本家榨取劳动力剩余价值的商品。此时，空间成为社会活动的背景而剥离了其原有的自然属性。一切都被商业化、抽象化、符号化，包括语言、劳动以及劳动的产品，即作为商品的社会空间。当然，不仅资本家可以进行空间生产，政府也可以通过空间进行社会控制。例如，国家通过掌握大量土地，对行政等级相对应的空间单位进行资源分配与收税。然后，将国家的各类社会控制政策，通过层层的行政空间传递至个人，实现对社会空间的整体安排与控制。

3.5.2　米歇尔·福柯(Michel Foucault)：空间权力与异托邦

米歇尔·福柯(1926—1984)是法国著名的哲学家、思想史学家、社会理论家和文学评论家。在早年求学期间，福柯进入了法国最负盛名的巴黎高等师范学院(École Normale Supérieure, ENS)，与一大批哲学家、科学史学家、翻译家建立了学术联系。他的博士论文《疯癫与非理智：古典时期的疯癫史》(*Folie et déraison：histoire de la folie à l'âge classique*)成为后来 1961 年出版的《疯癫与文明：古典时代疯狂史》(*Histoire de la folie à l'âge classique-Folie et déraison*)的前身，是福柯第一部主要著作。在这本书中，福柯从"疯癫"的角度去理解"理性"，认为疯癫与理性并不处于决然对立的位置。相反，对疯癫的历史考察正是为了证明社会制度化和道德化对人本性的双重压制与束缚。福柯从哲学反思的高度，批判了当时封闭的西方社会。他对制度化手段的批判，使其成为代表性的后现代主义者和后结构主义者。在 1966 年出版的《词与物》(*Les mots et les choses：Une archéologie des sciences humaines*)一书中，福柯同样从历史发展的视角，关注知识与权力的关系演变。他详细描述了"权力"是如何通过人的"话语权"表达出来并且通过各种规训的手段将权力渗透到社会中去的。

根据福柯的思想，"空间"同样是权力运作所需要的建构工具。这在 1975 年出版的《规训与惩罚》(*Surveiller et punir：naissance de la prison*)中得到了淋漓尽致的体现。在这部书中，福柯提出了对罪犯的惩罚与犯罪本身是互为前提的相互关系。现代社会的法律制度以及其他的规训手段，类似英国哲学家杰里米·边沁(Jeremy Bentham)提出的"全景监狱"(Panopticon)(图 3-10)，通过一小批的警察，监管一大批的罪犯，而警察自己却不必暴露在罪犯的视线中。在古代，

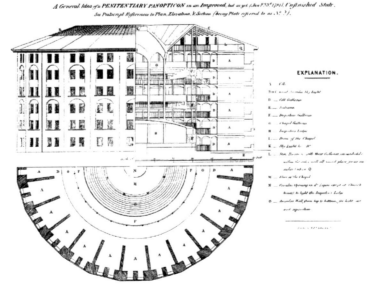

图 3-10　全景监狱

资料来源：福柯 M，1999.

帝王的规训手段可以通过斩首示众的威吓展示进行。而在当代,统治阶级更多地应用科学知识的权力、科层制度来操纵资源的分配,包括空间在内。当然,空间同时也是权力得以运行的条件。在福柯的理论下,"空间"不是单纯的物质性场所,而是包含了权力关系的规训工具。

另一个对空间研究影响至深的概念是福柯的"异托邦"(Heterotopias)。相对于"乌托邦"这类并不存在的场所,"异托邦"是真实存在的非虚构空间。但是,异托邦又是一种与主流空间不同的另类空间,必须基于人的想象力才能完成对异托邦的理解。而理解异托邦又关系着镜像作用下人们在虚像空间中看见自己的能力。在自身"缺席"之处,看见自身,重构自我。这是结构主义者的主体性所必需的反身性计划,也是象征性空间的力量。这种反身性的思想,对新马克思主义的空间研究产生了深远影响。

3.5.3　大卫·哈维(David Harvey):激进主义地理学

大卫·哈维(1935—)是当代著名的地理学家、社会学家、哲学家,以及新马克思主义的代表人物。1957 年,哈维从剑桥大学毕业,并且以《论肯特郡 1800—1900 年农业和乡村的变迁》("Aspects of agricultural and rural change in Kent,1800—1900")一文,于 1960 年获得博士学位。1969 年,哈维出版了《地理学中的解释》(*Explanation in Geography*)一书,关注如何运用方法论促进地理哲学的研究,将解释作为一种形式程序来分析。这本书奠定了哈维实证主义地理学的理论基础。同年,哈维赴美国工作,担任约翰斯·霍普金斯大学的教授直至 1980 年代末,在这段时间里,他于 1973 年出版了《社会公正与城市》(*Social Justice and the City*)一书,与当时美国社会民权运动背景下的批判思潮相结合,反思过去逻辑实证主义的"科学方法",转而以一种"社会关怀"(Social Caring)的激进主义,投向马克思主义理论。哈维对当时的主流地理学"空间理论"(Spatial Science)进行批判,并提出以马克思主义地理学取代当时"空间理论"的范式。大卫·哈维对城市理论,特别是城市更新理论最大的贡献在于将以马克思的《资本论》为基础的政治经济学理论应用于理解城市空间发展和变化。

1980 年代,大卫·哈维连续出版了《资本的限度》(*The Limits to Capital*,1982)、《资本的城市化》(*The Urbanization of Capital*,1985)以及《意识和城市经验》(*Consciousness and the Urban Experience*,1985)。

在《资本的限度》一书中,哈维力图补足马克思主义理论中空间维度和地理尺度的欠缺,全面且深入地阐发资本主义生产的地理过程,并指出空间发展的不平衡是资本积累和运动的先决条件。《社会公正与城市》和《资本的限度》分别代表着从马克思主义政治经济学和地理学结合的角度研究城市问题和资本主义生产两个重要方向,标志着哈维在构建马克思主义地理学理论上不断趋于成熟。哈维认为,城市问题和资本积累与循环并不是不相关的两个问题,相反,资本主义生产过程在很大程度上以快速的城市化为特征,是城市"空间的生产"的原动力,城市更新便在这个过程中发生了。哈维的学说将资本流动与城市化问题结合考量。他对城市化的马克思主义解读和剖析是对马克思主义在空间维度上的有力补充,亦使他成为新马克思主义城市学派的代表人物。

在《资本的城市化》中,哈维进一步探索地理位置或空间特征模式及变化与资本主义的发展之间的密切联系,包括城市空间区域的扩大或缩小以及连接不同地区的交通网络的不断建立等。他认为,城市化是剩余资本流向城市并为上层阶级用于建设的结果。这个过程重新定义了城市的含义,决定了谁可以居住在城市中而谁不能。同时,哈维认为,资本主义的发展并不局限于某个城市,而是一个全球性的地理问题。在全球化的进程中,发达国家通过资本输出将自身的危机与社会矛盾转嫁到国际上,因而城市空间成了国际资本投资的对象。由统治者和国际资本自上而下推行的城市改造和更新,实质是资本追求利润的一种手段,具有商品价值的城市空间和流动的资本之间互相进行兑换。通过城市更新和改造的过程,跨国资本在资本和空间的转换中获得利润。

这一系列专著着重批判了资本主义社会中,政治经济活动与城市社会弊病的相关性。哈维成为一名激进主义地理学的代言人。从马克思主义的资本积累出发,哈维擅长于探讨资本如何循环、积累并实现利润,以及资本的生产过程如何对城市空间造成影响,进而导致资本主义社会中区域与城市的不平衡发展。

在《竞争的城市:社会过程与空间形态》("Contested Cities:Social Process and Spatial Form")一文中,哈维将城市发展置于现代化、现代性、后现代性、资本主义以及工业社会等概念中进行讨论。哈维强调,要将城市发展视作一种充满斗争的过程。包括种族、意识形态、性别以及其他的社会群体范畴,都会通过冲突来构成城市发展的过程。而这种过程,在受到时间和空间形塑的同时,又反过来塑造特定的时间和空间。

哈维对于城市更新的理论在最新出版的《新自由主义简史》(*A Brief History of Neoliberalism*,2005)中得到发展,哈维对自 20 世纪 70 年代中期以来兴起的新自由主义及城市空间表征进行了历史考察。在这一研究中,哈维将新自由主义下的全球政治经济定义为一种一小部分人以多数人的利益为代价而获益的体系,通过"掠夺性的积累"(Accumulation by Dispossession)进一步造成了阶级分化和城市空间的异化。新自由主义主导了这一时期的城市更新和城市发展。在哈维之后,马克思主义地理学成了西方英语世界(Anglophone)人文地理以及城市地理左翼思潮的主导思想,影响了一大批城市地理学者,包括哈维的学生尼尔·史密斯以及唐·米切尔(Don Mitchell),凯文·考克斯(Kevin Cox)和理查德·沃克(Richard Walker)等在世界颇有影响力的学者。

3.6　城市经济学思想及理论

3.6.1　哈维·莫洛奇(Harvey Molotch):增长机器理论

哈维·莫洛奇(1940—)是美国著名的社会学家,主要研究大众传媒以及城市中的权力交互关系,目前就职于纽约大学,从事社会学与都市研究的相关教学工作。他对城市规划影响至深的作品是 1976 年发表的论文《作为增长机器的城市》("The City as a Growth Machine")。基于这篇论文的核心观点,1987 年莫洛奇与约翰·洛根(John Logan)一起出版了《都市财富》(*Urban Fortunes*)一书,颠覆了过去城市土地研究的主流范式。该书于 1990 年获得了"美国社会学协会杰出学术出版物奖"(Distinguished Scholarly Publication Award of the American Sociological Association)。

传统的城市社会学研究,包括地理学、规划学和土地经济学,都将城市视作人类活动的容器。在这个容器中,不同的群体围绕对其发展具有战略意义的土地进行竞争。这种竞争的状况随后反映到房地产市场中,形成不同寻常的用地布局与价格分布。最终,持续的竞争行为对城市构成"形塑"的力量,将不同的"社会类型"(Social Types)分布在合理的区位上。例如,银行位于城市的中心,而富裕的居民位于城市郊区等。根据传统的"中心地理论",这种近乎"天然"的空间地理的形成是从竞争性的市场行为逐步发展演化而来的。但是,莫洛奇的研究颠覆了"城市是容器"

的传统观点。他指出,城市中的土地不是等待人们使用的"空的容器"(Empty Container),而是与特定的利益(商业的、情感的、心理的)相联系,尤其在城市的形塑过程中,不动产价格会因为"增长"的发生而产生价值上的增值,从而影响城市的空间形态与土地价格分布。莫洛奇将这种增长过程描述为"地方增长机器"(local growth machine)。从这个角度,研究者应当从土地价格的组织、游说、操纵、建构的视角去重新理解城市。城市的空间形态以及不同社会群体的分布成因,不是人际市场或地理的必然产物,而是投机行为等有目的的社会行动的最终结果。

今天,"作为增长机器的城市"(the city as a growth machine)的论述,已经成为城市规划词汇的标准术语之一。除了对城市的发展规律做出解释外,"增长机器"理论还深刻揭示了以经济增长为纲领的组织与个体,如何通过操控地方政府成为"增长机器"的成员,从而实现对城市中弱势群体进行剥削的过程。莫洛奇强烈批判了这种以经济发展为导向的"增长联盟"(Growth Coalition)。并且提出,要对抗和平衡这个联盟的权力,需要利用多元社会的差异化群体以及群体差异化的需求与发展目标,在地方政体中积极构建多个自由联盟,促使其相互妥协与合作,维护城市整体发展利益,形成多元联盟的共同目标。

3.6.2　尼尔·史密斯(Neil Smith):租隙理论

尼尔·史密斯(1954—2012)是苏格兰著名的地理学家,曾在纽约大学人类学与地理学系担任特聘教授。他的博士生导师是著名的马克思主义地理学者大卫·哈维,因而其学术思想深受制度经济学的影响,是哈维马克思政治经济地理学说的主要发展人之一。史密斯的学说在很大程度上借鉴了马克思及其"劳动价值论"(Labour Theory of Value)的有关思想,他认为资本的生产与空间的生产密不可分,资本流入和流出城市空间导致了建筑环境的变化,塑造了城市空间的复杂性。史密斯的学术思想最主要体现在出版于1984年的《不均衡发展:自然、资本和空间生产》(*Uneven Development*:*Nature*,*Capital*,*and the Production of Space*)和1996年的《新城市前沿:绅士化与恢复失地运动者之城》(*The New Urban Frontier*:*Gentrification and the Revanchist City*)。

《不均衡发展:自然、资本和空间生产》指出空间发展的不均衡是资本市场程序逻辑的一种基本功能,即由社会和经济来"生产"空间。同时,这部作品也奠定了史密斯"租隙理论"(Rent Gap Theory)的研究基础,作为其阐述绅士化问题的经济解释。该理论指出,在完全市场经济下,城市土地是否可能进行再开发取决于土地开发后的土地收益是否不少于开发前的土地收益加土地的开发成本,如果达到或超过后者之和,则该用地才有可能再开发。史密斯在研究城市绅士化问题的过程中,将城市土地再开发过程分为六个阶段:

(1)第一阶段,新的开发及其第一个使用周期(new construction and the first cycle of use)。建筑物刚刚建成,潜在地租与实际地租差距不大。但是,随着时间的推移,使用损耗加速建筑物的衰败。如果没有充足的维修资金和及时的维护,该地段也将整体衰败。

(2)第二阶段,地主所有制与房屋所有权的变化(change of landlordism and homeownership)。当建筑物衰败至一定程度,业主逐渐搬出,将建筑物由自用转为租赁或出售。在出租的前提下,出于利润最大化的原则,业主对于建筑维护的费用将不会超过租金收入,房屋衰败的速度加快。

(3)第三阶段,房屋(在房产中介的介入下)的廉价出售(blockbusting and blowout)。由于整体维护的水平在下降,地段内建筑的整体状况进一步下降。业主大量流失,物质环境恶化,房屋价值以及租金收入也继续下跌。

(4)第四阶段,金融机构拒绝提供贷款(redlining)。由于地区物质环境衰败明显,大量业主搬离,犯罪问题滋生,且资金不断外流,这些现象进一步降低社区的吸引力,减少其租金收入。地区的发展环境陷入低谷,金融机构便会拒绝投资贷款。

(5)第五阶段,邻里范围的房屋废弃(abandonment)。在这个阶段中,建筑物的价值持续贬值,邻里衰败严重,开始出现无人居住的废弃房屋,社区环境恶化到崩溃的边缘。社区收益少到能让新的开发机构以很少的代价拿到该块土地用于再开发。

(6)第六阶段,绅士化或再开发(gentrification or redevelopment)。地区的建筑物价值处于极低的状态,为绅士化或再开发提供了盈利的空间。换言之,即土地征收费用加新建费用与再开发后的收益之间的差距足够大,从而促使再开发得以实施,形成新的土地使用周期。

史密斯的研究始于对美国早期中心城区更新案例社会山(Society Hill)的考察。在对这一案例的研究中,史密斯试图揭示有普遍意义的城市发展规律。不同于以往的研究将绅士化的城市更新归因于城市消费需求的改变,史密斯将其视为资本流通方式重塑的结果。他认为,资本的流通过程是影响空间生产和消费的强大力量。如果要正确地理解城市更新,就必须认识到城市空间发展模式和资本获利投资模式的密切关系,并关注金融资本在城市空间的流动路径。

史密斯通过"租隙理论"来解释中心城区更新和绅士化的动力机制,阐述绅士化与资本在不均衡发展地带之间流动的联系。史密斯借鉴哈维(1973)对城市内衰落的新古典主义主流解释的抨击,将绅士化进程与受古典政治经济学和地租理论启发的资本主义发展动力联系起来。史密斯(1979)提出了"租隙理论",这里的"租隙"(Rent Gap)指的是土地所有者从现有土地用途获得的经济回报(资本化集体租金)与潜在地租最大回报之间的差异。当租金差距大到足以为开发商带来可观的回报之后(即在所有旧房改造、拆迁和新建筑的成本扣除之后的回报),便有新的资本开始注入,城市更新就发生了。"租隙理论"在城市更新,特别是绅士化与资本主义城市化的整体过程和地区不平衡的发展之间建立了理论联系。同时,该理论也指出城市更新所带来的消极后果:在创造了满足资本积累需求的城市环境的同时,牺牲了低收入群体的社区、住房以及便利的城市生活(图3-11)。

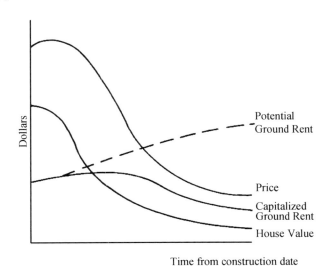

图 3-11　内城街区的衰落周期

资料来源:Smith N,1979,45(4):538-548.

史密斯的"租隙理论"也使他重新审视经典的芝加哥学派的城市形态模型,并重新定义了其中的"过渡区"(Zone of Transition),或霍伊特(Homer Hoyt)所定义的" CBD 与外围居民区之间的土地价值曲线中的谷值"。他认为,级差地租是一种在城市空间资本循环模式中出现的城市现象,而不只是因消费者不同租金支付能力产生的。级差地租发展到足够大的时候,城市更新作为一种集体社会行为(Collective Social Action)便在某些特定的街区出现了。这一过程是通过邻里以某种形式的集体社会行动导致的。在美国社会山的案例中,这种集体性的行为通过公共抵押融资和公私机构来协调资本的流动而启动。学术界普遍认为,级差地租理论标志着城市更新(绅士化)研究的转折点,也是城市空间生产研究的转折点。通过租隙理论理解城市更新对于反绅士化(anti-gentrification)也具有持久的价值。

史密斯后期的注意力从单纯关注资本的角色转移到关注政府的角色以及城市更新的公共政策。在出版于 1996 年的《新城市前沿:绅士化与恢复失地运动者之城》一书中,史密斯对在全球化和新自由主义政策背景下的城市中心区的阶层更新作了进一步的解释。根据纽约市的城市经验,史密斯(1996,2002)认为,在新自由主义的影响下,自 1990 年代以来,绅士化的城市更新已演变成一项重要的城市战略——全球的城市政府以及私人资本用来共同应对城市内部衰落的问题。他认为,绅士化已被"包装为"城市再生的一种模式,旨在吸引中产阶级进入城市并驱逐城市贫困人口。因此,史密斯认为,绅士化是本地和全球市场政治经济变化的产物,其主要推动者不是个人的中产阶级民众,而主要是政府、公司或政府—公司合作组织。

史密斯在某种程度上认识到了他的分析中的一些缺陷,例如,他认识到性别要素(gender dynamics)和城市空间的关联可能无法从不均衡发展(uneven development)理论所揭示的生产动态中直接反映出来。同时,批评者认为史密斯的研究缺失了对于社会身份和主体性的普遍关注。大卫·莱(David Ley)等学者指出从生产角度来解释城市更新仅仅关注收入以及地租差异导致更新这条线索,却忽视了城市社会结构的变化对更新的影响。

总的来说,"租隙理论"是一种较为纯粹的经济学研究方法,过去主要被用以描述北美城市及其绅士化问题。随着全球经济一体化进程的加快,租隙理论也被广泛应用于发展中国家的土地与固定资产升值的研究中,主要用以描述现状与潜在租金之间的巨大差异,如何引起投资者的兴趣,从而推动街区的更新,导致租金和房产的升值。租隙理论对于城市更新后的绅士化问题以及社会空间分异的形成与加剧都具有很强的解释力。

3.6.3 威尔伯·R. 汤普森(Wilbur R. Thompson):城市作为扭曲的价格体系

威尔伯·R. 汤普森(1923—)是城市经济学的奠基者。他于 1965 年出版的著作《城市经济学导论》(*A Preface to Urban Economics*)标志着城市经济学研究的兴起。许多欧美国家的大专院校都是在这本书出版后才开设城市经济学的课程。

在这本书中,汤普森提出了三个重要概念:集体消费的公共物品(collectively consumed public goods)、鼓励预期行为的有益品(merit goods designed to encourage desired behaviors)、用于收入重新分配的支付(payments to redistribute income)。这三个概念构成了当代城市经济学研究的基础。

(1) 首先,"公共物品"是由政府免费提供给所有人使用的物品或服务。例如,对大气污染的治理和控制、维护安全和秩序的警察系统、公共的城市道路与街道等。与私人市场相似,公共物品的供给同样需要成本。但是,公共物品的价格形成机制却与私人市场极为不同。普通的消费者虽然向政府纳税来支付这一系列的公共物品成本,但是,公共物品的形成机制对于他们而言是不可见的。公共物品的价值形成机制往往缺乏理性的预期和政策决策。在很多情况下,由于公共物品的价格模糊会导致一系列不良的城市公共政策的发生。汤普森以鼓励消防设施建设的政策为例,当房屋所有者自行出资安装消防设施,便会导致更高的物业价值和物业税。这对房屋所有者不利,但是,他们的投资却降低了城市消防队伍的灭火成本或是火灾蔓延的风险。如果一个街区的其他房屋所有者没有对其住房安装消防设施,房屋很容易发生火灾。但是,他们却缴纳较低的物业税,这样的公共政策显然存在问题。因此,汤普森提出,应当通过对投资消防设施的房主进行税收减免或税收津贴的方式来进行奖励。同时,增加对不投资消防设施的房主的税收作为惩罚。

(2)"有益品"同样是由政府免费提供的物品。基于集体决策的结果,这些有益品被认为是如此的重要,每一个人都应该拥有,即便他们没有支付的能力。因而,需要由政府向所有人进行免费的供给。例如由政府为全部儿童免费注射小儿麻痹疫苗,以极小的代价,避免儿童遭受终身残疾的病痛困扰,成为家庭和社会的永久负担。汤普森将"有益品"称作是能够遵循多数人的意愿,迫使少数人按照集体利益改变其行为的物品,因为也有少部分人反对小儿麻痹疫苗的接种。针对潜在的冲突,汤普森提出有益品的供给必须非常的保守,仅仅针对最重要的、最广泛支持的物品,而且不受市场价格的支配。

(3)汤普森的"支付"概念指的是用来重新分配社会财富的第三种支付方式。其经典的案例是对贫困群体提供社会福利。在这套价格体系中,由城市中绝大部分的纳税人支付,而由少部分的贫困群体受益。在少数共产主义国家和高福利国家,例如瑞典,政府会为所有人支付医疗和教育费用,并且为贫困人口提供较高标准的最低福利。但是,在美国、英国和大部分其他国家中,收入分配政策则受到更多的限制。在这些国家中,纳税者的权力更高,且普遍对官僚机构和政府处理再分配政策的能力存在质疑。因此,这些国家往往更依赖于私有市场的方式来满足人们的基本需求。

在汤普森看来,由于目前的城市决策队伍中缺乏精通城市经济学的专家,因而无法将城市经济和公共财政的理论和实践用来支撑更理性的决策。通过以上三个概念的提出,汤普森希望政府能更多发挥城市经济学家的作用,促使更多的市民和决策者理性地思考这三种商品——公共物品、有益品以及能够转移支付的目的与价格。尤其在市场主导的国家中,汤普森认为社会需求主要通过私人企业来实现满足。政府仅仅为那些"真正的弱势群体"提供住房补贴、食品优惠券、免费医疗保险以及其他收入分配项目。作为较早提出价格配比稀缺物品的学者,汤普森的公共物品价格体系研究对世界各地的城市政策产生了深远影响。例如,对高峰时期的道路使用者收取拥堵费,便是在汤普森的价格理论基础上广为传播的城市(财税)政策。

3.6.4　迈克尔·E. 波特(Michael E. Porter):内城复兴的经济模型

迈克尔·E. 波特(1947—)是当代知名的经济学者,以研究"竞争战略"而闻名。目前,波特就职于哈佛商学院,是为数不多的获得"威廉·劳伦斯主教教席"殊荣的学者。他最有影响力的作品是 1998 年出版的《竞争战略》(*Competitive Strategy: Techniques for Analyzing Industries and Competitors*),该书目前已经第 63 次印刷,并被翻译成 19 种语言在全世界发行。波特另一部知名的著作是 1995 年出版的《竞争优势》(*Competitive Advantage: Creating and Sustaining Superior Performance*),目前也已经是第 38 次印刷。作为一名活跃的战略研究与经济管理学者,波特不仅为私人公司提供建议,也为国家政府提供咨询,是世界知名的城市经济战略顾问。

1990 年代,波特开始关注内城复兴问题。1994 年,他创办了协助全美内城商业发展的非营利性私人机构"创建富有竞争力的内城"(Initiative for A Competitive Inner City, ICIC),并一直担任主席(勒盖茨,斯托特,2013)。他认为过去的内城经济政策过于零碎,缺乏一个整体的发展战略,难以发挥政策激励的效用。因此,波特在分析总结内城真正优势的基础上,提出了"区位和产

业发展"的新模式:

首先,内城的第一个真正优势是内城的"战略性区位",内城往往是城市商业、交通、通信的中心。因此,内城可以为那些希望通过接近中心商务区、基础设施、娱乐和旅游中心以及企业聚居地而获得益处的公司提供竞争优势。

其次,"本地市场的需求"为内城提供直接的经济动力。根据美国洛杉矶与波士顿的内城消费水平,内城的人口规模与密度可以为相当数量的企业提供充足的消费力。

再次,内城另一个被忽视的潜在机遇是未来"融入区域集群"。一方面,这种有竞争力的集群使内城获得连接多种客户的优势;另一方面,给内城带来更多争取下游产品生产、服务的机遇。

最后,一个内城的真正优势在于"人力资源"。在中心城区较为衰败的美国,内城居民需要更多就近就业的机会。而且,受到技术能力的限制,内城的广大居民与低技术要求的工作更加匹配,而这往往是旧城复兴战略忽视的一点。

相对应的,内城的真正劣势在于高昂的土地、建筑、设施和其他成本,安全问题、工人技能、管理水平等方面的限制。基于对内城真正优势与劣势的总结,波特提出了改善内城投资环境、提高内城商业竞争力等策略。在新的模式中,波特认为私人企业应当从事其最擅长的事务,即扮演开展经济活动、建立商业联系的角色。同时,政府部门要转变过去的补贴和托管模式,转而为内城创造更良好的商业环境。例如,向经济需求最大的地区提供直接的资源、通过主流的私营机构为企业提供更多的金融服务等。后期,波特的一整套竞争策略在英国企业区(British Enterprise Zone)、美国授权区(US Empowerment Zone)和企业社区(Enterprise Community)等项目中得到了更为广泛的应用。

3.7 中国城市更新代表人物及其思想与理论

3.7.1 梁思成和陈占祥:"梁陈方案"

梁思成(1901—1972)是中国著名的建筑学家、建筑教育家、建筑史学家、建筑文物保护专家和城市规划师,历任清华大学建筑系主任、中国科学院技术科学部学部委员、中国建筑学会副理事长、建筑科学研究院建筑理论与历史研究室主任、北京市都市计划委员会副主任和北京市城市建设委员会副主任等职,参与了人民英雄纪念碑、中华人民共和国国徽等作品的设计。梁思成的学术成就也受到国外学术界的重视,从事中国科学史研究的英国学者李约瑟认为梁思成是研究"中国建筑历史的宗师"。1988 年 8 月,梁思成教授和他所领导的集体的研究成果——"中国古代建筑理论及文物建筑保护"被国家科学技术委员会授予国家自然科学奖一等奖。1999 年,原建设部设立"梁思成建筑奖",以表彰奖励在建筑设计创作中做出重大贡献和成绩的杰出建筑师,是授予中国建筑师的最高荣誉奖。

陈占祥(1916—2001)是中国近现代的城市规划专家,师从国际著名的规划大师阿伯克隆比(Patrick Abercrombie)教授,与其导师合作了多个规划作品,享誉英、美等国。他毕生致力于城市规划和城市设计,勤奋读书,不断实践,总结国内外经验,研究适合我国国情的城市规划理论及方法,为我国城市规划走向世界做出了开拓性的贡献。1949 年中华人民共和国成立,陈占祥应梁思成之邀赴京,任北京市都市计划委员会企划处处长,同时兼任清华大学建筑系教授,主讲都市规划学。

1950 年初,梁思成与陈占祥一起向政府提出了新北京城的规划方案——《关于中央人民政府行政中心位置的建议》,主张保护北京宝贵的文物古迹、城墙和旧北京城,建议在西郊三里河另辟行政中心,疏散旧城密集的人口,保留传统的古城格局和风貌,史称"梁陈方案"。这一方案既可保护历史名城,又可与首都即将开始的大规模建设相衔接。虽然最终他们的建议没有被采纳,但是"梁陈方案"中许多有益的规划建议被保留下来。这一方案从更大的区域层面,解决城市发展与历史保护之间的矛盾,为后来整体性城市更新开启了新的思路(图 3-12)。

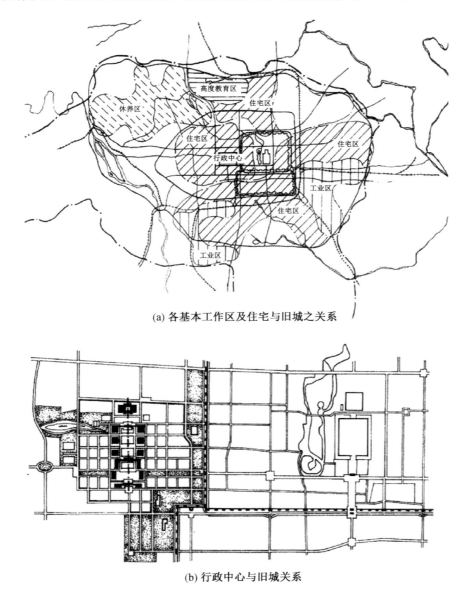

(a) 各基本工作区及住宅与旧城之关系

(b) 行政中心与旧城关系

图 3-12　梁思成先生和陈占祥先生提出的"梁陈方案"

资料来源:董光器,2006:7.

　　值得一提的是,1980 年代,陈占祥在担任国家城建总局城市规划研究所(现为中国城市规划设计研究院)的总规划师期间,对城市更新进行了一定的研究。他认为,城市更新是城市"新陈代谢"的过程,既有推倒重来的重建,也有对历史街区的保护和旧建筑的修复。更新的最终目标是振兴大城市中心地区的经济,增强其社会活力,改善其建筑和环境。同时,吸引中上层阶级的居民返回市区,通过地价增值来增加税收,以此达到社会稳定和环境改善双赢的目的。

3.7.2　吴良镛：人居环境科学与有机更新

吴良镛(1922—)是中国科学院和中国工程院两院院士,中国建筑学家、城乡规划学家和教育家,人居环境科学的创建者,先后获得"世界人居奖"、国际建筑师协会"屈米奖""亚洲建筑师协会金奖""陈嘉庚科学奖""何梁何利奖"以及美、法、俄等国授予的多个荣誉称号,荣获 2011 年度"国家最高科学技术奖"。吴良镛长期从事建筑与城乡规划基础理论、工程实践和学科发展研究,针对我国城镇化进程中建设规模大、速度快、涉及面广等特点,创立了人居环境科学及其理论框架。该理论以有序空间和宜居环境为目标,提出了以人为核心的人居环境建设原则、层次和系统,发展了区域协调论、有机更新论、地域建筑论等创新理论;以整体论的融贯综合思想,提出了面向复杂问题、建立科学共同体、形成共同纲领的技术路线,突破了原有专业分割和局限,建立了一套以人居环境建设为核心的空间规划设计方法和实践模式。该理论发展整合了人居环境核心学科——建筑学、城乡规划学、风景园林学的科学方法,受到国际建筑界的普遍认可,在 1999 年国际建筑师协会通过的《北京宪章》中得到充分体现。作为对宪章的诠释,同时发表了《世纪之交的凝思:建筑学的未来》。

在 1979 年的北京什刹海地区规划研究中,吴良镛首次提出了"有机更新"理论的构想。1982年,他在《北京市的旧城改造及有关问题》一文中提出了北京的旧城改造要遵守"整体保护、分级对待、高度控制、密度控制"四个基本原则。1987 年,他正式提出"广义建筑学"的概念,并在 1989年 9 月出版的同名专著里,将建筑从单纯的"房子"概念扩展到"聚落"的概念,并从建筑的微观视角解析城市的细胞构成。

在菊儿胡同改造中,他在整体保护北京历史文化名城并对作为城市细胞的住宅与居住区的构成的理解基础之上,系统提出了"有机更新"理论。吴良镛认为,城市永远处于新陈代谢的过程中,城市更新应当自觉地顺应传统城市肌理,采取渐进式而非推倒重来的更新模式。因此,针对菊儿胡同的更新改造,首先需要探讨"新四合院"体系的建筑类型,使其既适用于传统城市肌理又能满足现代化的生产、生活方式。菊儿胡同改造项目保护了北京旧城的肌理和有机秩序,强调城市整体的有机性、细胞和组织更新的有机性以及更新过程的有机性,从城市肌理、合院建筑、邻里交往以及庭院巷道美学四个角度出发,对菊儿胡同进行了有机更新。1992 年,他主持的北京市菊儿胡同危旧房改建试点工程凭借其卓越的"类四合院"体系和"有机更新"思想,获得了亚洲建筑师协会金质奖和联合国颁发的"世界人居奖"(图 3-13)。

可以说,"有机更新"思想与理论奠定了历史城市更新的基本原则,在"整体保护、有机更新、以人为本"的思想下,采取"小规模、渐进式"的更新手法,并鼓励居民"自下而上"的社会参与机制,挖掘社区发展的潜力。这些规划原则与理念都收录在 1994 年出版的《北京旧城与菊儿胡同》中,其"有机更新"理论的主要思想,与国外旧城保护与更新的种种理论方法,如"整体保护""循序渐进""审慎更新""小而灵活的发展"等汇成一体,并在苏州、西安、济南等诸多城市进行了广泛实践,从理论和思想上推动城市更新从"大拆大建"到"有机更新"的根本性转变,为达成从"个体保护"到"整体保护"的社会共识做出了重大贡献。更为重要的是,为未来城市更新指明了方向,其学术价值与现实意义极为深远。

1993 年,吴良镛正式公开地提出了"人居环境学"的设想。在 1999 年北京的世界建筑师大会上,他负责起草了《北京宪章》。在宪章中,他突破"技术—美学"的空间形式范畴,引导建筑与规划师更全面地认识人居环境,通过将规划设计植根于传统文化与地方社会中,构成覆盖宏观城市至微观个体心理范畴的全方位、多层次的规划技术体系。21 世纪伊始,吴良镛发表了著作《人居

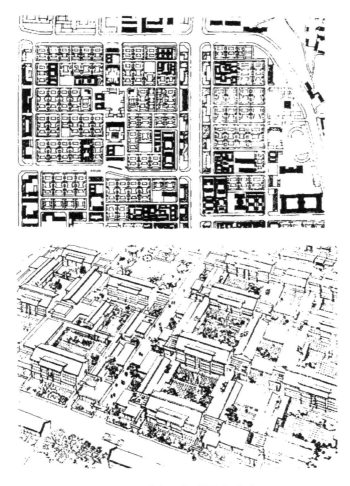

图 3-13　"类四合院"设想方案
资料来源：吴良镛，1989.

环境科学导论》(2001)，提出以建筑、园林、城市规划为核心学科，把人类聚居作为一个整体，从社会、经济、工程技术等角度较为全面、系统、综合地加以研究，集中体现了整体、统筹的规划设计思想。

3.7.3　吴明伟：全面系统的旧城更新思想

吴明伟(1934—)是我国著名的资深城市规划专家和教育家，曾任原建设部专家委员会委员、全国历史文化名城保护专家委员会委员、中国城市规划学会常务理事和中国城市更新学术委员会副主任委员，主持完成了"绍兴城市中心综合改建规划""南京市中心综合改建规划""山东曲阜五马祠街规划""南京朝天宫地区保护与更新规划""杭州湖滨地区规划"等许多重要的规划项目，培养了一大批优秀的城市规划专业人才，在规划实践、理论、教育以及学科建设等方面做出了杰出贡献，在城市规划业界的学术声誉和地位极高(吴明伟，柯建民，1985，1987)(图 3-14)。

长期以来，吴明伟投身于城市中心区的改建规划，探索了一套中心区综合改建的规划理论方法。吴明伟提出，改革开放转变了城市发展的动力机制，第三产业的迅速发展成为推动中心区改建的主要动力，中心区的交通矛盾与建筑质量陈旧问题迫切需要得到解决。在此背景下，中心区综合改建规划应当作为城市总体规划的具体化而优先加以编制(吴明伟，柯建民，1987)。其中，

图 3-14　绍兴城市中心综合改建规划

资料来源：吴明伟，柯建民，1985.

需要对城市公共建筑系统，尤其是商业系统规划进行重点研究。从规划体系来讲，市中心的综合改建是市中心详细规划的前期工作，需要全面调查研究和多学科的参与，避免偏重城市物质形态而忽视对社会、经济、文化活动的研究。在商业中心区位分析、等级体系分析、社会意向调查中均采用定量分析方法，研究成果先后应用于南京、绍兴、苏州、杭州、鞍山、曲阜等十余座城市，使城市中心区规划在理论上和实践上步入一个新的阶段，填补了我国关于城市中心规划研究的空白。

进入 1990 年代，吴明伟带领学术团队逐步向更为全面的城市更新与古城保护研究深入，相继开展"旧城结构与形态""中国城市再开发研究——现代城市中心区的规划与建构""中国城市土地综合开发与规划调控研究"三项国家自然科学基金项目和一项"旧城改建理论方法研究"国家教育委员会博士点基金项目，提出了系统观、文化观、经济观有机结合的全面系统的城市更新与古城保护学术思想，建构了一套能够适应快速城市化发展的城市更新与古城保护理论方法，并相继完成泉州古城、烟台商埠区、合肥新车站地区、南京中华门地区、苏州历史街区、无锡崇安寺、安庆历史街区等数十项规划。

他对城市综合改建的系统性思考揭示了城市更新的综合性与复杂性，将空间规划的合理性与城市发展规律的科学研究相结合，拓展和深化了城市更新的内涵与方法，对城市更新实践起到了重要的指导作用。

4 城市更新的内在机制与特征属性

城市在一个地域空间内聚集着众多的人和物,但城市绝不是人、住宅、工厂、学校等物质的简单混合。城市是一个以人为主体,以自然环境为依托,以经济活动为基础,社会联系极为紧密,按其自身规律不断运转的有机整体。作为老城区,由于年代久远,经过长年累月的历时性变迁,其结构形态往往呈现出一种复杂的景象与特征。如何认识和剖析旧城结构形态的基本构成,又如何理解其发展演变与老化衰退,在城市更新中如何延续和发扬其历史文脉,以及如何从社会、经济、文化和空间的多维视角认识城市更新的基本属性,这些是城市更新中需要研究和弄清的关键问题。

4.1 旧城结构形态的基本构成

广义的结构形态是指事物自身内部一组具有相对稳定结构的元素之间的关系及其在一定条件下的表现形式。城市结构形态则是指城市空间内各显性和隐性的构成要素之间相互作用,及其在社会多系统综合作用下,产生的可变动的机体表现形式。它是一种复杂的社会现象,是在特定的自然环境和一定的社会发展阶段中,人类居住活动与自然因素、社会文化和经济因素相互作用的综合结果。

总体而言,完整意义上的城市结构形态应是由物质结构形态和社会结构形态组成的。物质结构形态主要是以城市各有形要素的空间存在、布置和使用方式为内容,是结构形态中相对显性的内容,它包括实体结构形态和功能结构形态两方面内容。社会结构形态主要指城市区域内人口构成、文化水准、职业差异、经济水平差异、社会组织、社会生活等内容,是结构形态中相对隐性的内容,它主要包括人际关系、价值观念和社会组织三个层面。社会文化对社会结构形态的形成起决定作用,但这种作用是通过主体的生活方式来具体实现的。

4.1.1 旧城物质结构形态的构成

旧城物质结构形态是旧城中可视的物质实体环境的综合反映,如建筑、道路、空间等。在长期的历史积淀中,旧城经过历时性变迁,不断变化和完善,形成了与特定生活方式相吻合的环境模式,其中亦包含着丰富的形态环境特征,如整体布局有序与局部处理自然、简洁明晰的格局、空间的叠合、建筑群组织手法等。

4.1.1.1 城市格局

城市格局一般是指城市组成要素的总的布局。不同的城市有着不同的城市格局,如苏州古城整个城市以水为中心,自然和人工开凿的方格网河道系统与方格形道路网密切结合,形成水陆结合,路、河平行且相邻的双横盘式城市格局。不同的城市由于地形、地貌、当地自然条件,以及人文方面的原因,往往形成独具特色的格局,但在其特性之中又常常有共性,在一定的地域中,城市生长发展的秩序是有规律可循的。

1)线形模式

线形模式属自然生长型。它是以功能合理、适合地域条件和经济条件为准则的众多个体形象逐年叠加的结果,一般自然生长形成的旧城常是沿着主要的道路走向发展,串联着若干主要的节点场所,呈现为节点城市发展的格局。这种布局通过沿街巷的建筑群完成,或者通过各建筑群的轴线关系纵向延伸。线形布局总有一条主要干线,序列感强,住屋一般均可得到良好的朝向与景面。一般的线形布局的走向,是因地制宜地考虑自然环境,灵活布置建筑群的整体。如在山的一侧沿平行等高线布置,有时也会看到建筑群的走向与河水走向关系更密切,而朝向并非是主导因素。这种形态常能自发调节人的生活空间需求和特定地域环境之间的关系,并且能够很好地协调一致,从而使旧城形态在较长时间内保持稳定的渐变(图 4-1)。

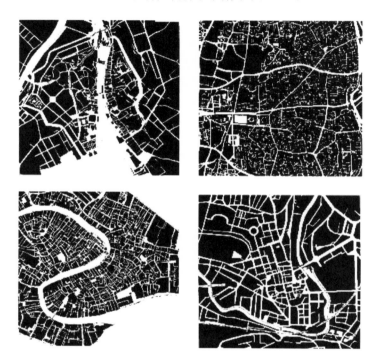

图 4-1 线形模式的城市格局

资料来源:雅各布斯 A B,2009.

2)中心集结模式

中心集结模式属规划生长型。它通常是运用型制、观念等控制手段,使形态注重整体性、规划性和象征性。它体现了社会的要求,以及理性和秩序的观念。它通常围绕一个中心空间组织建筑群,往往深刻而直接地反映着一种社会向心意念,反映着人类群居的一种原发的心理需求。这种模式在欧洲极为典型。在欧洲的城市传统中,道路常常集中于若干焦点,构成地方性的区域中心,使整个聚落成为一个富有意义的有机体,这些焦点常常是广场、高塔、尖顶和穹隆等等,表达了城市居民精神上的共同追求。这些标志性建筑对人们把握城市结构特色起着重要作用。这种模式能够建立起一种强烈的感观效果,在形态上所表现出来的图底关系也十分清晰(图 4-2)。

3)格网模式

格网模式亦属规划生长型。它有层级十分清晰的格网秩序,其基本形式要素可理解为一个有系统的架构,代表了中国的传统。长久以来,格网系统就被视为一种秩序系统,这种城市形态有无数现存的范例,但是由于两种不同的目的,格网城市在形态上具有两种特征。或代表中央控制和中心集权的理想,如北京城就属于有中心的格网序列;或表现机会均等、平等竞争思想的城市,如费城则反映出一种开放的格网式的城市结构,方格道路网把城市区域划分为完全统一的街区,可朝任何方向扩展,这种格网没有边界和中心点,所有的小块区域都有同样的形状,很容易被规划、分配或租让(图4-3)。

图4-2　中心集结模式的城市格局

资料来源:Delfante C,1997.

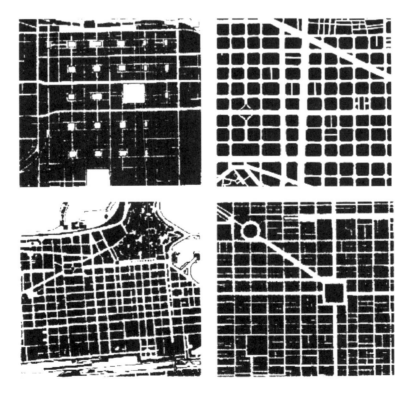

图4-3　格网模式的城市格局

资料来源:雅各布斯 A B,2009.

4.1.1.2　街巷构成

　　街巷是一个或多个围合空间的线性展开,它为土地的分配提供了框架,是通往各个单元个体的通道,同时也构成了聚落的公共活动空间。街巷在城市中可以被理解为城市系统的一个组成部分,人们在运动中体验到它的建筑背景和空间感觉,是构成城市意象的重要因素。供人移动是街巷最基本的功能,然而在当今强调快速运动的汽车时代,往往忽视了人们在运动中对城市意象的体验与感知,以及街巷重要的社会文化功能(图4-4、4-5)。

图4-4　葡萄牙埃武拉城的街道形态

资料来源:Salat S,2013.

图4-5　苏州古城的街巷形态

资料来源:柯建民,等,1991.

1）街巷走向

传统旧城的街巷都有明确的方向感,这种方向感可以通过台阶和走向的变化取得,还可以靠一些标志的引导来取得。街巷多半不是平直的,通常是曲曲折折和步移景移。如镇江旧城中的西津渡古街是依山就势由两侧房屋围合而成的狭窄通道,沿街有节奏地呈现不同年代的建筑、门洞及石塔,形成了丰富的视觉体验和时间层次,体现了街巷的多层次和多因素。同时,街巷本身也由主路—支路—小巷的环状多级网络系统形成强烈的方向感和序列感。

2）街巷连续

旧城街巷立面形象在多样变化中体现出统一连续感。材料(砖、木、石)的大致相同,色彩(粉墙黛瓦、淡雅清灰)的一致,体量的相似等,都促成了立面的连续。户与户之间的紧密连接使旧城街巷空间的连续性显得更加深入。此外传统旧城的街巷疏密有致,通过空间的宽窄变化呈现出一种韵律,再加上天际线与地面的连续,往往体现出变化多样的特点。

3）街巷空间层次

在旧城中,传统建筑的木构架体系为处理各个立面的开敞与封闭提供了灵活的可能性,这种特点常常表现在商业街和南方阴湿多雨地区的街道格局中,形成一个层次丰富的公共空间,檐廊或骑楼往往是内部空间的延伸,是内与外的过渡空间,同时又形成街巷的横向联系,构成开放空间,成为具有凝聚力的场所。檐廊不但有助于融合内外空间,同时也连接边缘各种不同功能的建筑及公共空间,使街巷空间明确地区分为界定、过渡及流通等功能。

4）街巷结点

旧城结点通常处于网状结构的交叉点,其类型很多,如商市、巷道交叉口、桥头、茶馆等,在我国南方河网地区,桥头往往成为城市重要的结点,因为桥头处于水陆两套空间系统的交汇点,两套空间系统的物质功能和社会活动在此交融、汇集、转化,显示出桥头结点特有的意义,从而成为独具特色的人性化空间。环绕旧城古树和古井形成的环境也是城市活动的重要结点。通常情况下,旧城较普遍的结点是巷道结点。巷道普遍的小结点是巷道的转折和连接点,而大的结点则可发展成城市社区中心和小广场。

4.1.1.3　街坊构成

旧城街坊由街巷组成,街和巷(北方称胡同)分隔成长条形地段,并由若干院落充实而成。由于院子多为南北向,联结院落的巷道东西向的较多,也有南北向的,巷的间距与院落的大小及进深有关。街坊不是组织居民生活的单元,而是地域划分的单位。街坊没有一定的尺度,它与街巷间距及院落的大小及组织有关。

例如江南水乡旧城,其独特的地理环境和旧城布局使得旧城街坊的构成和功能表达显示出自己的特点。街坊依其布置内容及与河街关系的不同可分为合院式住宅前后临河、临水型住宅前街后河、面水型住宅隔街面河、上宅下店前街后河、前店后宅前街后河等类型。它们或纵向大进深发展,或竖向发展,力争每户面宽较小,从而使更多的住户、商店、作坊获得面街临河、水陆皆达的便利。这种街坊布局与旧城地理环境以及"运输依靠河道,步行利用街道"的生活方式关系密切,显示了旧城结构形态的"亲水"特色。由此可见,旧城街坊布局是由其地理环境和市民的生活方式决定的。

我国旧城街坊包含了丰富的街巷商业和社交功能,因而具有外向性特点。街坊内大多由院落组成,街坊内部属于私密空间,满足了居民私密性要求,而居民的公共活动则移到街坊的交接区域——街道上,形成丰富、热闹的街市生活。这种布局方式,既满足居民活动、游憩、交往的"闹"的需要,又符合居民家庭生活"静"的需要,形成闹静有别的空间结构。街坊内的交通由街道担负,随街—巷—院落,交通量逐级递减,保证了街坊里生活宁静,使生息环境恬静、幽雅。

4.1.2 旧城社会结构形态的构成

旧城的传统风貌特色,不仅是建筑物质空间的体现,更应是由更广泛的社会文化和更深刻的历史沉积等因素所形成。人的社会属性决定人是由于相互之间结成关系而存在着的。在具象可见的城市物质结构形态背后潜藏着人与物、人与人的各种关系和社会网络。在旧城中,丰富的社会网络往往和破旧的物质环境并存。正是由于旧城中充满浓郁的生活气息、亲切和睦的邻里关系以及具有较强凝聚力的社会网络,使旧城在居民心中产生了超越物质条件的魅力,从而得以满足人们的精神需求。

4.1.2.1 社会组织结构

旧城社会组织结构是通过主体的生活组织来表现的,而主体生活组织具有三个层面:表层、深层和核心(孟海宁,1988)。

1) 表层组织

表层组织是社区群体的最基本联系,是维系和表现人们之间日常生活的主要环节,它通常以直接的人际关系来反映。当旧城生活中的主体从形态的界域处向其个体核心移动时,其直接的人际关系就在不断深化、推进,从相互关心、偶然交往、一般交往和经常交往,直到家庭内部的亲密交往和合作。因而邻里间的交往是最基本的人际地缘关系。这种以直接的人际关系为纽带的生活组织具有对生活居住的整合功能、调节功能和保健功能,给生活居住在一起的人们带来安全感、亲切感和邻里感,生活居住形态的表层组织是使形态充满生命活力的重要层次。

2) 深层组织

深层组织使生活居住形态具有一定内向性,是约束物质结构形态中群体成员的行为,使生活居住形态中成员能够安定生活的重要层面。它通常是以价值观的一致与否来衡量的,价值观的一致导致旧城主体间的相互认同、合作和行动一致,从而使居住主体在这个认同圈内找到自己的归属。生活居住形态的深层组织会使生活居住主体形成强烈的社会感、自我感、控制感和归属感,是使生活居住保持相对稳定和独立的基础组织。

3) 核心组织

核心组织只存在于以宗教性关系或血缘性关系为主体的生活组织中。在这一组织中以是否权威来衡量,通过权威施行裁决和号召的权力,维持组织的运转。当生活居住形态中拥有这种核心组织时,生活居住形态中的群体实际上已上升为一个集团。这时,生活居住形态中的主体除了具有为个人作有意义的共同活动内容,把人们间接地联系在一起的一般能力外,还具有以广泛社会意义为内容的共同活动能力。

4.1.2.2 社会网络

社会网络是一个人同其他人形成的所有正式与非正式的社会联系,也包含了人与人直接的社会关系及通过对物质环境和文化的共享而结成的非直接的关系。人际交往所形成的社会网络是城市生活中最重要的部分。

旧城社会网络结构的形成依赖于"正式"和"非正式"的联系。在公共服务设施的服务范围内,居民使用该设施的活动方式重叠的可能性大,因此,公共服务设施的服务范围对社会非正式联系的联结具有很重要的作用。与此同时,旧城由于历史的积淀,其城市空间结构在相当长的历史时期内是相对稳定的,人与人之间结成了丰富的社会网络。人们相互之间的社会关系相对稳定,人与环境之间也表现出相对的稳定性,在特定的地域空间,人们长期居住交往,使城市空间具有了某种内在的力量。舒尔茨将这种内在力量称为场所精神,他指出,"我们将重新提起场所精神这一古老的概念,因为在古代,人们已经学会了区别不同的场所具有的不同特征。这种特征是如此强烈,延续至今,以至决定了现代大多数人对环境意象特征的意识,即使人感到并属于这个场所"(Gornham H L,1985)。

因此,可以说社会网络是社区场所系统所体现出的一种社会功能。由于组成环境的场所系统本身具有一种社会凝聚力,从而使生活于其间的居民在行为上积极互动,相互依存,并在精神心态上形成"一体化"的感觉。这种社会互动通常表现为两种情况:一种情况是互动的双方事先并没有什么目的。另一种情况是人们为着某一些目的而与其他居民相互接触,这一目的是无法依靠个人的努力得以圆满地实现,相互之间的行为期待或多或少是明确的。如清晨,街上宅边常有相对固定的小群体在打拳,大家的共同兴趣就是锻炼身体。街心花园的京戏角、公园里的英语角都是在共同兴趣基础上所形成的群体。在共同期待行为基础上所形成的互动,使群体成员有一种共同的归属感。社会网络的基本属性表现为社区群体生活的整体性,其主要特征具体体现在以下几个方面:

1)场所感

社会网络的整体性取决于它的子群体的结合方式,并不只是一个抽象的社会学前提,它必然有其在现实世界中的外显性表现。从宏观上看,城市居住环境中,不同地域所表现出来的场所系统的分异,包括土地使用模式的不断变化和调整,都是不同的社会群体之间在经济、社会力量上长期作用的外显性表现。而从微观上看,对于各个小群体以及个体来说,他们生活其间的场所系统又以多种途径对群体间的社会互动,主要包括购物、居住、行走、社交等,直接或间接地施加了许多影响。具体讲,群体间的结合方式,都是在一个个具体的场所背景中展开的,场所系统在社区社会网络的整体秩序的表现与控制中都扮演了一个重要的角色。

2)等级性

社会网络也体现出社会接触邻里、社会熟知邻里、社会同质邻里和社会异质邻里四种不同规模的邻里场所等级。社会接触邻里的空间范围最小,基本是在左邻右舍,楼上楼下,所谓"抬头不见低头见"即是此种情况的写照。在这一级社会网络中,群体之间互动相当频繁,关系较为密切,包容性和排斥性都很强,因而较为封闭,互动场所持续时间短暂而不固定。社会熟识邻里空间范围稍大,居民之间相互仍较为邻近,互动虽不及接触邻里那么频繁,但相互交往还是常有的,一般每个人都能认识该范围内的邻居。同质邻里的范围更大,其边界往往由居民阶层的类别、文化水平以及生活条件等共同界定,社会互动的作用影响较为明显。而异质邻里的范围要比前面三种更为广泛,而且包含了满足日常生活所必需的固定性设施,诸如商店、幼托等等,居民们往往是由于共用这些设施,同属这些设施的服务对象,而在心态上产生一种归属感。这四种等级化的邻里各有其场所单元上的特征。

3)完备性

对于居住社区中任何一个子群体而言,脱离具体场所的社会生活是不可能的,社会生活总是依据一定的场所为背景而展开的。而其中有些场所,对于某些群体的社会活动具有支配性的作用,没有它们,群体的角色就是不完备和不充分的,群体就会失去其自身主体,这时,我们就说场所结构是不完备的。一般来说,社区中公共服务站、商店、学校、医院等是群体共同使用展开活动的场所,对社会化程度高的社区来讲,其包容性、专一性和适应性往往占有支配地位,否则,社区的自主性就无法表现。如城市旧区里的一小段气氛良好的尽端弄堂,可起到使居民相聚和交往的作用。在稍大的范围内,与住处邻近的零星服务点,既解决了日常生活所需,也为居民提供了信息交流和社会交往的机会。而卫生站、幼托、老人活动室、公园等社区活动设施这些固定、集中的地方为居民社交和进行公共活动提供了很好的条件,促进了居民相互认识和相互了解。

4) 叠合性

社会网络的叠合既是居民生活的历史积累,也是一种规划设计的产物,它是自然的有机过程与理性活动的共同结果。人们在城市中的活动模式,可以看作是一种复杂的相互作用与相互联系的空间体现。可以说它们是在一定的环境中由场所的叠合所产生的,并引起潜在的社会互动。如在旧城弄堂里,许多社会生活相互并置交织在一起,体现出丰富多样的浓郁生活气息,就是由各种场所叠合而产生的。场所叠合通常遵循等级匹配和互补两个原则,在旧城区富有生机的社会网络往往是由一些规模小且相近的多种多样场所,通过互补,相互交织在一起形成的,它们更适合于城市居民多样化的社会生活的需求。需要指出的是,旧城社会网络的形成与成熟,需要依赖于物质环境的保障,需要一定的服务设施作为媒介。同时,社会网络的形成需要相当长的时间,场所的成熟也需要时间。一个有生活气息可居的环境,需要有丰富的活动内容,而丰富的活动不仅需要设施,更是一个社会互动问题。城市社会网络的形成是一个漫长的、逐步生成的过程,它对社会的安宁具有强有力的支持作用。

4.2 城市发展与老化衰退

城市随时代变迁和社会经济发展变得日益丰富。工业革命以前,城市是作为礼仪、军事、政治和商业中心而发挥其作用。除了个别例外,当时欧洲的城市一般规模较小,城市功能和基础设施简单,发展极为缓慢,并且只是基于地区性,而非全国性或国际性的职能。工业革命的巨变,导致了农村和整个城市生活的深远变化,城市的含义和形式变得更为广泛和丰富。约从 19 世纪初起,在战争技术进步的特定情况下,城市考虑防卫的重要性变得越来越少。同样,宗教的功能,在城市的发展和成型方面的重要性也越来越少。换言之,防卫和宗教作为推动城市建设的力量,在工业革命之后开始减弱,而经济力量逐渐领先。今天,城市的发展越来越少地仅仅取决于某一项因素,而愈加变得复杂和高度专业化,成为技术、政治、社会和经济等因素共同作用的产物。

4.2.1 城市的发展演变

4.2.1.1 发展的影响因素

城市的发展变化受其外部力量和内部力量的相互作用。内部力量构成城市发展的内因,决定和制约着城市发展的方向和实质;外部力量构成城市发展的外因,起着推动城市发展的作用。

1) 变化动因

城市结构形态是在特定的自然、社会、经济和文化背景下,人类各种活动和自然因素相互作用的综合结果。随着城市外部环境和形成机制的改变,城市原有结构可能随之发展或衰退。

(1) 一个地区交通形式和交通路线的改变,可能带来其区位价值的变化,致使原有的土地利用形式发生变化;

(2) 随着人口的迁移,一个社区邻里原有的社会网络和邻里结构可能会随之改变;

(3) 新型文化观念的形成使得整个社会对城市建筑环境的精神质量的要求大大提高,人们的审美观念和情趣要求城市空间更进一步体现人情味;

(4) 汽车大量发展,城市交通矛盾加剧,道路和街道形式发生变化,立体交叉、高架车道改变

着城市的尺度;

（5）三次产业的发展,产业规模的扩大,流通领域的繁荣,使得城市内部更为密集、高效。

这些变化动因主要来自社会生活需求、区位条件变化、文化价值观念改变、社会结构和产业结构变迁、新技术发展等方面。在城市高度发达的今天,引起变化的原因日益繁多,但在所有这些变化动因中,城市社会经济发展是城市结构形态演变的根本原因,伴随社会经济发展所引起的城市经济结构变化,将会带来城市结构全部要素及其相互关系的深刻变化。产业革命给城市带来十分深刻的变化就是一个极好的说明。伴随产业革命的到来,城市发展冲破了自给自足的自然经济桎梏,社会化大生产促使城市性质和结构发生根本变化,成为工业生产中心、交通运输中心、商业贸易中心、科技文化中心以及行政管理中心。

2）变化制约

城市的发展总是以原有的城市结构为基础,并在空间上对其存在依附现象。现存的城市结构形态是在历时性变迁和不断的更新改造中逐渐形成的,具有特定的功能结构和形态特征,原有城市的基础设施和结构的适合度往往构成对城市发展的制约。例如,城市的发展使市中心活动容量随之增大,从而提出中心用地扩展的要求,但却受到现有建成区的限制,这在某种程度上限制了城市的发展。城市原有结构的适合度和限制可通过几项指标来表示,如用地使用相容性、环境容量、建筑经济寿命等。同时,由于城市结构具有稳定性的特点,往往存在一种维持原有结构的秩序化组织的趋向,这种惯性也会对城市的发展构成一种制约。

4.2.1.2　发展的内在机制

1）调节机制

结构的协调和功能的协调有着内在的联系,它们之间应保持相互配合、相互促进的关系。一方面,功能的变化往往是结构变化的先导,城市常因功能上的变化而最终导致结构上的变化。另一方面,结构一旦发生变化,又要求有新的功能迅速与之配合。否则,城市持续发展难以实现。在实际的城市调适过程中,通常是两种调节机制交织在一起,共同发挥作用。

（1）自发调节机制　城市原有结构常具有内在的和潜在的多种功能,有着充分的弹性,当外部变化动因引起城市内部功能发生变化时,城市可以在结构不变的情况下,通过自发地调整空间组织内容和发挥多种功能潜能,取得与新功能相互适应的关系。这种调节十分自然,而调节过程较为缓慢。

（2）结构功能相适调节机制　尽管城市原有结构具有弹性,但仍然受一定的物质要素和社会、经济、技术条件的制约,如果城市的发展超出一定限度,"自发调节机制"就无法实现城市结构形态的合理转变,此时只能通过结构和功能在变化上的相互配合来进行调适,需要城市结构内部各组成要素按新的功能要求重新排列组合,并经过一段时间的磨合与协调之后,建立起一种新的动态平衡。功能作为结构的一种作用和活动,常常是变动不居的;结构功能相适调节过程也是经常变化的,其运行总是处在平衡→不平衡→新的平衡→新的不平衡……的矛盾运动中。

2）调适方式

从系统论的角度看,所谓城市发展的协调和平衡,就是城市各系统及其各个要素、各个层次之间的相互配合和相互调适。根据调适的不同层次,可大致归纳为两种方式。

（1）结构性调适　城市结构对城市运行状态起着根本性的制约作用,良性运行必须建立在结构协调的基础上,如果结构不协调,无论怎样从功能上加以调整,也不可能使城市呈现出良好的运行状态。因此使城市恶性循环的运行状态进行良好转变的基本途径是进行大规模的结构性调整。由于结构失调的程度不同,结构性调适有三种情况。一种是结构复位,即在城市系统自我调节机制的作用下,城市运行恢复原有的动态平衡,城市结构仍保持原有的联系方式,并发挥原有的功能,城市结构既无质的变化,在量上也无大的变化。一种是结构重组,即原有城市结构被彻底破坏,各组成要素和子系统按一种新的方式重新排列组合,某些旧的要素消失,某些新的要素产生,这些要素经过一段时间的磨合与协调之后,建立起一种新的动态平衡,城市结构有质的变化,也有量的变化。再一种是结构变更,即没有改变城市的基本结构,但对城市结构作一些局部的调整和变动,在结构调整过程中,亦有某些新要素产生,某些旧的要素消失,但由于城市基本结构没有或很少变动,因此城市结构主要是量的变化,没有或很少有质的变化。

(2)功能性调适 城市功能和城市结构紧密相连。结构是功能的基础,功能则是结构在运行中发挥出来的作用。功能的协调在城市发展过程中也有重要的地位,如果功能失调,常会使城市内部各系统的活动和作用出现混乱。由于城市结构状态不同,功能性调适有两种情况。一种是结构协调基础上的功能性调适,常常能使城市结构内各系统及其各个要素达到很好的协调和配合;另一种则是结构不协调基础上的功能性调适,通过功能性调适,可促进多种功能发挥作用,以弥补结构上的某些不协调。

4.2.1.3 变化的形式和过程

1)变化的形式

城市在发展演变过程中,在其前后相继的纵向运行关系中表现出如下一些基本形式。

(1)继承与延续 继承与延续即是表示后来形成的城市结构形态保持了原有城市结构形态的某些特征和组成要素,体现出一种继承的关系。今天的城市之所以洋溢着浓郁的生活气息和古色古香的历史风貌,在很大程度上是由于继承和延续数千年的历史文化遗产。

(2)变异与更新 城市发展虽然继承了原有城市结构形态的某些特征和组成要素,但并不是一成不变地照搬,而是不断修正、补充和完善。城市结构形态的变异与更新有多种表现,有些仅在原来基础上发生微小的变化,而另一些则是巨大的变化,甚至是根本性的结构变化。

(3)中断与衰退 在城市的发展过程中,城市结构形态内的许多组成要素,因条件变化,已无存在的必要,出现衰退迹象而被历史发展所抛弃,体现出一种中断的关系。

2)变化的过程

城市发展变化的过程是分化和整合之间相互作用的过程。

(1)分化 城市结构和功能的分化和演变是城市发展过程中一种重要的运动形式,它常常使一个城市结构和功能由简单向复杂演进,城市就是在结构和功能不断分化中逐渐发展的。在城市各项功能都较弱的初始阶段,其分化现象并不明显,随着社会经济发展,城市结构和功能日趋复杂,城市结构的分化现象也就日益明显。

(2)整合 城市整合趋向于把分化的结构和功能在新的基础上合为一体,也是城市发展过程中一种重要的运动形式。其整合过程可分为两种基本类型,一种是自下而上的整合过程,另一种是自上而下的整合过程。自下而上的整合是一种微观层次的整合过程,自上而下的整合过程则是一种宏观层次的整合过程。两者交织,同时进行。

分化和整合是相互联系的,整合中有分化,分化中有整合,两者有机地交融在城市发展变化过程之中。一方面分化过程具有分化城市结构的功能,另一方面由于整合过程中的调整反馈,不断对整合机制的内容和形式进行修正、调整,使之适应城市结构变迁,因此又有促进城市整合的功能。城市整合与城市分化组成矛盾统一体,既相互矛盾,又相互协调、相互统一。

4.2.2　城市的老化衰退

4.2.2.1　发展不平衡

城市原有结构形态受外部变化动因影响,其内部组织系统将发生变化,开始进入分化状态。由于城市是由高度整合的各个不同子系统组成,各子系统相互关联、相互影响、相互制约,具有很强的整体性和关联性,任何一子系统的变动都会带动其他部分的改变,各个系统对已变化系统的调适和整合就带动了城市整体的发展。但现实中城市系统极为复杂,对于不断变化的社会背景和外部环境,其内部结构和组织系统总显示出难以改变的惰性和滞后性,造成与新环境的不协调和不适应,出现各组成子系统及组成要素彼此之间联系的削弱,整体化程度降低,导致城市原有功能紊乱,结构失调,系统的动态平衡遭到破坏,从而使城市发展呈现出一种快捷与缓慢、增长与衰退以及连续与间断并存的扑朔迷离的复杂景象。这种发展的不平衡可归结为时间滞后和过度发展。

1) 时间滞后

时间滞后是由城市系统的异质性和不均匀性造成的。在城市发展过程中,由于城市结构内部各组成部分的变迁速度不一致,以及城市原有结构总有保持稳定性的趋向,常会导致调适的不和谐,出现滞后现象。例如,在变化过程中,城市的物质空间结构形态往往长期不变,而其容纳的社会经济功能却在迅速变化,常常会产生功能形态的不相适应。

2) 过度发展

过度发展是由于任何时期的城市结构都有其特定的功能和发展限度,当发展超过其最佳极限,将会导致城市整体机能的失调,引起衰退。如城市建设量超过城市原有基础设施的承载量,就会产生超负荷运转。发展不平衡有时极为短暂,城市可通过其内部组织系统进行自我调节,重新达到平衡;有时这种不平衡要持续很长时间,成为重大的城市衰退问题,衰退轻重需要在每一个具体情况下测定。

4.2.2.2　衰退的典型类型

城市发展不平衡导致城市衰退,其衰退类型可大致分为三种情况。

1) 物质性老化

任何房屋结构和设施都有其耐用年限,如按一般情况,钢筋混凝土结构的房屋的耐用年限多为 60～80 年,砖混结构的房屋为 40～60 年,等等。随着时间的推移,建筑物和设施常常会超过其使用年限,变得结构破损、腐朽,设施陈旧、简陋,无法再行使用,致使城市自然老化,这是一种为人们所熟悉的衰退类型。

2) 功能性衰退

城市功能作为城市结构的一种作用和活动,对城市的正常运行至关重要。如果城市内部结构的各系统活动和作用相互配合、相互促进,就会达到功能协调运转。如果配合不好,甚至相互抵消,则会出现功能的失调。在城市的发展过程中,随着城市人口增长和规模扩大,合理的城市环境容量往往被突破,从而造成城市超负荷运转,整体机能下降,出现城市功能性衰退。

3) 结构性衰退

城市结构具有稳定性的特点,一般情况下,常常有一种维持原来内部组织系统的秩序和相互关联的趋向,使内部结构具有较高的有序性和较严密的组织构成。随着城市经济结构和社会结构的变迁,要求城市功能、结构和布局随之变化。但由于城市发展惯性的作用,原有的城市结构往往难以适应发展变化要求,城市内部组织系统的变化调适滞后于发展变化,从而导致城市结构性衰退。

第一种情况是一种绝对老化,是有形物质磨损,后两种情况是相对衰退,是无形磨损,常常在城市未达到自然老化之前,因不适应现代发展要求而变得过时衰退。在城市规模不大、功能简单和发展缓慢的时代,常常发生物质性老化。而在科学技术和人民物质文化水平提高的情况下,城市迅猛发展,城市化进程加快,此时城市更新改造的动因首先不在于有形磨损,而在于无形磨损,有形磨损的速度往往落后于城市不断增长的需要,而后者恰恰直接决定着是否有必要对旧城进行更新。

在我国经济高速发展的今天,城市的结构性衰退和功能性衰退将日益成为我国旧城更新改造的关键问题。因此,旧城不能仅仅停留于物质性改造和物质磨损的补偿,如房屋的修缮、改建与重建,道路的拓宽与修建等,更重要的应是从复兴城市整体机能的目标出发,调整城市内部组织系统和功能结构,综合整治城市整体环境,进行多目标、多层次的综合更新改造。

4.2.2.3 衰退的更新方式

城市衰退是变化动因和变化制约两方面力量相互影响和相互作用的结果。一方面,需要我们透过城市衰退的表面现象,探寻隐藏其后的根源深刻的社会和经济背景;另一方面,需要我们充分了解旧城原有结构形态及其对外部环境变化的反应。唯有此,才能真正把握城市衰退的本质。为此,对旧城的更新不能一律采用推倒重建的单一开发模式,而应深入了解多种因素的影响,在充分考虑旧城区的原有城市空间结构和原有社会网络及其衰退根源的基础上,针对各地段的个性特点,因地制宜,因势利导,运用多种途径和手段进行综合治理和再开发。

对于自然老化的地区,可保持其社区邻里原有的社会和经济结构,根据其不同的老化程度,分别采取维护、局部整治、拆除重建等更新改造方式。

对于功能性衰退地区,其衰退原因常是因为其原有的城市环境容量被突破,对其更新改造应首先分析原有土地能否进一步提高容量,否则考虑在城市范围内进行总体平衡。

对于结构性衰退地区,应深入分析其产生的深刻背景,根据其不同的衰退性质,分别采取结构复位、结构重组和结构变更等更新改造方式。

4.3 城市更新的多维属性

早期的城市更新主要以居住与物质环境改善为重点,虽有对经济、社会、社区、就业等方面的考虑,但整体关注一般较弱。随着城市社会经济结构发生深刻变化,旧城面临的问题已并非是初期出现的诸如房屋破旧、住宅紧张等物质性表象和社会性表象的问题,而是因为社会经济转型引起的更为严重的社会结构和经济结构等方面的深层问题。城市更新作为社会与经济发展过程中的重要组成部分,越来越涉及法律法规、产业结构、产权结构、基础设施、土地利用、公众参与和文化传承等诸多领域,反映出社会、经济、文化、空间、时间等多个基本维度。

4.3.1 经济维度

4.3.1.1 经济复兴

城市更新的动因最直接的影响因素就是经济复兴。由于工业发展,城市经济效益可以大幅度提高,从而带动一系列相关产业发展,城市赖以生存和发展的基本活动随之增多,由此为城市带来的外部效益也越来越大。工业革命给欧洲带来的是制造业、人口、社会及文化的空前繁荣。但随着传统产业的衰落,大城市开始丧失工作岗位及居住人口,其经济结构也面临着重新调整,如何扭转这种状况成为许多城市经济发展的一大问题。

经济复兴所包含的内容极为复杂,主要包括以下内容:随着城市及区域经济环境的改变,以及全球经济化进程的发展与工业的重组,部分城市开始衰落;经济的复兴力求吸引及刺激投资、增加就业机会并改善城市环境;复兴计划的资金渠道广泛,并增加了对有限资金的竞争;城市经济的复兴加强了从国家到地方政府和私人机构、自愿团体与当地社区的合作,所建立的区域发展协调机构在城市与经济复兴中扮演着极为积极的角色;城市经济的复兴须保持持续的动态调整,并体现出外部客观环境的改善。

城市需求与城市供应是保证经济复兴能否成功的关键,亦是其最重要的组成部分。需求方面由城市维持本地消费以及吸引更多外来消费的能力决定,通过提高工业生产、改善服务部门的服务质量等举措来吸引消费。供应方面的投资则主要表现为城市内部结构改善、土地再开发、教育培训发展等方面,具体包括新建或改善城市道路,发展其他交通联系,再开发土地以满足原有工业的扩展与重新安置,新工业的发展,紧密联系教育与研究机构以促进科学技术与商业区的发展运作,为当地企业或商业联盟提供适当的技术知识培训与劳动力训练,等等。

大卫·哈维在列斐伏尔"空间生产"理论基础上提出了"资本三级循环理论",有学者认为,"资本三级循环理论"是资本如何作用于城市更新机制的具体解释。初级阶段,资本投资于一般生产资料和消费资料,无视客观环境,引发资本积累,为缓解资本过度积累所引发的经济风险,过剩的资本便被投入固定资产领域,投入次级循环(Harvey D,1985)。然而,资本的次级循环无法彻底解决资本累积危机,当资本在固定资产领域再次过剩,资本家便会对城市固定设施进行"创造性的破坏",城市空间由开发转向再开发。城市土地的经营和管理是合理调整产业结构和消费结构、振兴城市经济的重要途径,也是城市财政的重要经济支柱。

在全球化和新自由主义背景下,资本对城市经济的发展起到了决定性作用。从目前的城市规划建设对城市经济的影响来看,城市的合理规划是城市吸引资本进入的有效途径。在市场经济体制下,城市经济的发展需要更多的高效资本投入。建造有吸引力的城市环境不仅能向投资者展示地方政府对地产开发行业的支持,也能激发该区域土地价值的增长潜力,降低投资者的投资风险。而城市更新作为提升城市物质环境最有力的方式,被认为是地方政府吸引全球流动资本投资的重要手段。城市更新活动所带来的投资对地方经济的发展起到促进作用。

4.3.1.2 产业结构转型

现代城市更新的产生与产业结构的变迁息息相关,工业化的发展对城市空间规模和形态提出了新的要求。正如城市经济学家所指出的,工业化和城市化是同一个发展过程的两个不同侧面。城市产业结构深刻地影响着城市功能、结构和形态。纵观城市发展历史,在产业结构变革影响下,城市功能经历了由以生产功能主导,到金融、服务、集散、管理功能主导,再到文化、创新功能主导的历程(李德华,2001)。每次产业结构的变革都会导致城市建设模式的更迭,从而带来城市更新:19世纪末,工业革命导致现代城市对中世纪传统城市建设模式的颠覆;20世纪中叶,后工业时代的来临、全球化及网络技术革命推动了现代工业城市建设模式的变革。

20世纪60年代以来,后工业时代的来临对传统工业城市提出了新的挑战。随着全球经济重组以及新经济的复兴,世界城市体系和城市内部空间均发生巨大的重组和转型。旧的制造业中心伴随全球产业链转移引起第二产业衰退,工业城市出现人口衰减、失业率上升等经济、社会问题。而在全球网络中担任重要经济节点作用的城市,由于经济重组带来的产业结构的升级转型,导致城市内部社会结构出现极化加剧等二元性特征。针对旧制造业中心城市的后工业化转型以及全球产业经济的服务化和创意文化转向,利用产业转型重塑城市形象、提高城市竞争力,吸引外资,实现对衰败旧工业城市的经济复兴,以及通过创造更多就业机会,改善居住环境,帮助弱势群体融入社会主流,成为了解决内城衰败及提高大都市中心区经济活力与多样性的目标。在像英国伦敦、伯明翰、曼彻斯特和格拉斯哥,德国鲁尔区、汉堡,荷兰鹿特丹,美国纽约、底特律、波特兰、费城,以及法国东北部等一些曾经的传统工业中心逐渐解体和衰退之后,政府通过城市更新项目的实施实现了产业转型和经济复兴(阳建强,罗超,2011)。美国的巴尔的摩内港、英国伦敦的金丝雀码头都是其中颇有影响力的案例,通过城市更新实现了由传统贸易和码头区向金融、办公、消费及观光区的发展,大大盘活了地区经济。

20 世纪 80 年代,新经济逐渐成为推动大都市区内城复兴、旧工业城市产业重构的重要力量。新经济被界定为一种复杂的经济组合,包括新产业的项目密集组织形式或者混合制造业和服务业的复合经济。这种以新经济为载体的城市更新和内城复兴多发生在城市原有的工业用地上,或是伴随城市产业服务化和文化转向而衍生出的城市高级新兴产业中。其中的文化创意产业的发展为传统制造业城市和老工业片区的更新注入了新的活力。大量的产业衰败地区摇身一变成为富有魅力的文化创意产业片区(Mommaas,2009),例如,德国的北莱茵—威斯特法伦州(NordRhein-Westfalen)在经历了钢铁和采矿业的衰退之后,政府通过棕地修复,并注入文化产业,将其发展为设计、建筑、新媒体和艺术片区。英国格拉斯哥通过城市更新建造一系列的旗舰文化设施和公共空间,将衰败的工业城市转变成了"欧洲文化之都"。

产业结构调整对于我国城市更新具有重大现实意义,但任务十分艰巨,城市规划应积极适应并促进国家产业结构调整在城市的实施。在城市,工业和服务业是重点。我国城市工业用地比例高达 30% 左右,需要减少,需要增加生活用地,首先是居住用地。我国自改革开放以来,经历了城市更新随着产业结构调整的不断演进。特别是 20 世纪 90 年代后期,原有的传统制造业城市经历了产业的升级和转移,工业纷纷撤出城市,从而带来工业厂区的废弃、下岗工人比例增大及再就业困难等严重的功能性和结构性衰退,甚至危及城市的社会稳定,亟须进行城市更新。同时,由于城市老工业区往往处于城市中心的优势区位,对其更新会给城市土地的开发置换释放新的机会。

4.3.1.3 产权激励与空间资源再配置

按照新制度经济学理论,城市空间资源再配置问题是产权运行问题。与增量时代不同,存量时代城市更新的核心是通过规划工具改变空间存量资源的产权结构与形态,并借助政策工具安排以降低再配置过程中的交易成本与增加总剩余效用,从而激励空间资源再配置行为。具体而言,在城市更新过程中,改变城市空间资源的产权结构,或对产权规模进行重新划分,改变城市空间资源的产权形态,实现降低交易成本和增加收益的"产权激励"目标,从而激励空间资源市场交易行为,激励政府、资本市场及产权人公平公正、高效、主动地参与新一轮城市空间资源再配置。

在产权界定清晰的前提下,再配置效率提升的途径有两条:一是借助产权制度安排,降低产权运行过程的交易成本,激励资本主动进入城市空间资源再配置市场;二是以制度创新提升各主体在产权运行过程中的运行收益,解决利益激励不足的困境,以制度激励供给。在第一种制度创新情形下,通过合理的产权安排来降低交易成本,虽然总效用没有增加,但通过产权的合理安排,创设诸如"允许建筑使用功能转换或功能兼容"的奖励性条款,鼓励城市中心区的工业厂房等低效利用空间,在不改变原有建筑结构的前提下,转变为商业或其他功能,不仅能更好地使原产权人获益,也为中心城区公共产品供给提供更多的空间。因此,通过制度创新降低了交易成本,并将原本高昂的交易成本降低后的效用分配至产权人、政府及其他利益主体。在第二种制度创新情形下,通过制度设计增加总效用,由此而产生"激励"。一方面,随着预期效益的提升,使得各参与主体的积极性增强,从而为更快达成共识提供了基础,降低了交易成本;另一方面,各参与主体在再配置过程中所获得的效用将会提升,使各主体切实地获得激励收益(黄军林,2019)。

在交易成本为零的理想世界里,由于重新安排产权实现资源配置的最优化非常容易,所以产权安排对于资源配置没有影响。而在存在交易成本的现实世界里,产权安排对于资源配置效率产生重要影响。产权制度总是不断发展和变迁的,初始产权安排未必就是最优的产权制度,但不可能通过无交易成本的方式向最优状态转化。产权主体的相互博弈和追求各自利益的过程推动了产权制度的不断变迁,进而涉及社会利益格局的重大调整(冯立,唐子来,2013)。

在中国特殊的制度语境中,产权交易并不是纯粹的市场选择,而是受到政府的积极干预和具体政策的直接规制。中国社会主义市场经济的确立过程,是以国家政府拥有完全权力为起点,以分权化、市场化为主要线索的转型过程。为了满足土地的市场化使用需求和中央—地方府际关系的调整,中央政府通过相关的制度设计,解放了捆绑于城市土地所有权之下的复杂的产权羁束,形成了土地所有权、土地发展权、土地使用权可相互分离的产权格局。一方面,通过国有土地有偿使用的市场化改革,市场主体被允许通过一级土地市场有偿购买土地使用权,成为土地使用权的权益主体。另一方面,地方政府在分权化的过程中,获得管控土地使用方式、批准土地使用方式变更的行政权力,垄断着土地的发展权。因此,存量用地锚固着分离的产权格局和产权主体间的制衡关系,存量用地的再开发是产权交易和利益重构的过程,存量用地的产权关系研究应该被置于中国特殊的制度语境和政策环境之中。分权化、市场化的制度语境塑造出了存量用地使用权和发展权相互分离、制衡的利益格局,实现产权的重组成为存量用地再开发的前提,也是再开发过程中产权主体交易与博弈的焦点。为应对存量再开发过程中的产权羁束,存量规划应该丰富空间认知的政策维度,通过政策区划引导产权交易,通过管控指标的设计实现多元利益的均衡,通过技术手段的拓展实现政策诉求与空间应对的耦合(何鹤鸣,张京祥,2017)。

4.3.2　社会维度

4.3.2.1　社区需求

1996年联合国与世界银行的重要研究显示了世界范围内城市决策者需要面临的诸多问题。这些问题复杂且相互关联,包括建设地方宜人环境的资金缺乏、社会与教育供应的负担过重以及市民接受健康服务的途径缺乏。可见,确保国家政策的成功以及社区的繁荣对每一个国家的市民而言都至关重要。在伊斯坦布尔的第二届联合国人类住区会议:人居二(United Nations Conference on Human Settlements:Habitat Ⅱ,1996年6月)上,联合国教科文组织社会和人文科学部(Social and Human Sciences Sector,SHS)组织了一个关于"内城地区更新"(Renewal of Inner City Areas)的会议,讨论历史城市中心的发展问题。六年之后在威尼斯(2002年),SHS举办了一个关于"历史城市中心区的社会可持续性复兴"(Ethical and Sustainable Rehabilitation of Historical City Centres)的讨论会,在此次会议上,专家们讨论了建筑师在复兴中的角色问题。这两次事件的结论被编进了一部联合国教科文组织的出版物《从1996年的伊斯坦布尔到2002年的威尼斯:历史街区的社会可持续性复兴》(*From Istanbul 1996 to Venice 2002：Socially Sustainable Revitalization of Historical Districts*)。

2004年9月13—17日在巴塞罗那召开的第二届世界城市论坛(World Urban Forum)的主题为"城市:文化、包容和融合的十字路口"(Cities：Crossroads of Culture,Inclusiveness and Integration),论坛提出可持续的城市化和人有所居,其目标是对人居环境建设有所贡献。论坛组织了一系列的主题对话,诸如城市文化、城市不动产、城市管制和城市复兴等。在城市不动产的对话当中,联合国人居环境署提出了一项关于"通过遗产保护的社会包容"的议题,用以解决诸如绅士化及其对住房供应、城市蔓延和社会排异的影响等。另外,作为大会的一部分,联合国教科文组织还召集了一次范围广泛的城市专业人员(包括国际 NGO 的代表)、市长和地方代表们参加的一个专家圆桌会议,议题是"历史街区的社会可持续"(Social Sustainability of Historic Districts)。这次圆桌会议寻求解决旧城更新中的问题,提出城市更新计划将和城市公共政策相联系,这些政策促进了城市遗产保护及公共资源利用的一些创新和综合的方法。例如,对西班牙多个城市的几个案例研究指出,在历史地段,适当的法律和政策能够有效地影响投资、社会公正与社会包容的提升。大多数参与讨论的专家都认识到,文化遗产的所有权依然应当归属于那些仍生活和工作在历史性中心区的人们手中,只要历史性中心区能够保证基本的经济平衡,将原有居民保留下来将带动居民持续地投资,从而使历史性中心区可以很好地保留延续,并且其环境也会得到不断改善和提升。

在相当长的时期内,旧城随社会、经济及生活方式发展,人们不断地改造和调整自己的生活环境,形成了特定的城市形态。这种形态不仅呈现出一种物质空间结构,而且积淀了丰富的社会网络。生活于旧城的居民通过生活活动与其所处环境结成相对稳定的结构。人与人之间、人与物之间不断地进行着各种交流:人对环境注入了情感,物质环境成为人化环境,人与人之间结成了和睦的邻里关系,形成了丰富的社会网络。这种人情味及丰富的生活内涵使旧城环境体现出一种场所精神。如果这些场所精神被破坏,或者从人们的日常生活中消失,那么,人与场所的必要联系就会丧失,随之带来的就是基本生活质量的下降。因此,在城市更新过程中,应高度关注城市社区的社会网络和内部社会空间重构。

4.3.2.2　社区治理与复兴

社会混乱在西欧许多城市中变得日益严重,它们是邻里环境恶化的直接导因。这一严重的社会问题与过去存在很大区别,过去的社会问题主要呈现为拥挤不堪和环境恶劣等特征,这些问题在现在的社区邻里仍然存在,甚至更为严重;但现在的社会问题最主要和最根本的则是由大量移民的涌入引起的,它们比以前的社会问题更加难以治愈。由于社会混乱导致社区邻里缺乏安全保障和生活稳定,那些希望生活在更好的社会和经济状况中的人(多数是中产阶级)便纷纷离开这种地区。结果社区邻里逐渐为那些缺乏财力的人所占据,并且伴随着社会问题的加重,贫穷者的数量日益增多,最终导致这一地区陷入衰退的恶性循环。像这些深层的社会结构问题,通过简单的推倒重建是难以解决的。1970 年代以后许多国家越来越清楚地认识到并逐渐达成共识:城市更新不可能仅趋向物质转变,它必须涵盖更广泛的社会改良,必须更多地注重政策制定以解决社会方面的问题。于是,1970 年代以后,西欧许多国家的政府和社会学家们提出了一系列复兴城市的方案和对策,诸如结合社会福利、历史建筑地区维护、塑造社会邻里高品质生活环境以及公众参与等各种综合性的更新计划,其成果远较早期更新方式成功、辉煌。具体而言,主要包括:城市更新的计划自开始阶段就回应当地群众,包括有特殊需求与问题的群体;合作伙伴的模式是一个有效的机制,能够确保为全体社区带来利益;当城市更新的政策制定者同计划管理者、执行者有明确的理念,需要社区更多地参与时,社区组织会起到更为重要、更有意义的作用,同时鼓励并加强群众的参与和投入。

城市更新要解决的社会问题也包括了就业困难和治安恶劣等,这在西方城市更新中尤为突出。因工业化前期发展带来的种种不良社会问题,诸如经济发展、技术更新对传统产业带来冲击,城市就业岗位减少造成城市失业率急剧上升、城市社会稳定受到威胁、社会犯罪率亦不断增加。这一时期的城市更新社会发展目标提出要维持社会公正与社会安宁,增进社区邻里关系和促进社会文化活动。

　　值得注意的是,城市公共卫生危机,特别是传染病的蔓延,也对城市更新提出了新的挑战和问题。14世纪"黑死病"以及后来几次传染病的爆发,促使欧洲各国关注城市环境整治和基础卫生设施建设,最主要的工程是城市上下水道、垃圾处理和环境卫生设施建设。英国于1875年制定了世界上第一部《公共卫生法》,在其后50年,英国的城市规划一直由卫生部负责(仇保兴,2003)。2019年底以来,新型冠状病毒肺炎(COVID-19)的传播,再一次对城市建设提出新的要求。城市更新需要强调健康生态、韧性安全、资源公平、智慧共享、社区营造等基本要素,将健康安全要素融入城市体检、提升旧城综合防灾的调控能力、提供便捷完善的生活服务配套、营造健康宜人的绿色公共场所、加强土地利用的韧性和弹性、加强社区自治与管理能力等后疫情时代城市更新的规划应对策略(阳建强,等,2020)。

4.3.2.3　绅士化

　　绅士化作为一个特殊的概念,描述和分析了后工业化城市社会空间演化的过程,最初出现在英国的著述中。在1960年代初,卢斯·格拉斯(Ruth Glass)是第一个使用"绅士化"这一术语的。他是为了描述中产阶级业主迁移到以前在伦敦中心区环境品质和生活条件低下的工人阶级居住社区的过程,而非像过去那样移向郊外住宅区,直至造成社会的隔离。通过这一概念,我们既看到了某些中心区社会成分的转换,也看到了一个衰落地区再生的过程。

　　随着城市更新带来的城市物质环境升级,租金上涨,原来居住于此的工人阶级无法承受高昂的租金而搬离中心区,中产阶级取而代之。早期的绅士化表现为零星的中产阶级占据工人阶级住房,例如格拉斯笔下的伦敦的伊斯灵顿(Islington)和美国费城的社会山(Society Hill)。20世纪80年代后,随着私人开发商在城市开发中的参与日益加深,以追逐资本利益为目的的城市更新进一步带来资源分配不公平的问题,推动了绅士化进程。其社会影响具体表现为:①随着城市再投资和更新改造,低收入的原住民群体无法负担不断上涨的房价,不得不搬离中心区,因此面临着社会交往网络断裂,通勤时间增加,以及生活便利度下降等问题;②中产阶级的进入不仅推高了房价,也带动了商业设施的绅士化,精品店和连锁商店开始取代原有的杂货商店和小吃店,带动了消费价格的提升;③从城市整体来看,绅士化带来了不同阶层之间的居住隔离和居住分异、空间资源的私有化以及社区网络结构的破坏和解体,更为严重的是,往往还会带来城市社会矛盾的激化。

　　绅士化现象首先在英国、美国等西方国家出现,随后扩展到全球。随着中国城市更新进程的加速,绅士化的问题也日益凸显。20世纪90年代,城市土地制度以及房地产制度的改革盘活了中心区的土地。北京、上海、广州等大城市纷纷启动了大规模的老旧居住区拆除,释放中心区的土地,用于建设新的商业化房地产。以上海为例,1992年底启动的"365成片危棚简屋改造计划"以及2001年提出的新一轮的改造计划导致大量的居民动迁。虽然这些改造计划都是由政府提出,但私人房地产开发商才是主要的投资者,开发目标人群是中产阶级而并非低收入的居民。这些改造项目大多开发成了商品房,旧城区房价急剧上涨,一般家庭无法承担,大多数低收入者被安置到了城市边缘(何深静,刘玉亭,2010)。

　　历史街区的更新改造也往往伴随着原住民的搬迁、消费阶层的置换,以及社会网络的破坏。上海新天地便是一个典型的私人开发引导历史街区更新的案例,通过石库门老居住建筑改造,使原住宅区成为富有历史气息的商业、休闲和文化片区,这是一种以房地产为主导的城市重建的运作方式。在此过程中,一些城市老社区居民因高价的房地产开发而失去原有的住所(He & Wu,2005)。上海新天地项目树立了一个历史街区更新改造的模板,全国不少城市竞相效仿,带来商业绅士化的持续影响。在此过程中,高档消费空间逐步取代公共场所,高收入群体的集聚取代不同阶层的融合,城市更新成了通过级差地租获取更多利益的工具。

4.3.2.4 邻里保护与微更新

目前一些城市规划师往往热衷于旧城物质环境的更新改造,诸如降低旧住宅区的建筑密度、调整用地结构、增设生活服务设施、完善道路系统及增加绿地等,却往往忽视对旧城生活内涵和社区网络的保护,这种只从技术经济观点出发而忽略旧城居住环境中社会文化素质的做法是相当危险的。它将极大地冲击熟悉的场所以及相应的行为方式,致使原有居住环境中的社区意识分崩离析,很可能还会导致社会秩序新的混乱与个人行为的越轨失调,最终会造成"社会性贫民窟"的出现。因此,从某种意义上,保存和延续旧城的场所精神与社会网络,比维护文化传统的物质环境更为重要。前者是生活的力量,是精神的化身,而后者只不过是前者的表现形式。

自 1960—1980 年代,先后在许多国家出现了居民抗议那些破坏自己的社区和邻里的城市更新或其他建设项目,并在专业人士的帮助下寻找在保护原有社区前提下改善环境的途径,"邻里保护"概念于是被提了出来。保护邻里不是指保持现状下的生活、建筑风格和人口结构完全不变,而是在邻里保持适度稳定的同时,成为有生机和活力的城市的一部分。因此,一方面需要保护邻里的社会结构、土地使用功能和传统,另一方面也要保证充足的、安全的、舒适的住宅和服务设施,还要考虑将新的公共建设项目及其他变化的压力减小到邻里可承受和适应的程度。邻里保护的最终效益应该是社会方面的,使人们有社区归属感,能够以可以承受的费用生活在较好的环境中,其中最重要的一点是充分认识原有衰败社区中居民的真正需求。而当城市建设不得不迫使一个地区的居民搬迁时,应充分考虑居民的实际困难和损失,给予经济补偿并帮助居民重建新的社区(谭英,1999)。

城市更新中公平无法保证的原因之一是公众参与缺失。公众在城市中心区更新过程中往往处于"弱势群体"地位。大部分市民习惯于被动地接受项目策划及设计的结果。一方面,政府和开发商易受利益驱动结成政商同盟,极力压缩公众参与分配比例,使得公众成为中心区更新的牺牲品。另一方面,公众失声,导致中心区更新缺乏人性关怀,公共利益一再压缩,公共空间和基础设施严重不足,中心区空间权益失衡,社会的公平公正难以得到保障。因此,城市学者呼吁,加强社会力量积极参与中心区的更新,逐渐将"自上而下"的城市更新运营管理制度转变为"自上而下"与"自下而上"相结合的更新机制,更多地兼顾以产权制度为基础、以市场规律为导向、以利益平衡为特征的城市更新内涵,将利益协调、更新激励、公众参与等新机制纳入既有的城市更新运行管理体系。

随着市场力量与社会力量的不断增强,我国的城市更新开始呈现政府、企业、社会多元参与和共同治理的新趋势。其中,城市更新中公众参与最主要的表现形式之一是社区营造,特别是通过"微更新"实现城市更新中的公众参与。微更新强调公众在更新过程中的诉求和参与,提出社区更新要"共建、共治、共享"(马宏,应孔晋,2016)。微更新也是对于城市更新政府—市场主导的反思和检视,通过民众参与到更新目的的讨论、更新规划的制定和更新策略的实施,真正使城市更新成为改善民众生活的规划设计政策工具。

"微更新"特别在应对老旧社区更新改造的复杂状况上富有成效。在北京,更新改造的规划设计走向街道、社区,由每一个家庭与居民共同参与。例如,东城区朝阳门街道史家社区更新中,通过街道回租腾退院落开展胡同风貌保护和社区营造活动;东城区交道口街道菊儿社区运用开放空间讨论会的方式开展社区公共活动用房改造和公共空间环境整治;西城区白塔寺社区创办白塔寺会客厅促进社区生活共同体的形成等(张悦,余旺仔,刘晓征,等,2019)。广州市政府提出了"微改造"的城市更新模式,明确不再对老城区大拆大建,微改造以保留为主,对基础设施、市政设施、公共环境、楼栋内部及外立面实行改造,允许必要的新建等方式。上海则提出"多方参与、共建共享",在此原则指导下,2016 年上海市规划和国土资源管理局组织开展了"行走上海——社区空间微更新计划",通过激发公众参与社区更新的积极性,实现社区治理的"共建、共治、共享"。这一计划使社区居民、专业人士与高校师生等不同角色参与到微更新行动之中,从而探索出了一条社区微更新的新路径,推动了空间重构、社区激活以及生活方式和空间品质提升(唐燕,张东,祝贺,2019)。

4.3.3　空间维度

4.3.3.1　城市空间品质的构成要素

物质空间与自然环境的质量直接决定城市市民的生活质量。城市与邻里的物质表象及环境质量是其繁荣程度与生活质量的有力表现,同时也是社会企业与市民对城市的信心所在。日渐衰竭的房地产、大片空置的工厂弃地、衰败的城市中心,这些现象都是贫穷与经济衰退的直接反映,它们显示了城市的衰败或是城市发展与社会经济变化的脱节。与此同时,那些衰退的基础设施和破旧荒废的建筑亦会成为城市衰败的原因,由于无法满足最新发展的需求,将会严重影响到金融投资和城市房地产价格,也大大挫伤居住者和工作者的信心。

最近,大量的城市更新计划将环境改善的各个要素包括在内,使得计划远远超出了吸引个人投资的目的。这些计划包括改善和优化环境(如景观和绿化)、土地处理(包括土地集合、获取、清理和销售)以及改善场所的可达性与服务。同时,城市设计的质量也变得越来越重要,这点可以从城市老工业区更新再利用、滨水地区复兴改造、历史街区活力提升、步行街环境整治这些更新行动中看到。可以说,环境改善的目的主要是适应城市自身发展和满足市民美好生活的需求。

目前,城市更新借助高质量的城市设计,在可持续发展、环境品质、生活品质、社区发展、公共健康等方面,对城市建成环境质量进行改善,以塑造城市文化品质、环境品质和空间品质。具体而言,城市空间品质的构成要素包括以下几方面:

(1) 优美的城市人居环境　环境权和生命健康权已成为人类所共有的最基本人权。优美的城市人居环境,需要在珍视天然的地理环境的基础上,通过人工的力量创造更好的自然生存环境。在尊重自然、尊重时间、尊重人的基础上,把握城市的自然特色,逐渐形成有序而完整的景观结构。

(2) 多样的城市公共空间　城市是由不同的人群组成的,正是人与人以及人与物之间的交流,赋予了城市空间的复杂性和多样性,并塑造了城市多色彩、多情调的公共生活气氛。城市公共空间是最具有凝聚力与魅力的场所,要通过不同层次的公共空间来构成城市丰富的空间系统,为人们提供交往与共享的生活舞台。

(3) 完善的城市公共设施　公共设施是市民公共活动得以实现的重要物质基础,是人们生活的物质环境表现。从城市居民的角度来看,公共服务设施是保障居民生活的重要民生设施。从城市的角度来看,公共服务设施是城市竞争力的基本推动力量,也是其基本约束力量。在品质提升的阶段尤其需要关注一些与不同人群的生活直接相关的便捷和全面的生活服务和公益性设施。

(4) 绿色的城市出行方式　城市的活动和土地利用模式以及交通系统是一种矛盾共存的关系。从前公共交通城市到后公共交通城市,经过四次交通技术的危机与变革,中心区步行化结合强有力的公共交通系统是当前欧洲卓有成效的实践经验。这种绿色出行方式不仅可以有效缓解城市交通拥堵、降低空气污染,本身也是带来居民幸福感与促进社会交往的有效方式。

（5）丰富的历史文化资源　与一般新城相比历史城市往往具有更大的魅力和底蕴,这主要是因为历史城市往往保存着大量历史文化遗产。它们是宝贵的不可再生的文化资源,是构建地方认同感与城市良好品质的关键要素。最大化地保护和利用文化资源是凝聚城市精神的最佳途径。

4.3.3.2　提升城市空间品质的途径

因各个城市所处的阶段不一样,面临的问题不一样,因此也应当运用不同的途径,结合各地的实际情况,因地制宜地提升城市品质。

（1）以重大事件提升城市发展活力的整体式城市更新　当今全球化竞争日趋激烈,为了应对城市经济转型、社会结构调整、城市功能升级等方面带来的挑战,城市开始突破以资源开发利用为主的发展路径,转而从经营、管理、策划等方面寻找城市发展的契机。如北京奥运会和上海世博会,通过举办大型活动,以大事件加速助推效应,在城市形象重塑与土地利用品质提升方面都有很好的效益。

（2）以基础设施建设提升城市功能的城市更新再开发　如北京国贸CBD和上海徐家汇枢纽,通过基础设施建设的转型升级与建设,拉动有效投资和消费,扩大就业,促进节能减排,推动经济结构调整和发展方式转变,对于增强城市综合承载能力和提高新型城镇化质量具有重要作用。

（3）以文化创意产业培育为导向的老工业区更新再利用　随着城市化进程的大力推进和城市空间的迅速拓展,土地供需矛盾变得日益突出。由于城市老工业区处于城市中心的区位优势,其更新往往给城市土地的开发置换带来契机(董晓峰,杨保军,2008)。如西安大华厂、景德镇陶溪川的改造,通过老工业区的更新再利用,以文化创意产业培育的集聚效应,推动创意产业发展,形成产业集群,促进社会经济发展及推动就业。

（4）以历史文化保护为主题的历史地区保护性整治与更新　如杭州清河坊、南京老门东等地区的保护更新,基于城市历史文化的价值导向,进行历史地区的保护性整治与更新,有效激发了地区活力,提升了空间环境品质。

（5）以改善困难人群居住环境为目标的棚户区、城中村改造　棚户区和城中村的居住生活环境恶劣,难以满足居民的基本生活需求。通过棚户区和城中村的改造,完善城市功能,提升人居环境质量,促进城市可持续发展,对于提升城市形象、促进社会和谐、推进城市良性发展具有重要作用,如深圳玉田村、厦门沙坡尾等。

（6）强调以人为本的老旧小区功能提升和环境改善　如北京大栅栏胡同改造、南京太平南路居住区改造,通过老旧小区的更新改造,提升城市整体建设和管理水平,对于提升城市环境品质、城市形象,改善民生,创建现代化宜居城市具有重要作用。

4.3.3.3　提升城市空间品质的内容

在城市更新中,建筑的状况通常决定了对其所在地段资源的最终评价。尽管物质更新不必涵盖物质资源的所有成分,但对物质资源的组成仍需了解,其构成主要包括建筑、土地和场地、城市空间、开敞空间和水源、公共工程设施和公共服务、电信、交通基础设施建设以及环境质量等。

（1）居住整治改造　包括棚户区改造、城中村改造、危房改造和老旧小区改造等等,是我国城市更新当前的重点,任务十分艰巨。近年来,从棚户区改造到城中村和危房改造,再到城镇老旧小区改造,国家出台了一系列的政策。与此同时,和居住密切相关的城市服务业发展,包括商业、文化、教育、卫生、体育方面的建设,尤其国家实施放开二胎政策之后,城市托儿所、幼儿园规划建设也迫在眉睫。居住环境整治改造涉及居民权益保护问题、社会和谐发展问题,工作细致复杂,应当是我们的工作重点。

（2）公共空间整治　体现在坚持以人为本,突出城市修复和更新重点,要按照"人民城市为人民",加大"四增四减"力度,即增加开放空间、增加绿化、增加现代服务设施、增加人的宜居舒适度,减少过度开发、减少交通堵塞、减少环境污染、减少低水平重复建设。重要任务是在老城区建筑人口密集地区,严格保护并且逐步扩大公共绿地和公共空间,逐步改善老城区生态环境质量,通过城市更新,提供更多的城市公共空间、绿色空间,通过场所营造等设计手段,着眼于塑造具有地域特色、文化特色的空间场所,满足体验经济等新的消费需求,并且成为重塑城市空间结构的重要手段。

（3）基础设施建设　城镇老旧小区往往存在缺乏持续稳定的供水供电系统、必要的排污管道与自用排污设施、垃圾收集设施、必要的防灾安全设施、社区卫生服务设施等问题,这些基础设施的短缺、超负荷以及不完备状况给当地居民的生活带来严重的影响。一个健康的城市应具有高质量、安全的居住环境,拥有目前稳定、长期可持续发展的生态系统,应在水的供给、卫生设施、营养、食品安全、卫生服务、住房条件、工作条件等方面满足所有居民的基本需求。需要重点改造完善小区配套和市政基础设施,提升社区养老、托育、医疗等公共服务水平,推动建设安全健康、设施完善、管理有序的完整居住社区;需要按照健康性需求和安全性需求,从生态、安全、方便、宜居的角度进行城镇老旧小区的规划编制;需要加强公共健康安全的基础设施建设,提高住宅的健康安全标准与性能;尤其针对目前城镇老旧小区内老年人口增多现象,在老旧小区更新中,尊重老年人对交往、健身、娱乐等公共活动的强烈参与愿望,为老年人的生活和社会活动提供适宜的居住、交往、游憩等空间场所和无障碍环境,加强老年人养老、健身、医疗等服务设施的建设。

4.3.4　文化维度

4.3.4.1　历史的连续性

从人类历史上看,世界上几乎所有的古老城市都经历过许多次社会、政治和经济上的变化与制度上的更替,但每一座历史名城依然以其独特的形象存在着。政治、经济的变化比城市结构形态变化要频繁得多。城市的形象是在某一个历史时期,由各种社会、经济、技术等综合因素形成的。然而,一旦形成后,在形式上它就具有了自主性与连续性,成为一种文化的历史表征。在城市中的许多老建筑,尽管在功能上它已经不能满足现代使用要求,但其形式仍然令人喜爱,其历史和文化价值远远超出其功能价值。它们的存在增添了环境的历史趣味与文化氛围。

在城市的演变过程中,记忆以物质的痕迹记录下来,形成城市的"骨架",而持久性要素则相当于这一骨架的支承点。城市中心纪念物、过去的重要建筑以及城市的基本布局都是一种持久性现象。城市自身像是一个博物馆,但绝不是凝固了的文物,它包含着持久性和演变两个方面的内容。城市历史持久性要素中的"推进性"要素是指那些与现代城市生活相结合的城市构成物,它们经过适当的适应性更新改造既可具有使用价值,又能把历史引入现代,使人们在今天仍能体验过去。"保护性"要素与"推进性"要素有所不同,在一定程度上影响城市现代化的进程,保留它仅仅是由于历史文化意义和文物价值。在城市发展演变过程中,大部分持久性要素表现为一种推进性要素,表现为一种活的传统,它们在特定时间形成的形式由于叠加和更新在不断地改变着城市面貌。这些要素可看作是城市发展演变中空间组织的积极要素,它们可以被认为是基本的城市形式元素,可以与原始的功能无关或改变其原有的功能,但它们作为城市历史的独特品质,作为城市形式的控制要素和"原形"往往保持不变。起初这种基本形式要素由其功能来确定,其后则更具有象征性价值,使城市富有特色。由此看来,城市的基本形式要素在城市发展的动态系统中有着重要的作用。比如它可以作为标志性建筑位于城市活动中心,成为有吸引力的场所,构成城市的风貌特征。

视觉只是城市空间感觉活动中的一个方面,它的另一方面则是反映了与人们内心相连的记忆。我们每个人对我们生活在其中的城市都有某种体验,这些体验在人与环境的接触中逐渐融入人们的感觉中,并纳入记忆。其中原因,部分是因为城市结构形态的独特性,部分则因为它能够激发起人们足够的联想,并保持在个人世界里,即使这些对城市的记忆因人而异,但总体上具有很大的相似性,我们常把这种记忆称为集体记忆,这种集体记忆由同一社会组团的人们所共有。可以说城市是汇集人们集体记忆的场所,因此对城市各种要素的记忆就变成了理解整个城市结构的主要线索。把历史看作为集体记忆有助于人们更好地把握城市的特征及其文化内涵。

像记忆在一个人的一生中贯穿流过一样,城市中存在着过去、现实和未来及其三者的联合。弗洛伊德曾有过将不同历史时期建筑并置的哲学思想,他指出,"如果我们希望在空间领域表现历史的顺序,只能用在空间中并列的方法来达到,因为同样的空间不能有两个不同的内容"。

古代历史遗迹或过去的片段处于城市之中,并与现代生活密切相关时,往往具有强烈的感染力,形成新旧对比并存的整体,从而比原来的建筑或全新的替代品更耐人寻味。

4.3.4.2　形态保护与延续

城市历史环境和传统风貌的保护不仅体现在表层上的物质空间形态保护,也是城市内部结构系统的有机生长和组织,更重要的是还应体现在其生活环境与场所的内涵延续,只有这样的延续,才是有层次和有深度的良好保护方式。

1) 传统风貌的保护延续

表层上的形态保护与延续是现实中常见的保护方式,具体体现为风格连续和意象连续。历史街区中的传统建筑风格是组成城市风貌特色的重要空间载体,风格连续就是将传统建筑中的一些重要的形式特征直接运用到新的设计之中,如传统建筑的屋顶形式、建筑材料、色彩、体量、门窗形式以及开间比例等,对于这些元素需要加以提炼和梳理,以达到视觉上的延续和协调。环境意象是旧城长期的历史积淀形成的综合反映,旧城中分布着很多古井、古树、古桥、门洞及造型突出的建筑,这些环境要素已同居民的生活融为一体,使得生活环境富有表现力和更加生动,在城市更新中应着意把握这些整体的环境意象,保持原空间的特性并使其得以延续。

2) 内部结构系统的有机生长

旧城形态的发展是一个漫长的历史过程,现状的城市形态是在不同历史阶段,按照城市的内部结构系统与逻辑逐步积累形成的,其变化总是以原有的结构形态为基础,并在空间上对其存在依附现象。历史上形成的形态,尤其是城市形态形成的内在逻辑规律和不断发展的有机生长模式,将对其今后的发展产生重要影响,城市形态具有动态连续性和相对稳定性的特点。因此,在城市更新过程中要注重旧城内部结构系统的有机生长和组织,注重旧城格局的整体保护与延续。具体而言,主要涉及旧城与新城的有机关联,旧城道路网格局的保护,历史街区的空间肌理保护,古街坊的组织模式延续,以及一些重要的空间节点和活动场所保护等方面。旧城与新城的关系,或者说是城市的发展模式,主要有新城围绕旧城发展,新城在旧城的侧翼发展,或者旧城和新城完全脱开等类型,选择何种形式需要依据城市的自然地理条件和发展状况来确定。旧城道路网格局的保护,主要是保护旧城步行街道系统,在城市更新中应十分谨慎地对待旧城的道路网格局,处理旧城道路网格局与现代城市交通的矛盾,保护和维护好旧城与历史街区的结构形态与空间肌理。

3) 生活环境与场所的内涵延续

在相当长的时期内,随着社会、经济及生活方式的发展,生活在旧城的人们不断地改造和调整自己的生活环境,形成了空间尺度宜人和具有丰富人情味的生活环境,充满了多色彩、多情调和多层次的公共生活气氛,这种人情味及丰富的生活内涵使旧城环境体现出一种场所精神,是城市历史环境和传统风貌保护的关键所在。如果这些精神被破坏,或者从人们的日常生活中消失,人与场所的必要联系就会丧失,随之带来的就是城市空间品质的整体下降。

在当前的城市建设和更新中,由于对旧城生活内涵和社区网络的保护缺乏深刻认识,多从技术、经济观点出发,大多关注旧城物质环境的更新改造和功能提升,这种做法往往会破坏旧城原有熟悉的空间场所和社会网络。因此,针对目前现实存在的严重问题,从某种意义上,保存和延续旧城的场所精神与社会网络,比维护可见的物质环境更为重要和急迫。在城市更新过程中,特别需要根据旧城的社会网络特点及相应物质环境状况,开展详细的社会调查研究与分析,通过公众参与掌握社区居民的公众意愿,并据此做出相应的保护规划措施,使社会网络在环境更新中能够得以保存,使城市更新建立在科学的社会基础上。

5 城市更新的实践类型与模式

近年来,许多城市结合各地实际情况积极推进市更新工作,呈现以重大事件提升城市发展活力的整体式城市更新、以产业结构升级和文化创意产业培育为导向的老工业区更新再利用、以历史文化保护为主题的历史地区保护性整治与更新、以改善困难人群居住环境为目标的棚户区与城中村改造,以及突出治理城市病和让群众有更多获得感的城市双修等多种类型、多个层次和多维角度的探索新局面。具体而言,主要包括旧居住区的整治与更新、中心区的再开发与更新、历史街区的保护与更新、老工业区的更新与再开发、产业园区的转型与更新和滨水区的更新与再开发等类型。城市更新改造是一个复杂的过程,更新策略的制定受到多种因素的支配和制约。因此,城市更新的类型模式选择不能仅从单纯的经济效果出发,将问题简单化,而应深入了解社会、经济、文化和空间等多种因素的影响,在充分考虑旧城区的原有城市空间结构和原有社会网络及其衰退根源的基础上,针对各地区的个性特点和功能需求,因地制宜,因势利导,运用多种途径和多种手段进行综合治理和更新改造。

5.1 旧居住区的整治与更新

一般来说,随着时间的推移和岁月的流逝,旧居住区的住宅和设施常常会超过其使用年限,变得结构破损、腐朽,设施陈旧、简陋,无法再行使用。而且由于历史的诸多原因,还存在人口密度高、市政公用设施落后、道路狭窄和用地混乱等严重问题。与此同时,作为旧居住区,因历史悠久,多保留着大量的名胜古迹和传统建筑,维持着千丝万缕的社群网络,呈现出复杂的空间结构形态。因此,只有在对旧居住区的结构形态进行科学的分类与评价的基础上,才能有针对性地对旧居住区的真实状况做出正确诊断,进而制定出适宜的更新改造策略。

5.1.1 旧居住区的分类与评价

完整的旧居住区结构形态包括物质结构形态和社会结构形态两方面。旧居住区结构形态差异的根本成因在于其背景因素的不同和变化,而形成机制则是将结构形态及其背景联结在一起的纽带,是从原因到结果的催化剂。根据旧居住区结构形态形成机制的不同,可将旧居住区分为有机构成型、自然衍生型和混合生长型。

5.1.1.1 有机构成型

物质结构形态特征上,有机构成型旧居住区是以"目标取向"作为结构形态的形成机制,其目标取向的依据主要为型制、礼俗、观念、规范和规划等。传统居住区历经里坊制、坊巷制等型制,直至近现代在西方居住区规划理论影响下产生的居住街坊、邻里单位和居住小区,其演化过程反映了社会政治、经济、生活方式等方面的变革和进展。虽然不同的历史阶段有不同的结构形态的具体表现,但由于它们以目标取向作为形成机制,因而有一些共同的结构形态特征,表现出系统稳定性、目标性和自我协调性等特征。

在社会结构形态特征上,有机构成型居住区主要包含同质性和明显的社会网络的特点。聚落形成之初,居民在不同的方面呈现"同质性"(等级、职业、血缘、祖籍、宗教等),人们总是倾向与特征相近的人交往。因而,虽经过社会经济的发展和政治文化的变迁,居住人群的同质性却大体上保留下来。此外,有机构成型的居住区还往往有比较明显的社会网络,居民们之间的熟识程度较高,居民的归属感较强,比较容易形成共同的社会生活,为公共活动提供组织和心理上的可能性。

5.1.1.2　自然衍生型

在物质结构形态特征上,自然衍生型旧居住区的形成没有明确的目标,而是通过自然生长力和自发调谐力不断协调的过程取向达成的,从而具有自然、随机的特点。自然衍生型旧居住区的形成大致有两种情况。一种是原来属于城郊或乡村的自然形成聚落,因城市范围的扩大而被同化。另一种是老城区内的外来人口聚集地,位于城市外围区域或重要性相对较低的地区,在城市的强制力之外自然发展。此类居住区中,人们总是顺应正常的生理需要,依自己的经济能力去建造,在空间组织上有一定的序列性和层次性,他们常常注意公共交往空间的营建。但其环境质量差,建筑破损现象十分严重,甚至没有起码的基础设施和公共服务设施,而且用地功能性质混杂。

在社会结构形态特征上,依据选择目的的不同,居民按类型产生了分区。如南京在《首都计划》中将居住区分为四等:一等为官僚等上层阶级住宅区,二等为一般公务人员住宅区,三等为距市区远而偏僻的市郊及下关的棚户区,四等则为原封不动保留的旧住宅区。其中三、四等中的大部分多属于自然衍生型旧居住区。在这一类旧居住区居住的居民有共同的生活背景、相关的利益和相同的观念意识,因而有内在的凝聚力。但由于此类旧居住区生活环境条件差,拥挤的居住条件使人们尽力占领公共空间,居民非自愿地进行日常交往,并产生矛盾和摩擦,表现出人际关系复杂矛盾的一面。

5.1.1.3　混合生长型

在物质结构特征上,混合生长型旧居住区是比较复杂的一种类型。其结构形态不是由目标取向或过程取向单独作用,而是由两种机制共同作用形成的。根据两种机制对混合生长型旧居住区结构形态影响作用的时间先后和范围的不同,可将它们分为时段性和地域性两种。"时段性"类型主要指目标取向和过程取向两种机制常常不是同时作用,而是以其中一种为主,当居住区所处的环境背景变化后,原先的机制被另一种代替,继续发挥作用,而原先机制作用的结果却在一定程度上被保存下来。这样,居住区结构形态在某些方面表现出这一种特征,在另一些方面又表现出另一种特征,呈现复杂多元的趋向和特征。如北京槐柏树危房区,它地处皇城西南角,历史上是清末八旗兵营,主要建筑兵营式布置,后变为居住区,经当地居民在原有基础上加建东西厢房,逐渐形成适于居住的四合院,而居住区的总体布局却仍保持兵营式整齐方正的格局特点。"地域性"类型主要指当两种机制的更替发生在居住区的局部地域时,居住区结构形态则形成地域性混合。混合型旧居住区是最常见的一种类型,也是最复杂的一种类型,其复杂性表现在结构形态的各方面。

在社会结构形态特征上,在不同机制作用下,由于居民来源不一,聚居心态和聚居方式均不相同,而且各自的职业、文化水准、心理素质以及生活目标和价值观念也不尽相同。此外,由于此类居住区内居住环境质量差别很大,不同环境内居住生活所面临的主要问题也不一样。居住环境质量较好的地区内,主要问题在于如何满足文化、娱乐和社会交往等高层面的需求;而居住环境质量较差的地段内,主要问题还停留在如何满足人的基本生理需求这样的较低层次上。由于差异悬殊,不同层次的居民很难打破实际的和心理的界限进行交往,或者以次属关系为基础进行人际交往。

5.1.2 旧居住区整治与更新的典型模式

从某种意义上说,旧居住区是一个涵盖了历史与现实双重意义的概念。旧居住区整治、更新与改造即是在更新发展的前提下,对旧居住区结构形态进行的基于原有社会、物质框架基础的整合,保持和完善其中不断形成的合理成分,同时引进新的机制和功能,把旧质改造为新质。通过这样的整治、更新与改造,使得旧居住区在整体上能够适应并支持现代的生活需求。

目前对旧居住区的更新改造多侧重于其物质结构形态方面,很少考虑其社会结构形态方面。实际上,旧居住区社会结构形态也存在着更新改造的需求,有时甚至比物质结构形态的改造更为迫切。正确的更新改造应满足从物质结构形态和社会结构形态两方面对旧居住区做全面分析和评价,在此基础上,去除和整治旧居住区结构形态中不合理的和与现代城市生活不相适应的部分,对旧居住区结构形态中合理的良性成分则可采取保留、恢复和完善等方式。

其整治与更新的典型模式见表5-1。

表5-1 旧居住区的更新改造类型模式

类型		有机构成型	自然衍生型	自然衍生型	混合生长型	混合生长型	混合生长型
现状特征	物质结构形态	良好		较差		良好	较差
	社会结构形态	和谐整体,内聚力强		矛盾整体,有内聚力		复杂、松散	复杂、松散
	更新改造措施	保留原有设施,保持社会网络的延续性		改造建筑及设施,使社会网络在改善了的物质环境下得以保存		保留原有建筑及设施,改变建筑使用性质,使之为新的社会活动服务	拆除原有建筑,新建各种设施,使之为新的社会活动服务

5.1.2.1 有机构成型旧居住区的更新改造

有机构成型旧居住区通常位于城市中心区域且保存得较为完好,较少混杂其他性质的城市功能,整体上具有有机、统一的特点,形成城市及区域的特色,成为当地历史、文化、民俗等的现实体现。保存较好的旧居住区,有文化性的观瞻价值和较好的使用价值,经过因地制宜的改造整治,可作为富有特色的城市形态和功能在现代生活中继续发挥作用,应视其必要性和可能性,有选择、有重点地进行保护,对整个区则普遍采取加强维护和进行维修的整治办法,对既无文化价值又无使用价值的危房区,可推倒重建。此外,有机构成型旧居住区中和谐的人际关系和富有凝聚力的社会网络,既是源于其稳定、有机的物质结构形态所创造的空间氛围,也来源于居民整体的同质。保存原有的空间氛围和保存居民的同质性,对于维护良好的社会网络都是必不可少的。

1）北京菊儿胡同改造工程

菊儿胡同是北京旧城内比较典型的四合院住宅区,整个街坊面积约8.28 hm²,其改造工程从1989年开始持续到1994年。20世纪80年代街坊内的居住质量很差,原有的四合院已经面目全非,各院内临时搭建的现象严重,急需改造更新。吴良镛院士将胡同的房屋按照质量分为三类,质量较好的1970年代以后建的房屋予以保留,现存较好的四合院经修缮加以利用,破旧危房予以拆除重建。重新修建的菊儿胡同按照"类四合院"模式进行设计,所谓的"类四合院"模式,即抽取传统四合院空间形态的原型,用新材料和新理念创造新的人居环境,同时解决了一些基础设施匮乏、居住条件差等问题。

　　新的四合院体系在老北京四合院格局的基础上建设了功能完备、设施齐全的单元式公寓,其组成的"基本院落"不仅保持了公寓式住宅楼的私密性,并且在此基础上,利用连接体和小跨院的设计,与传统四合院形成新的群体,给予了住户群体间一定的交往空间,保留了中国传统住宅重视邻里情谊的精神内核。新四合院布局错落有致,既实现了建筑的现代化,又与原有的院落融为一体,保持了地段的特色(图5-1)。改造方案中街区顺应城市肌理,并向城市开放,小区内部通过鱼骨式的小巷相通,可以自由到达每个院落单元内部,不仅给城市交通和居民出行提供了便利,也使得人与人之间交往更加紧密。在更新改造过程中,主张"自上而下"和"自下而上"的城市规划方法相结合,鼓励各种类型的居民参与,从居民的现实需求出发来制定更新规划,以便充分调动居民和参与单位的积极性。

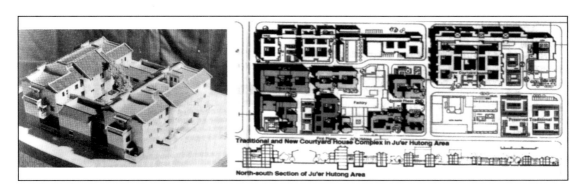

图 5-1　菊儿胡同改建设计构想与方案
资料来源:吴良镛,1994.

　　菊儿胡同改造工程通过有机更新和新四合院的创新,保持了原有的街区风貌并且改善了居民的居住环境,也保持了一定的原有社会结构,探索了一种历史城市中住宅改造更新的新途径,是一次成功的旧居住区改造的试验,赢得了"世界人居奖""亚洲建筑师协会金奖"等奖项。

　　2)苏州平江历史街区保护与改善

　　苏州平江历史文化街区是苏州古城内保存最为完整、规模最大的历史街区,拥有世界文化遗产古典园林耦园及各级文物与历史建筑100多处,传统风貌建筑16.7万 m²。街区至今保持着自唐宋以来水陆结合、河街平行的双棋盘街坊格局,城墙、河道、桥梁、街巷、民居、园林、会馆、寺观、古井、古树、牌坊等历史文化遗存类型丰富且为数众多,堪称苏州古城的缩影,是全面保护苏州古城历史风貌的核心地区(图5-2)。

　　1997年由同济大学编制完成了平江历史街区第一轮保护规划。2000年以后,随着苏州新区建设效应逐步显现,古城保护压力得到缓解,开始进入完善城市功能和提升城市品质的内涵式发展阶段。古城内所留存的总共2 km²的历史街区成为城市中最具魅力和发展潜力的重要区域,历史街区保护工作也因此进入了实质性的发展阶段。2000年为迎接世界遗产大会在苏州召开,平江历史街区保护被市政府确定为实施启动的重点项目,对基础设施进行了重点整治(图5-3)。

　　2002年,苏州市启动了"平江路风貌保护与环境整治先导试验性工程"。首先,利用河道下方的综合管廊,对平江路沿线的基础设施进行彻底更新。同时,按照"修旧如旧"的原则,对平江路北段旅游街道的墙面、窗户、空调等立面要素进行了风貌化处理。

　　2004年后,在建筑风貌整治的基础上,平江路两侧功能开始逐步调整。新的功能调整以文

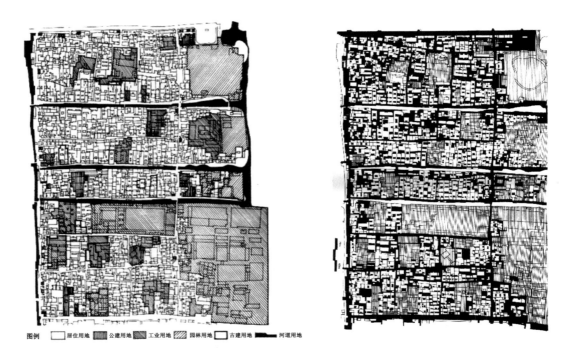

图例 □居住用地 ▨公建用地 ▨工业用地 ▨园林用地 □古建用地 ■河道用地

图 5-2　1988 年苏州平江历史街区 21、22 街坊土地利用现状与空间肌理图

资料来源:柯建民等,1991.

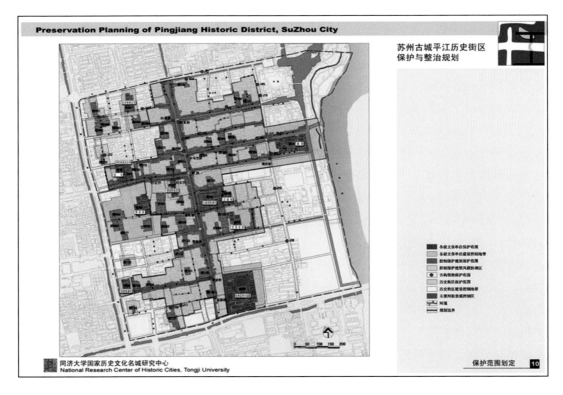

图 5-3　苏州平江历史街区保护范围划定

资料来源:仇保兴,2014:119.

化型商业服务为主,以原有传统院落为单位,将现代城市新的功能融入历史空间环境中,如高档的民居客栈、摄影工作室、会所沙龙、文艺创作室、博物馆等。平江路的保护与利用走出了传统旅游服务的商业街模式,既保持了功能上的活力,又保持了风貌的协调一致。同时,逐步完善市政基础设施,排除传统建筑的安全隐患,改善人居环境条件和质量,将历史街区保护与整治定位为长期的、循序渐进的过程。

2007 年起,又对街坊内部近 80 条巷道进行整治。在市政基础设施方面,扩大了排污管线、供电、供水、煤气与有线电视线路的入户率。在环境整治中,重新铺设石板或水泥路面,增建传统风貌的垃圾收集点、晾衣架等生活服务设施(图 5-4)。

图 5-4　整治后的苏州平江历史街区

平江历史街区的保护与整治遵循有机更新的原则,采取小规模的更新改造方式,坚持"政府主导、专家领衔、社会参与"的实施合作模式,注重街巷河道格局、文物古迹古建筑及所有能代表古城风貌特征的元素的保护,重视整合公共活动空间,改善了居住条件和环境,保证各种基础设施全部到位。通过政策引导,保留与回迁原住民,保持了古城内社会结构网络的相对稳定性,避免各种利益驱动和改造活动及其所带来的建设性破坏,实现了历史传承、经济繁荣、环境适宜与社会和谐的目标。

5.1.2.2　自然衍生型旧居住区的更新改造

自然衍生型旧居住区在结构形态上表现出自然、随机的特征,其物质结构形态的总体状况较差,住宅年久失修或原本就是非永久性的棚户,基础设施不全,居住条件较为恶劣。对此类旧居住区的更新改造,不能只以居住品质来决定,而应考虑其综合价值。其社会结构形态特征表现为社会组织是有一定内聚力的矛盾整体,在整体上有一定的保存价值,但需解决其中的矛盾性,使其更为有机、和谐。近年来随着城市用地紧缺,越来越多的城市开始进行存量开发,传统大拆大建的城市更新往往会产生城市开发强度陡增、拆迁赔偿成本巨大、排斥外来人口等负面作用,衍生出新的社会问题,导致这一类型旧居住区更新举步维艰,各地在政策条件允许下进行了一系列的更新改造模式的探索。

1)广州猎德村的全面改造

猎德村位于珠江新城南部,地理位置优越,历史悠久,并且富有岭南水乡特色,承载着颇具区域代表性的古村落民俗文化和建筑文明,总面积约 54 万 m²。随着 20 世纪 90 年代广州市城市化加速,原本从属郊区的农村地区,被逐渐纳入城市范围,猎德村也随之变为城中村,又因其地处珠江新城中央商务区的黄金地带,其改造的迫切性进一步加强,相关改造规划和建设工作被提上日程。

猎德村的改造采取政府主导的模式,以市、区政府主导,村集体为改造实施主体,形成职责明确、协调分工的组织工作模式。市政府明确改造的总体要求,并给予政策支持;区政府负责统筹组织指导编制城中村改造方案,协调解决城中村改造中遇到的各种难题;村集体负责做好土地调查确权,推进土地征收、拆迁、补偿、居民搬迁等重要工作,并按照基本建设程序的要求,全面落实城中村改造规划及工程实施工作。创新性地以"土地产权置换资金"的方式引入房地产开发商,创造了城中村改造中典型的"猎德模式"。猎德村集体通过土地产权置换的方式筹集改造资金,在房地产开发商不直接介入城中村开发的前提下,引入社会资金,从而解决村民拆迁安置和集体物业发展需要。在改造过程中坚持民主公开,通过政府主导的政策措施调控,协调了各方的利益,且保证了改造后的效益。在改造的同时,对村民的安置、回迁做了提前规划,保障其社会网络不被破坏。整个规划方案尊重了当地文化,在对历史建筑和水系进行了保留的情况下,对新建的公共场所进行了一系列富有猎德文化特色的设计,延续其岭南水乡的传统景观风貌,实现了传统文化与现代都市景观的有机融合(图5-5)。

图 5-5 猎德村改造工程

资料来源:https://news.dayoo.com/gzrbrmt/202008/15/158562_53484067.htm

2)深圳福田街道水围村整村统筹与综合整治

水围村位于深圳市福田区福田街道,位于连接深圳市中心与香港的城市中轴线的空间节点,交通便捷,北邻福民路,南临福强路,东临金田路,上接皇岗村,下临福田口岸和皇岗口岸,整村社区面积为 23.46 hm²,具有 600 多年的历史。近年来深圳市受到土地资源以及旧区拆改难度的限制,以及在短时间内为外来人口提供足够的廉价保障性住房的要求下,城中村该如何更新改造成了一个巨大的难题。

  2012 年深圳市城市规划设计研究院有限公司项目团队负责水围村更新规划研究,先对水围村价值要素进行大量挖掘和研判,在对深圳市大拆大建的城中村更新模式和 2006 年版水围村旧改专项规划全部拆除重建的规划模式进行深刻反思后,决定采取可持续的有机更新模式。在长达六年的更新规划过程中,以社区规划师工作方式充分进行利益协调,引导水围原住民的自主性、培育社会共治能力,引导微更新方式,确定了以整村统筹的综合整治为主,以城中村的"空间共生、文化共生和社会共生"为规划目标,提出保留和传承城中村的特色与多样性,合理确定小规模拆除区域,并实现村落新旧的融合,共同打造"城市有机生命体"(图 5-6)。

图 5-6 水围村渐进式有机更新引领过程式规划

资料来源:深圳市城市规划设计研究院有限公司,2019.

  在水围村整村统筹与综合整治中,柠盟人才公寓项目(图 5-7)作为深圳市首个将城中村"握手楼"改造为人才保障房社区的试点。2016 年在市、区两级人才住房政策指引下,规划设计将国企整租的 29 栋统建楼整改为户型多样的 504 套优质公寓,作为青年人才福利住房出租。改造设计保持了原有的城市肌理、建筑结构及城中村特色的空间尺度,通过提升消防、市政配套设施及电梯,成为符合现代标准的宜居空间。更新将其中的巷道分为商业街和小横巷,将其划分成不同的庭院,并在楼缝中植入立体交通系统形成立体社区,空中连廊和室内连廊相互串联,三维的交通流线系统联结了所有楼栋、屋顶花园、电梯庭院和青年之家,成为居民休憩、交流的公共空间,围绕"街巷、场所、里坊"营造水围共生城市生活,将公寓里的青年们联系在一起,形成一个真正的社区(图 5-8)。

图 5-7 水围柠盟人才公寓改造前后对比

资料来源:https://www.gooood.cn/lm-youth-community-china-by-doffice.htm.

图 5-8 水围村围绕"街巷、场所、里坊"营造水围共生城市生活

资料来源：深圳市城市规划设计研究院有限公司，2019.

水围村整村统筹与综合整治探索出一条由政府出资统筹、国企改造运营、村社筹房协作的"整租统筹＋运营管理＋综合整治"更新改造新路径。通过创新性的更新整治模式，保留了水围村的空间肌理、历史文脉和集体记忆，并为老村注入新的生命力和价值，促进了水围村人居环境的整体改善。

5.1.2.3 混合生长型旧居住区的改造更新

混合生长型旧居住区结构形态在三类旧居住区中最为复杂，物质结构形态差异大，布局和使用功能混乱，社会结构形态极为复杂、松散。而且此类旧居住区在城市中分布最广，因而更新难度也较大，简单地重建、整建或维护难以从根本上解决其存在的问题。

时段性混合区结构形态与自然衍生型旧居住区较为类似，原则上可以采取与自然衍生型旧居住区类似的更新改造方式。而地域性混合区情况则不同，它在同一居住区域里混杂着两种形成机制或目标完全不同的居住类型，对它的更新改造不应是针对其中某一种类型，而应根据其不同的老化程度和面临的主要问题，分别采取不同的更新改造方式。

对于这一地区内出现早期枯萎迹象，但区内建筑和各项设施还基本完好的地段，只需要加强维护和进行维修，以阻止更进一步的恶化；对于存在部分建筑质量低劣、结构破损，以及设施短缺的地段，则需要通过填空补齐进行局部整治，使各项设施逐步配套完善；对于出现大片建筑老化、结构严重破损、设施简陋的地段，并且该地段的社会结构形态呈现复杂松散的状态，期待以单纯的更新改造来解决问题极不现实，对其的更新改造需要与社会规划结合起来，通过土地清理，进行大面积的拆除重建，在更新改造中创造有利于交往和公共活动的空间与环境氛围，加强居住区基层组织的作用，将文化素质和价值观念相近的人相聚在一起，重新建构良性的社会网络和人际关系，以提高社区凝聚力和集体感。

1）南京大油坊巷传统民居类历史风貌区的微更新

南京老城南地区为南京的发源地，沉积了古城发展过程遗留的历史痕迹，集中保存着许多文物和大量明清建筑风格的传统民居,具有十分丰富的历史文化内涵。与此同时,由于各种复杂的历史原因,该地区发展长期处于停滞状态,与之并存的是简陋陈旧的基础设施、狭窄拥挤的道路和破旧老化的居民住宅。在很长一段时间内,由于一系列复杂的社会原因和阶段认识的缺陷,南京老城南地区的更新改造走过一段弯路,许多传统民居未能得到很好的保留,迁出的居民难以回迁,原社区社会网络未能得到很好的维护。随着近年来对历史文化保护和民生福祉改善的高度重视,开始致力于将传统风貌保护与居民生活品质提高相融合,改变过去"留下要保护的、拆掉没价值的、搬走原有居民"的操作方式,转变强制征收开发方式,建立产权主体自愿参与、多方协商的平台,逐渐转向渐进、小规模与和谐式的有机更新。

大油坊巷历史风貌区保护与整治是其中实施效果突出的优秀案例。大油坊巷历史风貌区位于南京老城东南部,内秦淮河东段以东,紧邻夫子庙历史文化街区,是南京老城南传统民居类历史风貌区之一。为完善南京市历史文化名城保护体系,实质性开展保护利用工作,2012年,南京市规划局委托东南大学城市规划设计研究院编制"大油坊巷历史风貌区保护规划"。风貌区四至范围分别是小油坊巷、箍桶巷、马道街、大油坊巷,总面积约4.69 hm²。

风貌区现存多处名人故居建筑,是南京老城南各阶层、各行业精英聚居地的缩影。曾存有市隐园、快园,故名"小西湖"。风貌区内历史街巷空间格局延续,环境安静古朴,保有大量民俗活动和传统技艺的相关印迹,是目前老城内现存的明清传统住区中历史格局清晰、传统风貌完整、历史遗存丰富的地区。与此同时,街区内人口密集,涉及居民约1173户2700人,工企单位25家,现状物质空间衰败不堪,建筑多为1~2层,市政公用设施严重不足,人均居住面积仅12 m²,远低于2018年全市34.26 m²的人均面积,面临严重的物质性老化和功能性衰退,亟待保护更新。

"大油坊巷历史风貌区保护规划"基于全面翔实的综合评估,确定街巷空间、建筑肌理、市隐园林文化为风貌区的核心价值,并据此构建整体保护体系框架,开展具有针对性的详细整治设计,制定保护规划图则,将"以价值保护为核心"的保护利用规划思想贯彻始终。同时致力于将保护核心价值与提高居民现代生活品质相融合,以此目标调整用地功能布局,优化道路交通结构与停车体系,完善公共活动空间与绿色景观系统,筹划展示游览路线,因地制宜地布置各类市政管线和设施,并进行重点建筑整治设计引导。在规划实施过程中,充分动员当地居民、政府部门、社会公众、专家学者等多方力量,通过规划前期入户调查、社区座谈、发放问卷,规划设计邀请当地居民、社会公众与专家学者积极参与,规划方案开展广泛公众意见征询等方式,保证规划公众全程参与,创新形成政府引导、社区共建、公众参与的规划模式(图5-9~5-13)。

大油坊巷1928年影像图　　　　　　　　　　大油坊巷2012年影像图

图5-9　大油坊巷1928年和2012年影像图

资料来源:南京东南大学城市规划设计研究院有限公司,2012.

图 5-10　大油坊巷现状老化与衰退的复杂情况

资料来源:南京东南大学城市规划设计研究院有限公司,2012.

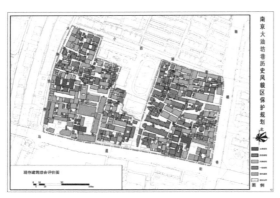

现存建筑综合评价图

其他历史文化遗存分布图

图 5-11　大油坊巷现状调查分析图

资料来源:南京东南大学城市规划设计研究院有限公司,2012.

　　2016 年,规划得到南京市人民政府批复,成为相关规划设计,尤其是街区各类建筑保护整治工作的直接参考与依据。同年,堆草巷、朱雀里、马道街、大油坊巷在规划指导下开展了街巷空间和景观环境修缮整治,并启动了小西湖危旧房棚户改造项目,取得良好成效。在规划引导下,由南京市规划局等部门联合发起,东南大学、南京大学、南京工业大学三所高校的研究生志愿参加,开展了小西湖片区保护与复兴规划研究活动,探索了以街区居民为主体,充分尊重政府、居民、公众、专家、开发商等多方意见的保护规划创新路径,受到社会的高度评价,积极推动了基于公众参

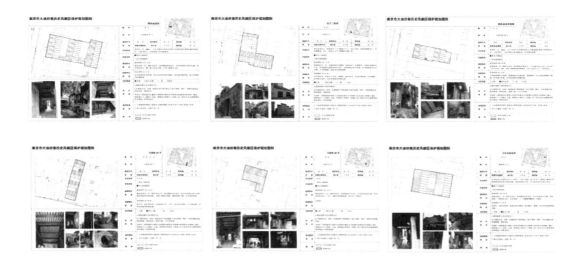

图 5-12　大油坊巷保护规划图则

资料来源:南京东南大学城市规划设计研究院有限公司,2012.

图 5-13　大油坊巷部分重点地区的实施情况

与的社区微更新活动,破解了长期困扰传统民居类历史风貌区的难题,有效带动了历史风貌区的保护与复兴。

2) 重庆市渝中区社区微更新

渝中区位于重庆市主城核心,是唯一完全城市化的行政区,也是重庆拥有三千年历史母城的发源地,陆地面积 20.08 km²,常住人口 65 万,日均流动人口 30 万人次,辖 11 个街道共 77 个社区。经过快速城镇化变迁过程,渝中区面临上下半城一城两面、老旧社区参差不齐、发展与滞后发展并存的不均衡状态。渝中区"十三五"规划的重点落脚于全区城市更新,其中社区更新成为重要抓手。

在此背景下,重庆大学研究团队历时 3 年,通过建构跨学科、跨行业、跨部门,自上而下与自下而上相结合的协作更新机制和平台,并结合社区服务供给与社区生活圈概念,完成全区社区更新总体思路和试点更新行动。尤其针对渝中区社区人口分布、空间规模、服务供给三方面不均衡的突出矛盾,构建社区规模评估指标体系,创立"社区实际管理服务需求量"与"社区服务圈"基本概念,并结合社区生活圈理念,构建了适合渝中的"人—空间—服务"社区综合治理提升框架。在试点行动规划中,依托社区社会组织,引导居民参与更新行动,实现社区公共空间营造和社区文化修复,从社区空间网络修补到社区精神网络重塑;依据城市空间文化结构思想,梳理社区文化资产,激活山地城市社区特有的生活空间原型,包括线性空间、节点空间及闲置空间;运用场景规划与设计理念,保护既有的美好生活场景,精细化设计和营造富有山地地域特色的宜居社区。目前该社区更新项目作为重庆首个统筹全区社区可持续发展的更新研究与落地实施行动计划,通过社区公共空间营造和社区文化修复、山地城市社区生活空间原型梳理以及社区场景规划与设计等措施,有效促进了渝中区社区微更新和社区生活品质的提高,对重庆乃至西部山地城市社区更新具有示范意义(图5-14、5-15)。

图 5-14 渝中区社区微更新社区公共空间营造和社区文化修复

资料来源:重庆大学规划设计研究院有限公司,重庆大学建筑城规学院,2019.

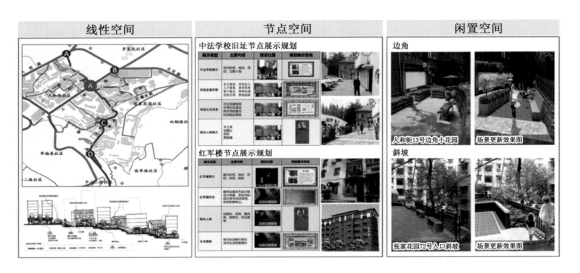

图 5-15 渝中区社区微更新山地城市社区生活空间原型梳理

资料来源:重庆大学规划设计研究院有限公司,重庆大学建筑城规学院,2019.

5.2　中心区的再开发与更新

城市中心区是城市独特的地域组成,是城市的核心和中枢,为城市提供经济、政治、文化、社会等活动设施和综合服务空间,是城市公共服务设施和第三产业的集中地域,是城市功能最为集中、文化活动最为丰富、人口与建筑最为密集,以及变化周期和城市更新活动最为频繁活跃的核心地区。20世纪的西方城市中心已经成为近代工商业和政府行政活动的集中地。在城市化发展、经济与技术水平迅速提高的现代化进程中,城市功能与结构重构普遍围绕着中心区进行。这一状况直到"逆城市化"发展现象出现时才略有变化。在功能发展的推动下,中心区物质环境及其功能结构一直处于更新建设与再开发之中。这里的交通设施持续建设,建筑物不断增加,现代通信设施密如网络,集中体现出当代工程科技和社会财富的水平。随着中国城镇化进程的推进和城市社会经济的发展,相应地需要城市进行产业结构调整、转型与升级,大力发展第三产业,提高和复兴城市中心机能,真正使城市成为国民经济的增长极。由于城市中心区通常具备较好的交通条件和区位优势,集聚着城市功能活动的重要部分,自然成为城市再开发和功能结构调整的主要载体。

5.2.1　现代城市中心的高层次要求

5.2.1.1　传统城市中心的特点

由于1980年代以前的中国城市经济建设受到所谓"先生产、后生活"和"重生产、轻消费"的方针影响,城市的流通功能萎缩,服务业很不发达,严重制约了城市中心功能作用的发挥。归纳起来,传统的城市中心有如下特点:

1）城市中心功能不明显

广义的城市中心功能是提供公共服务,包括公共管理、商业零售、金融贸易、文化娱乐四种主要功能。但在传统的城市中心,除京、津、沪等全国中心城市和广州、武汉等有传统商业遗留的城市外,大多数中心功能较弱。这一方面表现在行政职能比重较大,另一方面则是商业、金融、贸易等活力不足。

2）城市中心商业首位度和聚集度不高

商业首位度和聚集度是衡量城市中心商业职能程度的主要指标。首位度是根据中心区网点数、面积规模、零售总额在全市商业体系的分权评价中所占比重和排序得出的,它可以反映出中心商业在全市商业等级体系中的重要程度。对于单核心城市,中心区首位度越高,其中心功能越强。商业聚集度是指中心区商业服务设施的密集程度,一般可取中心区商业服务业建筑总面积与中心区总建筑面积的比值。聚集度越高,说明商业服务功能在中心区的比重越大,也说明中心区商业功能越强。传统城市中心的首位度与聚集度不高与改革以前的产品销路有关。层层分设的批发站和零售网点是按照配给制均匀分布的,此外日用百货、五金交电、轻工纺织、文化用品等专业系统没有竞争,中心区的集聚效应对于产品经济的流通方式影响不大。因此,中心区商业除规模上比区级中心较大以外,在功能方面的重要性并不突出。

3）城市中心的空间特性较弱

传统城市中心在空间上与城市其他区域是相似的,除行政中心区有较强的识别性外,城市中心和空间结构、土地容量以及建筑形式都缺乏明显的特征,这一点是与前面两个问题相联系的。一般来说,中心功能越强,中心区范围越大,那么它的空间识别性也就越大。如北京的王府井、西单和上海的南京东路等全国性商业中心,具有较明显的空间特性。相反,许多城市的中心除十字街头的几家商场,基本上与城市其他区域相差无几。

5.2.1.2 现代城市中心的发展趋势

随着世界人口和各类型工商业越来越集中于城市,以及全球化和信息化的到来,城市中心区亦越来越表现出特殊的功能作用,呈现出以下特征:

(1)中心性 城市的中心功能使城市的组成部分均与中心区紧密联系并受其支配。中心区由此成为城市的政治、经济和文化活动中心,成为城市中最富有活力的地区,是经济吸引力和辐射力最强的核心。

(2)高价性 中心区位是城市地价最高的区位,在城市地价梯度曲线上,城市中心总是位于峰值区段。此外,其商务活动是城市土地利用中价值最高的用途,并且总是能够支付最高的地租。

(3)集聚性 中心区是城市商业及相关活动最为集中的地区,同时它也是最高等级商业活动的地区,活动集聚性使中心区呈现“规模经济”特征。中心区的活动集聚导致了空间的集聚,因为它必须在有限的范围内为所有的中心活动提供空间场所。导致空间集聚的另一个原因是用地的高价性,中心区高昂的地价必须在土地的高强度利用中得到回报。空间集聚使城市中心的土地利用呈现出强烈的空间特征,无论建筑高度、密度和土地总容量都明显超出城市其他地区。

(4)流通性 在城市中心区,除不动产以外的一切物质要素都处于高速流动中,其中最为主要的是人流、信息和资金的流通。活动的集聚和交往流通使中心区呈现出繁忙和拥挤的景象,并伴随着昼夜人口的周期性反差呈现不同的特征。资金流通的需要使金融业在城市中心区聚集,而信息流通又使各类商务办公机构、公司总部和信息服务设施进入城市中心之中。近年来随着全球化、信息化的深入发展,城市日趋多中心结构。

(5)可达性 要求城市中心即使不位于城市的几何中心,也应当在较为居中的位置,使城市的各个边缘到中心区都有相对的最短路程。同时也要求具有到达城市中心的良好交通体系,包括动态交通设施和静态交通设施。这些均对传统城市中心区提出高层次要求,要求传统城市中心区的产业结构、空间结构、总体布局以及基础设施进行全面的重新建构和更新改造。

5.2.1.3 城市化中后期中国城市中心区的更新动因

1)城市中心更新再开发的形势需求

(1)从城市发展宏观背景看 中国的城市发展已经进入一个以快速发展与结构性调整并行互动为特征的城市化中后期阶段。据《全国城镇体系规划(2006—2020)》判断,2011—2020年,我国城镇发展迎来空间结构调整的高峰,逐步由新区外延扩张向新区与旧城协同发展转变。《国家新型城镇化规划(2014—2020)》根据世界城镇化发展普遍规律和我国发展现状,指出“城镇化必须进入以提升质量为主的转型发展新阶段”。因此,如何在新的发展条件下进行城市中心的功能与结构调整成为当前中国城市发展的重要主题。

(2)从国家经济发展政策看 国家“十三五”规划纲要强调“贯彻落实新发展理念、适应把握引领经济发展新常态,必须在适度扩大总需求的同时,着力推进供给侧结构性改革,使供给能力满足广大人民日益增长、不断升级和个性化的物质文化和生态环境需要”。具体而言,经济发展方式转变的实质在于:在内涵上既要实现经济增长由粗放型向集约型、外向型向内生型转变,也要求实现需求结构、产业结构、要素结构的优化升级。这些变化将直接或间接影响城市发展的路径和城市空间的扩展形式,这无疑对城市中心再开发提出了新的任务和要求。

(3)从城市产业结构升级看 城市社会经济已进入产业布局、类型、结构的重构和转型的实质性实施阶段。随着产业结构升级及社会形态的演进,服务业尤其是生产性服务业将成为未来决定城市功能及城市在区域城镇体系中地位的重要因素,生产性服务业的等级和服务范围一定程度上决定了该城市在全国或区域城镇体系中的等级和地位。城市中心作为城市服务业最为活跃和最为集中的地区,必然在中国城市产业结构转型中扮演重要角色。

2) 实践工作中存在的主要问题

(1) 粗放式更新造成空间资源浪费严重　由于片面追求经济目标,导致盲目的房地产热和市场的过度开发,忽略中心区成长规律与市场培育周期,采取粗放和简单的"大拆大建"方式,远远超出城市实际消化能力,造成空间资源的严重浪费。一方面表现为存量居高不下形成的空间浪费,另一方面是储备用地成本升高与市场需求减弱造成的用地出让停滞,大量已完成拆迁的净地闲置,随着时间的推移反而进一步增加了中心区更新的成本,加剧了更新的难度。

(2) 高强度开发导致整体环境品质下降　在强大的资本力量影响下,由于政府干预失灵和妥协退让,中心区的更新再开发常常只屈从于开发商的个体项目和超大商场建设,大体量、高强度、高密度满铺开发,造成了城市中心尺度的巨型化。特别在交通、市政、公共等基础设施的营建上,一方面基础设施的开发落后于项目开发,导致基础设施与建筑内部功能结构的脱节;另一方面在土地成本上涨及取利空间缩小的情况下,空间开发规模盲目扩大,从而造成中心区人口规模过度集中,交通等基础设施压力加大,以及生态环境进一步恶化,中心区土地利用综合效益失衡,最终导致中心区整体环境与空间品质的下降。

(3) 过度商业开发造成人性化空间缺乏　城市中心区"绅士化"更新特点开始出现,具体体现为高档消费空间逐步取代普通人群共同享受的公共场所,高收入群体的集聚取代不同阶层的融合,大量增加的商业商务功能代替了原有中心区的文化、体育等公共服务功能,造成中心区的功能相对单一、文化特色严重不足和活力大幅度下降,一些珍贵的历史文化遗产遭到破坏,城市传统风貌荡然无存。此外,面向市民的无差别、公益性设施场所减少,中心区活动多元化和丰富性大大减弱,缺乏人性化活动空间和特色环境,造成中心区活力不足和品质不高。

(4) 单一的利益导向导致产业结构雷同　由于中心区土地效益较高,决策者和开发者往往以追逐利益为前提将各类项目向中心区集中,往往缺乏对自身城市禀赋和发展阶段的正确评估判断,局限于独立地段和个别商业项目开发,对城市中心组织系统的结构性调整和整体机能提升重视不够,忽视产业之间的内部关联、集聚效益和区位选择,引发中心区更新再开发目标定位与模式选择盲目、产业过度集聚、产业结构单一以及功能布局随意等问题。

5.2.2　中心区的功能转型与更新再开发

城市中心区是城市最具活力的地区,也是城市问题最集中、最严重的地区。中心区的城市更新不仅是我国城市更新工作的核心,也是破解城市问题、实现城市可持续发展和新型城镇化目标的关键。针对新时期城市中心区更新面临的机遇与挑战,基于以人为本和城市可持续发展理念,城市中心职能加强和功能重构的再开发行动采取的是"城市中心体系的调整优化"与"城市中心结构调整完善"相结合且并行的发展战略,其具体内容涉及中心体系重构、城市规模调整、基础设施更新改造、交通组织完善、功能结构调整以及人性化空间营造等实质内容,对建立集约持续、多元包容的城市中心区更新机制具有重要的现实意义。

5.2.2.1　城市中心体系的调整与优化

随着后工业化社会的到来和经济全球化的发展,城市公共活动中心经历了多功能融合和多中心网络的演进过程,越来越丰富的城市职能要求城市中心功能更加综合和多样,更突出人的体验和活动。同时要求在整个区域范围内进行协调,各级中心分工合作,摆脱过去摊大饼的单中心发展模式,以疏解单中心的发展压力。

上海是我国直辖市之一,是长江三角洲世界级城市群的核心城市。在过去的几十年间,上海经济快速发展,吸纳了大量的就业人口和资本,充分利用对外开放的地理优势和现有的资源底蕴,由一开始的以轻化工、纺织工业为主的工业城市逐步转变成为具有全球资源配置能力和国际竞争力的国际化大都市(图5-16)。

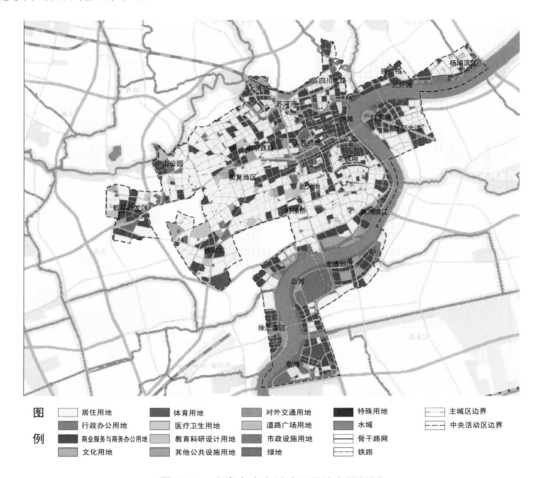

图5-16 上海市中央活动区用地布局规划

资料来源:上海市人民政府,2018.

但在经历了多年的快速城市化进程后,上海作为大都市,城市病问题相当突出。一方面,摊大饼的单中心发展模式导致了经济效率与交通效率的低下,人口和经济活动过于集中,造成中心区房价飞速上涨,城市空间失衡;另一方面,快速的城市化带来了庞大的用地规模,超过了资源环境承载的能力。早在2015年,上海的建设用地规模就已经突破了3145 km²,约占全市陆域面积的45%,逼近现有资源环境承载力的极限,随之而来的是环境污染问题,严重影响了城市的居住品质(庄少勤,2015)。

目前上海正进入新一轮的发展周期,在新一版上海市城市总体规划当中,将上海定位为国际经济、金融、贸易、航运、科技创新中心和文化大都市,并将建设成为卓越的全球城市、具有世界影响力的社会主义现代化国际大都市。上海在迈向卓越的全球城市过程中,面临着人口继续增长和资源环境紧约束的压力。为应对挑战和城市未来发展的不确定性,上海将以成为高密度超大城市可持续发展的典范城市为目标,落实规划建设用地总规模负增长的要求,牢牢守住常住人口规模、规划建设用地总量、生态环境和城市安全四条底线,实现内涵发展和弹性适应,积极探索超大城市睿智发展的转型路径(图5-17)。

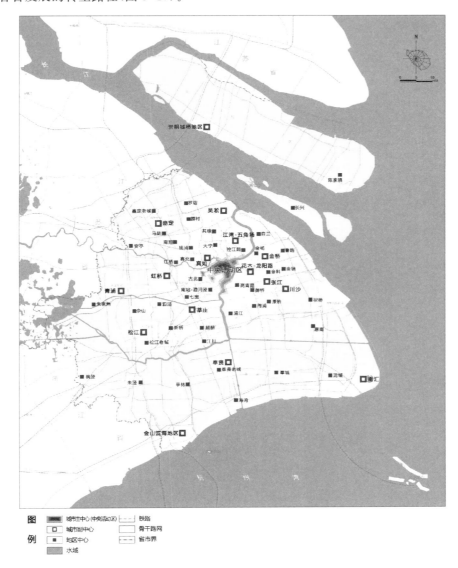

图 5-17 上海市域公共活动中心网络规划

资料来源:上海市人民政府,2018.

近年来,上海以提升全球城市功能和满足市民多元活动为宗旨,构建城市主中心(中央活动区)、城市副中心、地区中心、社区中心等四个层次组成的公共活动中心体系。城市主中心(中央活动区)是全球城市核心功能的重要承载区,服务全市域,包括小陆家嘴、外滩、人民广场、南京路、淮海中路、西藏中路、四川北路、豫园商城、上海不夜城、世博—前滩—徐汇滨江地区、徐家汇、衡山路—复兴路地区、中山公园、虹桥开发区、苏河湾、北外滩、杨浦滨江(内环以内)、张杨路等区域。重点发展金融服务、总部经济、商务办公、文化娱乐、创新创意、旅游观光等功能。城市副中心是面向市域的综合服务中心,兼顾强化全球城市的专业功能,包括9个主城副中心、5个新城中心和2个核心镇中心。在中心城内继续提升江湾—五角场、真如、花木—龙阳路3个主城副中心的功能,并新增金桥、张江2个主城副中心。在虹桥、川沙、宝山、闵行4个主城片区内分别设置主城副中心,实现主城区各片区的均衡发展。在嘉定、松江、青浦、奉贤、南汇等 5 个新城内分别设置新城中心,在金山滨海地区和崇明城桥地区设置核心镇中心,强化面向长三角和市域的综合服务功能,承载全球城市部分功能。

上海多中心体系的转型调整,不仅有利于缓解单中心庞大的人口与交通压力,改善环境条件,在区域层面上,意义也非常重大。对于上海市而言,多中心能够疏解单中心过大的压力,增强上海整体能级与核心竞争力;对长三角地区而言,上海长期存在的过于极化的问题将得到解决,大量的非中心功能如工业、商业等,对于已经高强度开发的上海市中心而言是累赘,但对于上海周边的城市来说却是发展的机会。上海周边的城市可以随着非中心功能的迁入而得到发展,从而提升区域整体的活力。

5.2.2.2　城市中心结构的调整和完善

产业结构的巨大变化必然带来城市结构的巨大变化。随着城市第三产业的迅速发展,第三产业结构布局与第二产业结构布局要求的巨大差别,也就必须在城市结构布局变化中反映出来,以第三产业为核心的城市中心区自然最为典型。过去,由于我国城市的经济建设受到所谓"先生产、后生活""重生产、轻消费"的思想影响,城市的流通功能萎缩,商业中心区普遍存在着功能混乱、布局缺乏系统、土地利用率低、基础设施不足、交通拥挤等问题。国家经济实力的迅速发展,城市人民生活水平的迅速提高,信息时代的到来,等等,将城市的发展推进到现代化发展的新时期,对城市中心的布局提出了新的挑战。特别是大城市的中心区的布局,需要高度集中,便于市场经济活动和发展。在这个统一的发展机制驱动下,许多城市对原中心区的用地结构、布局形态和交通组织等方面进行了全面调整和综合治理。

1) 南京新街口中心区的功能重构

南京是江苏省省会城市,也是长三角地区重要的枢纽城市,服务产业比较发达,其主中心为新街口,位于南京市的几何中心,城市主干道在这里十字交汇,是南京商业、商务、文化、娱乐等功能集中的地区。近 40 年以来,南京社会经济全面发展,地区产业结构、产业规模均发生了巨变,服务业占比不断提高且发展态势良好。以南京新街口中心区 1980 年以来的业态升级为例,在此背景下,新街口中心区范围持续扩张,由零售商业中心逐渐演变为以贸易和金融产业为主导的现代综合性城市中心区(图 5-18)。

新街口中心区的发展演变分为起步阶段、快速发展升级阶段和成熟发展转型阶段。

(1) 1927—1980 年,中心区处于起步阶段,商业中心地位得到初步确定。1927 年《首都计划》将新街口划为商业区,随着中心区的扩展和城市的发展,金融保险、商务办公、旅馆业、医疗卫生功能经历了从无到有的过程,百货零售业成为中心区主导产业。

(2) 1981—2000 年,中心区处于快速发展转型阶段,零售商业中心逐渐蜕变为 CBD。随着改革开放的发展,贸易、金融、综合服务所占城市产业比例持续上升,金融、商业、文化娱乐、办公等功能大量出现在城市中心区。在南京市总体规划和南京市中心综合改建规划的指导下,新街口中心区开始大规模的开发与改造,这一时期中心区金融、商业、文化娱乐、办公等空间大规模增加,商贸活动也由核心区向外围扩展。在城市功能转变、产业增长的推动下,新街口地区的内涵和空间结构产生了新的变化。随着商务空间的进一步集聚,新街口已成为一个具有强大吸引力、辐射力、开放式、跨区域的商务产业集群,完成了向 CBD 的蜕变。

(3) 2000 年至今,中心区处于成熟发展转型阶段。在经济全球化和中国加入世界贸易组织的背景下,南京国际贸易业的规模明显拓展,商务产业发展呈现出国际、国内贸易和金融三大产业并驾齐驱的局面。这一阶段中心区金融保险、商务办公、商办混合以及商住混合功能有所增

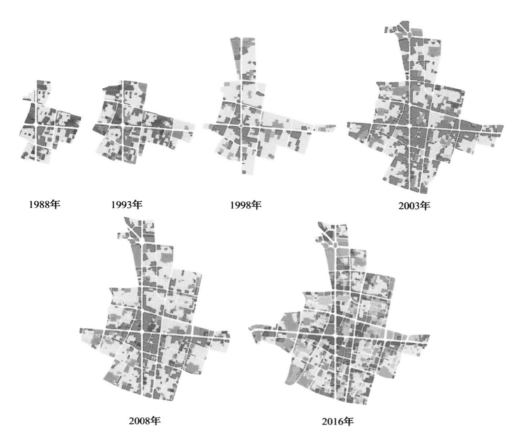

图 5-18   1988—2016 年新街口中心区土地功能与规模演化图

资料来源：吴贝西，2017.

加，其他各项功能都有所下降。中心区正处在产业升级转型的关键时期，在贸易、金融产业的拉动下，迅速扩展，逐步走向稳定成熟。

经历了 40 余年的更新和发展，如今的新街口呈现出明显的簇群关系，形成以"十"字路为商业、商务主轴，由点串线、由线连面的功能复合的布局结构。其中中心区以东是以长江路、大行宫一带形成的文化、商务核心区，西部是围绕汉中路形成的医疗保健核心区，北部是以鼓楼广场为中心形成的电信、邮政及高等院校核心区，南部是在建邺路、白下路以北形成的金融、商务核心区（表 5-2、图 5-19）。各个功能簇群通过"十"字路网和轨道交通等空间要素加以协调组织，形成高度聚集、联系紧密和高效运转的城市中心区（吴贝西，2017）。

表 5-2   南京新街口中心区各区位公共服务设施分布表

区位	示意图	主要功能	主要单位
中心区北部		电信、邮政、医疗	电信：中国电信股份有限公司 邮政：南京邮政局 医疗：鼓楼医院、口腔医院

区位	示意图	主要功能	主要单位
中心区南部		金融、商务办公	金融：中国人民银行、中国建设银行、中国农业银行、中国银行、南京互联网金融中心 商务办公：花样年华商务会所、苏发大厦、万里商务中心、天元大厦、福鑫国际大厦、龙吟大厦、汇鸿大厦、洪宇大厦
中心区东部		文化、文物古迹、商务	文化：南京文化艺术中心、南京图书馆、江宁织造府、江苏省美术馆、六朝博物馆、梅园新村纪念馆、紫金大戏院、曼度文化广场等 文物古迹：南京总统府景区、人民大会堂、国立美术馆旧址、毗卢寺 商务：长安国际中心、新世纪广场、长发中心 CFC、南京外贸口岸管理处
中心区西部		医疗、保健、商务	医疗：江苏省中医院、南京口腔医院、南京医科大学附属眼科医院、南京市妇幼保健院 商务：金鹏大厦、星汉大厦、鸿运大厦、金丝利会所、金泽大厦
中心区中部		商业、商务	商业：南京新街口百货、南京中央商场、大洋百货、东方福来德、悦荟广场、金鹰国际购物中心、德基广场等 商务：南京国际贸易中心、天安国际大厦、南京世界贸易中心、亚太商务楼等

资料来源：吴贝西，2017.

图 5-19　南京新街口中心区 1980 年代和 2017 年空间形态的变化对比

资料来源：左图来自网络，右图作者自摄

2）英国伦敦金丝雀码头中心区的规划与建设

金丝雀码头以城市设计整合城市各要素，创造高效、整体、高品质的城市空间，同时保证了开发者的利益和城市的公共利益，也转变了伦敦码头区开发公司对城市设计在城市开发中作用的认识。在码头区复兴运作的早期，由于伦敦内城严格的城市设计控制限制了商业开发，伦敦码头区开发公司并不认为城市设计对城市开发具有积极作用，它的运作模式是由其本身拥有对开发的控制权，但不制定法规性的规划。这种不加限制以市场为导向的运作方式，虽然吸引了大量投资，但也产生了负面效果，其结果是"一栋栋随意矗立的建筑物，中间仅被安全防护栏和停车场隔开，建筑和新辟的街道或是河道都没有联系。潜在的格林尼治空间轴线消失在一群杂乱的、风格冲突的办公楼中"。而在金丝雀码头开发后，他们更注重以城市设计实现各要素区域的相互平衡和总体控制，取得了广泛的经济、环境、社会效益（图 5-20）。

图 5-20　金丝雀码头鸟瞰

资料来源：Meyer H,1999:95.

码头区位于东伦敦泰晤士河下游，水资源十分丰富，不仅用地内部有原码头的水面，东、西侧还有河水环绕。在 71 英亩（约 28.7 hm²）的总用地面积中，水面达 25 英亩（约 10.12 hm²），还有 25 英亩（约 10.12 hm²）沿河用地。金丝雀码头的城市设计充分利用了水这一独特的自然要素，在将其与公共空间和景观、步行体系整合的同时，还将滨水用地与生活娱乐、休闲功能相整合，达到土地的高效、混合使用。

金丝雀码头拥有悠久的历史和辉煌的过去，自 19 世纪初开埠到 1980 年关闭，它一直是兴旺的贸易、工业码头。码头在英国人心目中具有浓重的历史感和认同感，生气勃勃的码头区氛围是码头区独特的历史文化景观。此外，金丝雀码头的用地位置与连接伦敦西城最古老的城区、伦敦塔桥和伦敦东侧格林尼治地区的空间轴线重合，伦敦城市的历史与码头区的历史在金丝雀码头的用地相叠加，共同形成了内涵丰富的历史文化资源。金丝雀码头的城市设计在外部空间和景观意向的设计中充分整合了这一要素，使现代的城市空间创造了与伦敦城区和码头区的历史相契合的场所。

　　城市设计空间布局最鲜明的特点不仅是其古典的对称构图、轴线空间的变化和视觉焦点,更重要的是将两条南北向的交通空间轴线和东西向的开放空间中轴线整合,并在交叉点上形成空间序列的高潮。第一条交通空间轴线是南北两个轻轨站和轻轨高架桥,它与中轴线空间的中心点相交,城市设计将轻轨站大厅和用地中的建筑空间加以整合,在交叉点上形成以轻轨站为核心的综合体,并以最高的加拿大广场增强其识别性,创造出中轴线上最重要的空间节点;第二条交通空间轴线是银禧地铁站上的公共广场银禧广场与加拿大广场间的南北向轴线。这条轴线虽然没有第一条轴线明确,但更为重要,它使后期建成的建筑群和地铁站与一、二期的建筑群和开放空间在空间布局中成为一个整体。

　　金丝雀码头城市设计从最初的蓝图变为现实,经历了长达十余年的过程,并有多家建筑设计事务所、景观设计事务所参与了各单体建筑工程的设计,在整个过程中城市设计表现出超强的整体控制力(图5-21~5-25)。

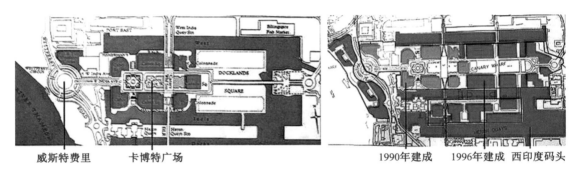

威斯特费里　　　卡博特广场　　　　　　　　　　　　　1990年建成　　1996年建成　西印度码头

图5-21　金丝雀码头的总体布局——城市设计强调严谨的构图和轴线

图5-22　金丝雀码头金融中心的重点地段

图 5-23　金丝雀码头保留的历史建筑和场所

图 5-24　金丝雀码头中轻轨、地铁与步行桥梁的有机联系

图 5-25　金丝雀码头远眺伦敦中心区即景

5.2.2.3　中心区人性化空间的营造与提升

城市中心区具有高密度的建筑集聚、稠密的人车活动和稀缺的土地资源等特点，十分有必要强调人的尺度和使用感受，通过丰富的绿化景观、安全舒适的林荫道、统一美观的公共设施和宜人的城市共享空间等方面的城市设计，积极构建舒适宜人的步行系统和活跃丰富的景观空间体系，建设高度人性化的城市中心活力区。

1）重庆市渝中半岛山城步道规划建设

渝中半岛是重庆的政治、经济、文化中心，作为重庆的老城中心，具有独一无二的山水资源禀赋，多元的历史文化遗存、丰富的传统街巷系统和高低变化的地形，使步道成为渝中半岛独特的城市景观，并增加了步行的无穷魅力。但是机动车增长与旧城更新使步行活动与传统街巷空间受到严峻挑战，面临人口稠密、高差巨大、用地短缺等严重问题，如果不建立绿色的出行方式，渝中半岛作为重庆市商务中心区的城市功能将无法实现。随着现代步行理念的回归，公众健康受到重视，以及营建具有地方特色的城市空间的需要，重庆市人民政府从 2001 年开始，将山城步道的复兴作为渝中半岛老城更新的一项重要任务。2002 年重庆市政府启动了"重庆渝中半岛城市形象设计"方案，其中山城步道作为重庆市重点打造的一张城市名片，其依托渝中半岛原有的步行巷道，经过统一规划改造后，融入周边具有吸引力的公共空间和特色建筑，串接公园绿地和城市阳台，形成结构完整的联系上下半城的城市步行网络。2011 年，重庆市规划设计研究院编制了重庆市渝中半岛步行系统规划，规划针对半岛步行网络发育不健全、南北不连续、东西不重视、滨江不可达等问题，在现有步道的基础上，打通、新增 12 条南北向、5 条东西向的步行走廊，增加 1 条连续的滨江步道，改善现有步行环境，形成"十二纵五横一环"的步行网络（图 5-26）。2018 年，为了让城市融入大自然，让居民望得见山、看得见水、记得住乡愁，"重庆市城市提升行动计划"提出，打造山城步道特色品牌。2019 年，"重庆市主城区山城步道专项规划"编制完成，在重庆市主城区共规划 60 条山城步道,并将市民出行需求最迫切、彰显山水特色最突出、串联历史文脉最厚重的步道作为近期建设重点。

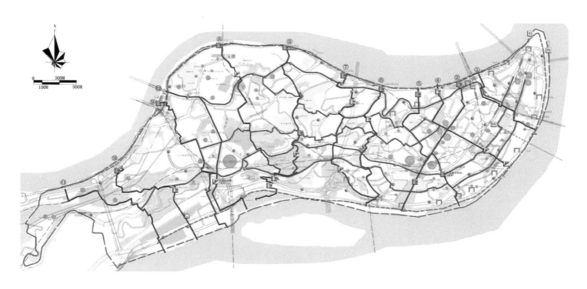

图 5-26 山城步行网络规划图

资料来源:重庆市规划设计研究院,2017.

渝中半岛的山城步道对重庆老城中心环境品质的提升起到了重要作用(图 5-27):①山城步道利用步道连接轨道交通站点和公交站点,方便市民出行,增强中心区活力;②山城步道利用老旧街区梯坎、坡道、街巷串联了中心区街巷的历史人文资源;③山城步道辅助利用重庆独特的地形特征,挖掘步道沿线视野开阔、风景优美的能观江、观山、观桥、观城的节点资源,形成动静结合的城市风貌眺望窗口;④融入"两江四岸"特色资源,注重自然生态维育和山林的历史文化、景观文化体验,构建了中心区全时全域的景观体系;⑤山城步道盘活了部分中心区的低效用地和闲置的边角地,带动街巷步道沿线"微更新""微改造",让步道充满生机活力。

图 5-27 山城第三步道实景图

2)法国巴黎雷阿勒街区(Les Halles de Paris,France)人性化公共空间改造

雷阿勒街区坐落于法国巴黎右岸,地处巴黎市中心,是巴黎最古老的街区之一。其前身是法国皇室于 1183 年在巴黎市中心建设的以各种类型的商品、食品销售为核心功能,并服务全市的商业市场。由于老建筑规模无法满足日益庞大的商业需求,特别是为了配合地铁枢纽站建设,在1971 到 1977 年间,雷阿勒被改造成综合商场,并在地下和地上建设多条公共交通线路,增加文化

与体育功能,成为巴黎市中心地区高度复合的城市综合性商业文化中心。

建成后 30 年中,雷阿勒充分发挥巴黎城市中心的角色,承担巴黎城市及大区的换乘与休闲活动。但随着时间的推移,交通人流量的增加使其不堪重负,同时还存在建筑物结构老旧、公园与地下广场成为流浪汉驻扎地等问题。为了解决这些问题,巴黎市政府于 2003 年 7 月就雷阿勒街区改造计划开展了国际竞标,最终,法国 SEURA 事务所的 D. 曼金(David Mangin)因其方案的公共性、自然性以及施工阶段依然可以保持设施的日常运营等三大特色成为优胜者(图 5-28)。更新改造项目主要围绕公共空间、地下交通空间、商业建筑和公共建筑展开。

图 5-28 法国 SEURA 事务所提出的人性化公共空间更新改造项目

资料来源:Bougnoux F, Fritz J, Mangin D, 2008.

地下交通空间是步行网络的重点优化对象(图 5-29)。项目主体利用一个轻质、透明的天棚将地上城市与地下城市连接起来,将原来的地下广场改变成一个巨大的通透屋盖所遮蔽的灰空间,回廊式的商业空间转变为集中型。主体建筑的入口部分采用完全敞开的设计,将公园的自然环境、适宜的步行道系统自然地纳入建筑室内空间。与此同时,自然光最大限度地渗透进地下空间,多个路径指向性更加清晰,为居民提供更多样化的活动领域。除此以外,地下空间向周边地区进一步渗透,提供更长的通道和更大的内部空间,以此适应大都市人流的规模。为了减少道路隧道等出入口对行人造成心理上的不安,部分通道被关闭,部分通道被重新设计,以此增强道路

图 5-29 地下交通空间的步行网络得到进一步优化

连续性和行人通过的效率。

公共空间结合透明天棚的设置进一步扩大开放（图 5-30）。天棚的北侧和南侧结合文化商业等设施来提供城市娱乐与商业服务，更加宽敞和多样化。博物馆和图书馆的面积增加一倍，增加了两个新的公共设施，布置街头活动和艺术设计，提高空间开放程度并带来丰富的活动。通过调整景观布局，支离破碎的花园被整合为一个完整统一的、没有围栏的绿色休闲空间，包含儿童游乐区、休息区、阅读空间等，极大地增加了片区活力。

图 5-30 透明天棚的设置使公共空间更加舒适和开敞

雷阿勒项目的更新改造很好地实现了与周边的融合,加强了雷阿勒与蓬皮杜中心、卢浮宫等文化中心的联系,并整合了外围的街道、城市广场、绿地公园等区域,形成一个充满活力的公共场所,是一个基于完善市中心空间形态与功能、改善现状交通、延续综合服务功能的代表性城市设计项目(Bougnoux F,Fritz J,Mangin D,2008;Mairie de Paris & Sem Paris Seine,1990;周俭,张仁仁,2015)。

5.3　历史地区的保护与更新

历史文化保护对文明传承和文化延续具有十分重要的战略意义。历史城市通常具有悠久的历史、灿烂的文化,保存着大量历史文化遗产,是宝贵的不可再生的文化资源,是社会、文化和科技发展的历史见证,具有文献价值、历史价值、考古价值、美学和象征性价值、建筑学价值、科学价值以及情感价值等多维价值。

历史地区作为城市传统空间格局和风貌的集中区域,保存许多文物古迹、历史建筑和重要的历史环境要素。与此同时,历史街区也是城市的有机组成部分和居住生活单元,仍有许多人生活居住在其中,是历史形态的活的见证,提供了与社会多样性相对应的生活场景。日常生活、社会网络和物质遗存共同构成了历史地区弥足珍贵的精神财富,历史地区的这些历史底蕴在城市发展过程中最具关键性和价值性,是城市传统文化和风俗民情的集中体现,因此,真实和完整地保护好历史街区显得格外重要。

5.3.1　历史地区的基本定义与类型

5.3.1.1　历史城区

2011 年 11 月,联合国教科文组织发布《关于历史性城市景观的建议》,该建议书重新强调历史城市整体性保护的重要战略意义,指出"历史城区(historic urban areas)是共同的文化遗产中最为丰富和多样的表现形式",旨在将"历史性"对象的保护与城市发展及再生过程的管理有机结合。在更广阔的城市背景下,以景观方法去识别、保护和管理历史地区,充分考虑其物质形态、空间布局、相关联的自然特征和自然背景,以及社会、文化和经济价值等方面的相互关系。

我国 2019 年颁布的《历史文化名城保护规划标准》明确历史城区的定义为"城镇中能体现其历史发展过程或某一发展时期风貌的地区,涵盖一般通称的古城区和老城区。本标准特指历史范围清楚、格局和风貌保存较为完整、需要保护的地区"。由于复杂的历史原因,留存下来的历史城区的状态有所不同,通常有三种典型类型:①历史格局清晰的历史城区,如苏州、平遥和阆中等;②不同历史时期并存的历史城区,如北京、沈阳、洛阳等;③传统与现代复杂叠压的历史城区,如南京、长沙和无锡等。

历史城区的保护规划以及整体控制管理,尤其是历史城区的范围判定、价值评估和保护规划是历史文化名城保护的重要内容之一。然而,由于多种因素的影响,这一涉及历史文化名城整体保护的重要工作,目前在城市规划领域还是一个相当薄弱的环节。

5.3.1.2　历史街区

历史街区指文物古迹、历史建筑集中连片,或能较完整地体现出某一历史时期的传统风貌和民族特色的街区、建筑群、小镇、村寨等。具体由街区内部的文物古迹、历史建筑、近现代史迹与外部的自然环境、人文环境等物质要素,以及人的社会、经济、文化活动、记忆、场所等丰富的精神要素共同构成。主要包括历史文化街区、历史风貌区和具有保护价值的一般历史地段。

1) 历史文化街区

历史文化街区是指经省、自治区、直辖市人民政府核定公布的保存文物特别丰富、历史建筑集中成片、能够较完整和真实地体现传统格局和历史风貌，并具有一定规模的区域。

根据《历史文化名城保护规划标准》(GB/T 50357—2018)的规定，历史文化街区应具备以下条件：

(1) 应有比较完整的历史风貌；

(2) 构成历史风貌的历史建筑和历史环境要素是历史存留的原物；

(3) 历史文化街区核心保护范围面积不应小于 1 hm²；

(4) 历史文化街区核心保护范围内的文物保护单位、历史建筑、传统风貌建筑的总用地面积不应小于核心保护范围内建筑总用地面积的 60%。

2) 历史风貌区

目前，历史风貌区不是法定概念，也没有统一的定义。与历史文化街区相比，历史风貌区指一些历史遗存较为丰富或能体现名城历史风貌，虽然达不到历史文化街区标准，却保存着重要的历史和人文信息，其建筑样式、空间格局和街区景观能体现某一历史时期传统风貌和民族地方特色的街区。对于历史风貌区的保护可以参照历史文化街区，但具体要求可适当灵活。

3) 一般历史地段

一般历史地段是指保存一定的历史遗存、近现代史迹、历史建筑和文物古迹，具有一定规模且能较为完整、真实地反映传统历史风貌和地方特色的地区。历史地段与历史文化街区、历史风貌区一样，是城市历史文化的重要组成部分，对保护城市传统风貌与格局肌理，以及延续城市记忆与历史文脉起着重要作用。对于一般历史地段的保护，根据各历史地段的具体情况，按照最大化保存历史信息的原则，采取灵活多样的保护方法。

5.3.2　历史地区的整体保护与有机更新

历史地区保护需要建立在整体的保护与发展系统规划的基础上，城市总体布局拓展和功能结构调整为历史地区保护提供了前提保证，而进行精心的城市设计，则更能保护和强化历史地区的传统风貌与特色。这样可以妥善处理好保护与发展的关系，减少旧城更新改造和城市现代化建设可能对历史文化保护造成的不良影响。

5.3.2.1　传统风貌与格局保护

传统风貌与格局是历史城市物质空间构成的总的宏观体现，也是城市风貌特色在宏观整体上的反映。它包括城市平面轮廓、功能布局、空间形态、道路骨架、自然特色等。传统风貌与格局保护对城市固有特色的保护起着举足轻重的作用，但保护上难度也最大，因为首先它面积大、范围广，不容易控制；其次由于经济的迅猛发展，常常会强烈地改变城市原有格局，如不有意识地加以保护与继承，会将古城改造得面目全非。因此，需要以积极谨慎的态度，在旧城更新改造中坚持以全面的旧城更新改造规划和古城保护规划作指导，把握历史地区的传统风貌与格局。应注意保护城址环境的自然山水和人文要素，对体现历史城区传统格局特征的城垣轮廓、空间布局、历史轴线、街巷肌理、重要空间节点等提出保护措施，采取城市设计方法，对体现历史城区历史风貌特征的整体形态以及建筑的高度、体量、风格、色彩等提出总体控制和引导要求，明确历史城区的建筑高度控制要求，强化历史城区的风貌管理，延续历史文脉，协调景观风貌。

南京是世界著名古都，是国务院公布的第一批国家级历史文化名城之一，在中国乃至世界建城史上有着重要地位。南京名城的价值特色主要体现在"襟江带湖、龙盘虎踞"的环境风貌，"依山就水、环套并置"的城市格局,"沧桑久远、精品荟萃"的文物古迹,"南北交融、承古启今"的建筑风格,以及"继往开来、多元包容"的历史文化等五个方面。

南京历史文化名城保护规划以保护南京历代都城格局及其山水环境、老城整体空间形态及传统风貌为重点,形成名城"一城、二环、三轴、三片、三区"的空间保护结构,整体保护和展现南京历史文化名城的空间特色及环境风貌。

(1)"一城" 指明城墙、护城河围合的南京老城。

(2)"二环" 为明城墙内环和明外郭、秦淮新河和长江围合形成的绿色人文外环。

(3)"三轴" 为中山大道(包括中山北路、中山路、中山东路)、御道街和中华路3条历史轴线。

(4)"三片" 为历史格局和风貌保存较为完整的城南、明故宫、鼓楼—清凉山3片历史城区。

(5)"三区" 为历史文化内涵丰富、自然环境风貌较好的紫金山—玄武湖、幕府山—燕子矶和雨花台—菊花台3个环境风貌保护区。

秦淮区老城南地区凝聚六朝、南唐以及明、清、民国各代丰富的历史痕迹及信息,是古都南京历史的缩影。其历史文化资源分为城市格局要素、历史城区、历史地段、文物古迹和非物质文化遗产。城市格局保护主要包括南唐御道(今中华路)、明代御道(今御道街)、中山东路轴线、内外秦淮河、明城墙与护城河、明外郭以及城南历史城区和明故宫历史城区等要素,并由山水圈层、历史城区、景观轴线、景观节点和门户节点等要素共同构成多层次的空间格局结构(图5-31~5-34)。

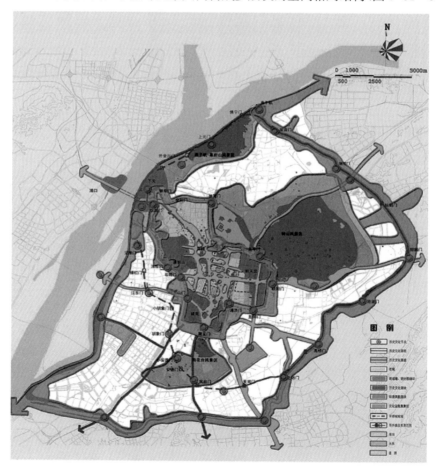

图5-31 南京主城文化景观空间网络图

资料来源:南京东南大学城市规划设计研究院有限公司,2015.

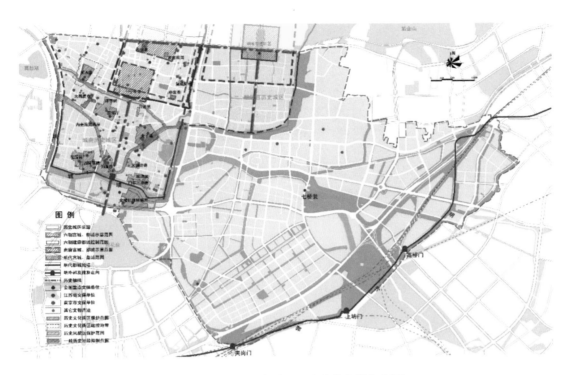

图 5-32 秦淮历史城区历史文化保护规划图
资料来源:南京东南大学城市规划设计研究院有限公司,2015.

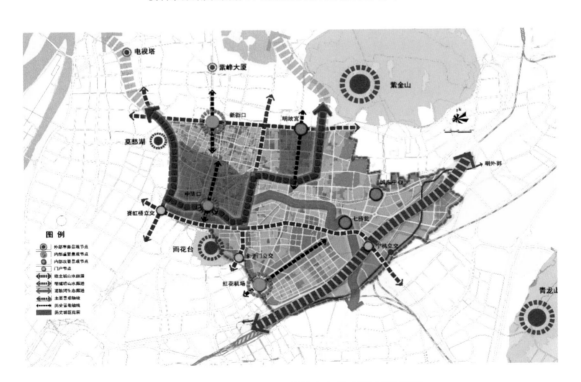

图 5-33 秦淮历史城区整体空间格局控制引导图
资料来源:南京东南大学城市规划设计研究院有限公司,2015.

　　在老城南历史城区保护与更新规划中,系统解决了内秦淮河周边建成环境差、基础设施不足、城市特色被侵蚀等问题,避免街区不必要的完全复古和大拆大建所导致的过量投入,对南捕

图 5-34　秦淮老城南历史城区现状

厅及门东、门西等重点地段按地块进行精心的城市设计,引入小规模、单元式、渐进式的修缮方式,保证了老城南传统风貌的保护与延续。

5.3.2.2　进行渐进的保护、整治与适应性再利用

历史地区作为活态遗产,是经历不断适应性变化的文化遗产,是许多人生活的居住社区,为了满足现代日常生活的需要,仍然在不断建设和发展。需要发扬工匠精神,珍惜历史文化,建立整体城市设计思想,以高超的城市设计技巧,进行精心的规划设计,提出各尽其能的方案构思,将城市设计思想和原则贯彻到更新改造的整个过程;需要加强精细化的城市设计管理,通过小规模、渐进式的针灸激活和有机更新,以微小空间为切入点,对历史地区进行精心的维护、修缮、修补和整治;同时也需要基于可持续发展理念,整合多种绿色城市和建筑的设计方法和适用技术,通过文化传承、环境保护和现代建筑科学技术手段,利用保全工程学原理,在保护历史整体环境真实性和完整性的前提下寻找可持续性保护和再生的途径。

北京崇雍大街是北京"资源最集中、生活最具特色、功能最复合"的一条集历史文化、商业和交通功能于一体的老城次轴线。崇雍大街的保护和复兴是坚定文化自信国家战略下未来首都核心区的核心工作,也是一次探索老城街区复兴范式的重要实践(图 5-35)。崇雍大街城市设计与综合提升工程设计由中国城市规划设计研究院(以下简称中规院)负责。

崇雍大街位于北京市东城区,北起雍和宫,南至崇文门。大街所在的天坛至地坛一线文物史迹众多,历史街区连续成片,是展示历史人文景观和现代首都风貌的窗口。1990 年代以来的数次整治工程均未跳出"涂脂抹粉"的惯常做法和思路桎梏。2018 年项目启动之初,中规院技术团队尝试以综合系统的视角,重新审视这条北京老城内连接"天地之间"的城市干道,统筹考虑居住环境、交通出行、公共服务、对外交往、文化展示、旅游形象等多种功能需求,规划设计对象也由之前单纯的物质环境向社会、文化、经济等多维度拓展。

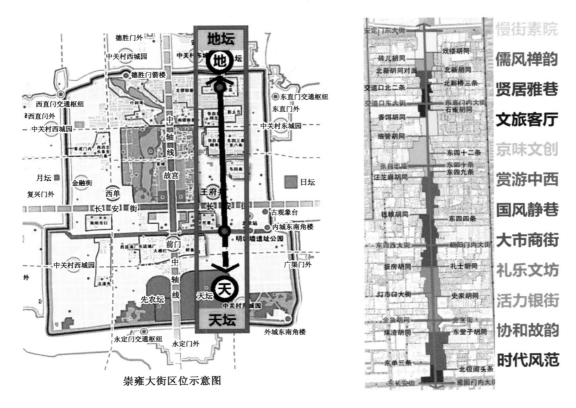

图 5-35 崇雍大街的整体定位

资料来源：中国城市规划设计研究院，2019.

崇雍大街环境整治提升工程是区别于大街历年实施的局部、专项、临时性整治措施的第一次系统性的综合提升（图 5-36）。同时，也是落实北京总规对老城疏解、提升的新要求，是北京老城走向有机更新、可持续治理模式的新尝试和新实践。具体创新与特色体现在以下几个方面：

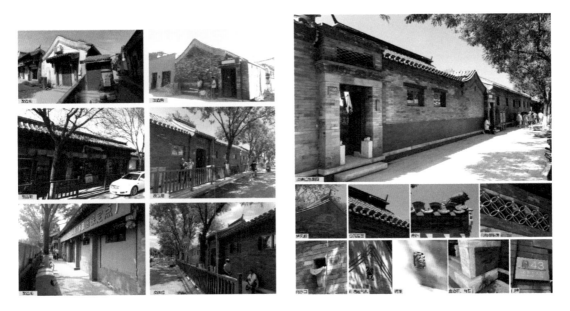

图 5-36 崇雍大街的实施效果

资料来源：中国城市规划设计研究院，2019.

（1）坚持以人为本理念　采用"顶层规划设计＋基层城市治理"，搭建了一个城市共治共建的开放平台，充分体现了城市治理理念、策略与方式的转变。

（2）坚持文化引领　崇雍大街是元大都时期建成的南北通渠大道，历经元、明、清、民国直至现在，不断延续并向南北两侧扩展。项目组基于对崇雍大街的历史演变提炼出四个方面的历史文化价值：一是"天地之街，人杰地灵"——贯通老城南北的文化次轴；二是"释道雍和，尊孔尚礼"——崇文尊孔重教的精神圣地；三是"八街九陌，漕运要冲"——民俗闹市汇聚的商贸中心；四是"中外合璧，五四源起"——文化交融碰撞的先锋阵地。在历史文化价值提炼的基础上总结出崇雍大街"文风京韵、大市银街"的整体定位，将崇雍大街自北向南分为人文休闲精华段、胡同生活体验段、多元特色商业段和现代都市风貌段四部分，分区段进行主题展示。

（3）把握整体思维　崇雍大街作为北京比较有代表性的街道，在崇雍大街保护更新项目中，项目组采用从遮挡走向展示、从立面走向环境、从街面走向院落、从街道走向片区的思维模式，把背街后院和大街公共空间作为一个整体来进行考虑，把街道和城市作为一个整体来统筹考虑。

崇雍大街城市设计与综合提升工程设计项目强调从街面走向院落更新，在实践中提出了整理居住院落、恢复居住院落、还原院落格局、腾换院落功能、织补院落肌理等九大类的分类，根据每栋房屋具体的产权、现状、功能、人口等综合判定院落类型，构建院落分类整治决策系统。充分体现了十九大"打造共建、共治、共享的社会治理新格局"的理念，探索了从修补走向提升的工作方法。

5.3.2.3　注重历史地区的文化传承、创新与提升

长期以来，许多人片面地认为，保护历史文化风貌和景观特色妨碍了城市经济发展，影响了城市现代化，以致由此演化成破坏性建设行为。其实，城市的历史文化风貌和景观特色也是一种珍贵的资源，是不可替代的无价之宝，具有很高的使用价值，通过制定适合古城特点的城市经济和社会发展战略，通过科学合理的城市规划布局和高水平的城市设计，并严格实施保护控制和管理，不仅可以处理好历史文化保护与经济建设的关系，而且文化保护项目的实施也可带来良好的经济效益、社会效益和环境效益，并与使城市具有竞争性的社会经济发展战略目标完全一致（阳建强，吴明伟，1999）。

基于历史地区真实性、层叠性和多样性，历史地区的保护利用不仅需要重视历史建筑的修缮与更新，同时也需要不断修补与完善历史地区的内部功能，谨慎植入适合历史街区发展的新的业态和功能，有效平衡历史地区中的传统风貌延续、地方特色保护、居民民生保障、人居环境改善及城市更新之间的关系，保持和激发历史街区的活力。

与此同时，鼓励历史地区的文化传承和创新，建立历史地区保护与发展的关联，让城市遗产在新的时代背景下得到价值提升，更好地融入当代社会生活，营造更美好、更宜居和更具文化内涵的历史空间环境，促进历史街区持续、多元与和谐发展，最终实现文化遗产推陈出新。

中央大街作为哈尔滨最早形成的城市主街之一，是早期国际经济都市——哈尔滨的缩影，街道全长 1450 m，街区总面积约 1.8 hm²。它集中反映哈尔滨 1898—1931 年开埠通商并作为俄国殖民地的历史，是西方文化植根哈尔滨的具体体现，以西方折中主义、新艺术运动风格为主导的建筑风貌，加之一条欧式方石路及繁华的商业活动，突出地体现了该地区浓郁的欧式商业街道的风貌特色，具有较高的景观价值和旅游价值。

1984 年哈尔滨市政府将中央大街确定为保护街道后，为了整治"文化大革命"对中央大街造成的环境破坏，至今已进行了三次环境整治工作。1997 年的环境整治一期工程首次提出了"步行化"改造策略，对主街建筑立面进行了整饬。2003—2004 年中央大街进行了二期、三期环境综

合整治提档升级（图5-37），整合区域内各种历史文化资源，重点突出中央大街的欧式建筑风貌，扩大步行街长度，减少横穿机动车通道，完善各项街道设施小品（图5-38），并设置11个开敞休闲空间（图5-39），分段保护修缮历史文化建筑。此次整治将中央大街分为四段风貌区并设四个节点，整治范围扩大到25条相邻辅街，完成了红专街音乐文化街、大安街美食街、东风街理容化妆品街的改造，逐步形成了占地94.5 hm² 的历史风貌商业街区。

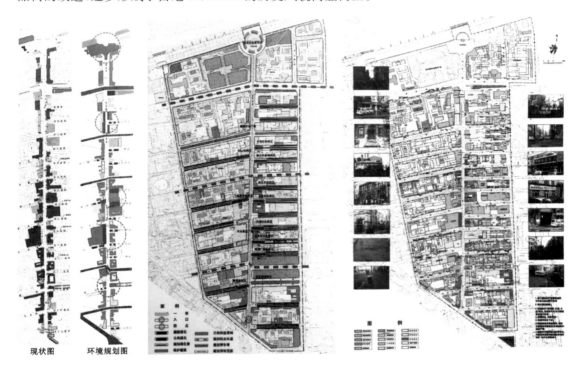

现状图　　　　环境规划图

图 5-37　中央大街整治规划一、二、三期方案

资料来源:哈尔滨规划展览馆

图 5-38　中央大街街道小品

图 5-39　啤酒广场休闲空间

　　二十余年的整治与经营为中央大街带来了良好的经济与文化效益,截至2019年日均客流量达到30万人/天,同年哈尔滨市对中央大街商务区改造提升和业态升级进行了全面规划设计,制定了中央大街商务区业态升级扶持政策和《中央大街商务区业态指导目录》,调整完善了街区绿化、亮化、牌匾广告、交通组织和智慧街区建设的总体方案,使规划设计和商贸业态布局更加突出欧陆风情,彰显文化底蕴。中央大街的整治工程不仅提高了其区位价值,还带动了道里区的经济社会发展。其步行化和植入休闲空间的整改策略在改善区域交通的同时,促进了业态多样化和街道活力,通过传统风貌的保护与因地制宜的业态策划,让百年老街再现"东方小巴黎"的历史神韵。

老道外中华巴洛克历史街区是哈尔滨另一处典型的旅游开发型历史街区,该街区占地50.27 hm²,是哈尔滨开埠之地和民族工商业、关东文化的发源地,其核心保护范围面积20.27 hm²,包括以靖宇大街为主轴的"鱼骨式"街道串联"四合院"构成的街坊(图 5-40)。靖宇街是哈尔滨出现较早的商业街之一,集聚了全市的老店、名店,这些老字号的振兴和再开发可充分发挥风貌区传统商业特色的优势。

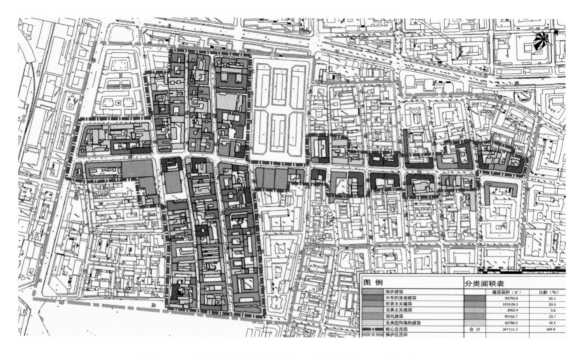

图 5-40　老道外历史街区核心区建筑风格及保护建筑分布

资料来源:哈尔滨市城市规划局,2003.

随着城市发展中拆旧建新以及片区的商业衰落,老道外的物质环境和历史风貌都受到了较大的损坏,哈尔滨市政府曾于 2008 年及 2012 年分别完成了一、二期保护工程。一期改造工程面积 2.6 hm²,以靖宇街、南勋街、南二南三街区围合地段为主要改造对象,改造通过建筑修复和庭院整治对环境进行整体提升,并将"前店后厂"的居住—商业功能混合的街区改造为纯商业街区。经过 2012 年的二期改造工程,街区作为文化旅游片区进行更大范围的开发改造,总面积13.9 hm²,建设控制地带的建筑全部拆除并新建 2~3 层的商业建筑,增设了更多展现民俗生活的街道小品,如铜像、牌坊。但街区以小商品零售为主的商业经营模式和更新投入产生的高额的租金,阻碍了招商工作的推进。除南二道街得到政府补助引入一些知名餐饮店入驻外,其余店面基本闲置、业态空心化。为破解困局、提高综合效益,2017 年起哈尔滨市住房建设集团组建市场化运营公司,联手商业地产规划运营集团对其进行商业地产化运营,使改造片区逐步恢复活力(图 5-41、5-42)。历史街区现已招商传统餐饮、文化主题、休闲娱乐、商业零售、特色住宿五大类业态 153 家,面积 9.5 万 m²,区内汇集张包铺、老街砂锅居等 30 余家特色餐饮,传统二人转、相声、评书、快板等极具地方特色的民俗民艺演出,年均接待游客百万人次以上。打造哈

图 5-41　改造后的南二道街　　　　　图 5-42　老道外历史街区新旧院落

尔滨漫生活商旅综合体，以商业地产运作模式，将文化保护与旅游开发有机融合，保护并延续地方的传统产业和生活空间，体现复合生长的城市更新理念。由此可见，历史街区的旅游开发不仅要注重物质遗产和非物质遗产的传承保护，更应将街区的原真性和活力营造纳入更新的基本原则中。

5.4　老工业区的更新与再开发

　　20 世纪后半期，发达国家制造业达到最终成熟，逐渐进入被迅速成长的信息社会、国际交流和全球经济深深影响的"后工业化时代"。这导致过去在制造业基础上发展起来的大部分城市出现不同程度的结构性衰落，造成日益严重的城市用地大量闲置和废弃等问题，出现了"逆工业化"现象。一些曾经强盛无比的传统工业中心逐渐解体和衰退，为了给老工业区注入新的活力并获得经济上的复兴，政府不遗余力地进行大规模的更新改造与再发展。

5.4.1　后工业化与城市转型

5.4.1.1　后工业化时期

　　1959 年，美国未来学家丹尼尔·贝尔（Daniel Bell）最先提出了"后工业社会"的概念，并在 1973 年出版的《后工业社会的来临》（*The Coming of Post-industrial Society*）一书中对"后工业社会"作了全面的理论阐述和实例分析。贝尔以技术为中轴，将社会划分为前工业社会、工业社会和后工业社会三种形态，并归纳了后工业社会的基本特征：①经济方面，从产品生产经济转变为服务性经济；②职业分布，专业与技术人员处于主导地位；③中轴原理，理论知识处于中心地位，它是社会革新与制定政策的源泉；④未来的方向，控制技术发展，对技术进行鉴定；⑤制定政策，创造新的"智能技术"。

5.4.1.2　后工业时期的城市特征

　　1997 年彼得·霍尔在《塑造后工业化城市》（"Modelling the Post-industrial City"）一文中对后工业化时期的城市特征作了进一步诠释，将其归结为三大特征：①全球化。许多发达国家的传统制造业城市经历了大规模的逆工业化，在新兴工业化国家和地区新制造业中心开始发展。城市在不断重新界定它们的经济功能，寻找信息的创造、交换和新功能的使用，产品制造和处理方面的功能已经丧失。与之相关联的交通物流中心（如铁路货物站场、港口设施）重组和重新布局，导致发达国家城市的就业岗位进一步流失和大规模衰退。②第三产业化、第四产业化和信息化。发达国家在服务领域，发达服务业（进行信息的创造和交换）的比例不断上升，代表了从工业化向信息化生产模式的根本性转变,许多城市在 20 年内将其自身由制造业城市转型为服务业城市。
③向心性与多中心性。一方面高端服务业的集聚提升了城市 CBD 的地位;另一方面,城市中心区的就业开始下降,出现了分散化的趋势。

5.4.1.3　后工业化时代的城市变化

后工业化时代,城市功能结构与形态发生了以下变化:

1)出现世界城市

后工业化催生了世界城市。在世界范围的劳动分工过程中,跨国公司在全球范围内的经营起了关键作用,其将生产功能放在成本最低的区位,而将金融、研发、总部等功能留在发达国家,这种国际分工导致发达国家制造业的衰退,但催生了以世界经济体系高度集中为代表的金融中心,如纽约、伦敦和东京等"世界城市"成为世界经济的"控制中心"。

2)旧城更新和边缘开发,城市呈现网络化特征

从欧美发达国家的趋势来看,后工业经济活动使城市呈现内城更新和边缘开发的趋势。一是产业的空心化,促进了新产业的移入,带来了新的经济增长、就业和融入全球的机会,这种新产业更替促进了旧城更新,使高端服务、研发、金融中心向旧城中心集聚。二是新兴产业因信息技术进步和交通发展改变了传统区位选择要素,在城市边缘地区集聚,以高科技产业和金融服务业密集为特征,进而带来边缘区购物、服务、休闲中心和新的散布式的住宅开发(Gospodini A,2006),由此形成了多中心、网络化的城市形态特征。

3)城市开发建设的相对静态化和小规模化,土地使用功能的再次混合化

工业社会之前土地利用是以典型的混合使用为主要特征,1950—1970 年代在功能主义的主导下开始进行土地的分区。1980 年代以来,在后工业背景下,城市土地混合利用又成为新的发展趋势。土地功能的混合使用,使得城市就业不再集中于城市工业,而呈现分散化趋势,城市居住等其他功能也不再围绕工业区展开,而是以公共服务设施和交通服务设施为导向,人口开始向郊区迁移,产生"郊区化"和"逆城市化"现象,进而形成卫星城镇以及城市地域互相重叠连接而形成的城市群和大城市集群区。总体来看,后工业化时期城市化水平已比较平稳,工业化对城市化的进程几乎不再产生影响,城市人口稳定,甚至有所下降,城市发展呈现相对静态化的特征,即大规模的城市扩张、城市开发已经停止,渐进式、小规模的城市更新成为城市发展和建设的主题。

5.4.2　老工业区更新的典型类型

老工业区的更新模式是指在经济、社会、文化和环境复兴等目标的主导下对老工业区实施的一系列更新方法和技术手段的集合。根据历史背景、地理位置、经济结构、产业类型、体系规模等要素,可大致分为以下类型(表 5-3)。

表 5-3　更新类型模式总结

分类方法	类型模式	模式要点
按更新主体	集中更新模式	组建发展公司,利用市场机制与社会力量;推出资助与奖励政策,鼓励多方力量参与
	分散更新模式	由市场、民间力量和投资主体主导的老工业区更新改造;多为民众对老工业区特殊价值的发掘与再利用
	两类模式结合	两类模式有层次、有重点地结合互补

分类方法	类型模式	模式要点
按更新 目标	经济振兴模式	以高新产业、金融业等为契机，带动产业升级和经济振兴；一般通过环境改善、设施开发和政策等开拓市场，吸引资金
	社会改造模式	全面改善居住环境，改造物质条件和基础设施，营建新型社区；发展新兴产业，开展新技术培训，扩大就业市场，保持社会稳定
	文化复兴模式	完善文化服务网络；提升文化知名度，吸引人流聚集和参与；发展文化产业和倡导文化消费
按更新 目标	环境修复模式	对环境污染进行治理，建立生态运作模式；完善生态绿化网络体系和休闲体系
	综合目标模式	从经济、社会、物质、文化、生态等方面综合考虑，制定出整体综合的更新目标和策略
按更新 方式	保护性 修复模式	对重要地段和建构筑物进行保护性修复；可适当引入新功能；实际应用中常与工业旅游结合
	保护性改造 再利用模式	重点在于文化、景观和生态价值等多方面，通常采用保护与改造再利用并重的方法
	主体重建 模式	偏重经济、功能、开发，强调土地物质价值；以大规模的开发行为为主；适当保护工业时代的要素
按土地与 空间布局 转换	产业调整 升级模式	依托信息、科技、人才、资金、管理等优势发展新兴产业；新产业要与地区功能协调；优先考虑高新产业、都市产业、创意产业和现代服务业等
	公共设施 建设模式	对现有设施进行改造与再利用；将工业用地转换为商务、商业、文化、体育等用地；通常改为大型的展示类或标志性的文化产业设施和活动场所
	开放空间 营造模式	利用保留的景观元素，创造公共交往、开放休闲的空间，在城市滨水地区采用较为广泛
	居住社区 建设模式	提倡混合社区和公众参与；改善社区环境，吸引人们的入住和休闲活动，包括住宅及商业、教育、办公、科研等的建设
	土地混合 利用模式	对用地进行多功能混合型开发再利用，是老工业区更新的重要方式之一

资料来源：根据相关资料整理。

5.4.3　老工业区更新与再开发途径

5.4.3.1　将工业遗产保护与产业、社区、城市生活融为一体

　　老工业区是一个复杂的有机体，其内部涉及经济结构、社会构成、市场环境、空间布局、科学技术等多项内容。对于老工业区的更新而言，单以某一种模式很难实现预期的整体更新目标。只有从经济结构、社会发展、物质环境、文化传承、生态修复等多个方面综合考虑，制定出整体综合的更新目标和策略，才能实现老工业区产业结构调整优化、土地合理布局、物质空间改善等综合发展，最终实现老工业区全面复兴。

　　景德镇是中国最重要的、鼎盛时间最长的世界级瓷器生产地，也是丝绸之路的起点之一。景德镇河东老城是上千年来陶瓷业不断传承与迭代的核心区域。以景德镇"十大瓷厂"为代表的现代工业遗产聚集区在近半个世纪创造了陶瓷史上的诸多奇迹，是瓷业发展带动城市发展的典型例证。但是，随着20世纪90年代的全面改制，工厂办社会的城市结构破裂，规模庞大的厂区成

为老城中心沉重的负担。在此背景下,景德镇开始尝试将旧工业区的改造作为老城复兴的带动点,景德镇工业遗产保护利用系列规划的实施,有幸成为这一历史事件中的引擎项目,并获得广泛认可(图5-43、5-44)。其获得成功的经验主要有:

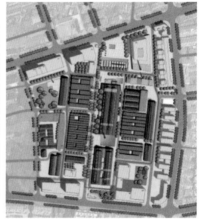

图 5-43　景德镇陶溪川工业遗产保护更新利用规划

资料来源:北京清华同衡规划设计研究院有限公司,2019.

图 5-44　陶溪川示范区博物馆内景

资料来源:北京清华同衡规划设计研究院有限公司,2019.

(1)保护工业遗产,恢复集体记忆,创造性活化利用。广泛梳理包含生产流程、生产设备、厂区环境、工业建筑、瓷厂生产生活组织模式等在内的历史脉络,细致甄别、正确认识被明显低估的现代工业遗产在城市中的地位、价值,提出保护措施和改造目标。从创新角度统一保护并活化路径,让遗产与产业、社区、城市生活融为一体。

(2)工业遗产与城市片区互为资源、深度融合。将工业遗产作为城市不可分割的部分,从城市整体出发研究局部,再以局部引领片区发展。空间与产业的匹配设计,形成城市新旧动能转化的抓手。

（3）多方参与的 DIBO 动态服务模式,将工业遗产的"全生命周期"一根线索管到底。采取 D（设计）I（投资咨询）B（建造）O（运营）一体化模式的动态服务,由规划设计团队为主导,衔接多学科、多专业、多视角,调动政府、业主、社区的力量,从而实现更广泛的公众参与。

（4）以社群聚集带动产业复兴,培育城市的创新创业社区。以市场调查为基础,以遗产保护为引领,通过重点业态招商与设计同步的做法,减少大量重复投入,使城市与工业遗产的契合度达到新的水平。不同层次的业态链条和新的社群营造也为当地社区提供了大量的就业机会。

（5）建立"总体城市设计研究—片区城市设计—片区修建性详细规划—运营实施预判及落实"的动态规划设计与决策平台。健全沟通反馈机制,全面指导河东老城现代工业遗产的保护、利用及具体的环境整治工作,持续带动河东老城地区的复兴。

景德镇陶溪川工业遗产保护利用的成功印证了规划统筹在老工业区更新中的优势与作用。陶溪川、建国瓷厂等示范区的实施强调"工业遗产保护与活化"齐头并进,在空间塑造和功能安排上强调"场景＋内容"双管齐下,以传统工艺流线组织示范区的展示利用方式,很好地实现了现代工业遗存融入城市并重新成为城市生活核心社区的双赢目标(图 5-45)。

图 5-45　陶溪川、建国瓷厂等示范区

资料来源:北京清华同衡规划设计研究院有限公司,2019.

5.4.3.2　基于核心价值导向的工业遗产保护与再利用

以文化为媒介将新的要素融入老工业区的更新是促进工业城市活力恢复的重要途径。遗存的工业建筑与构筑物、工业区风貌与格局、居民的生产生活方式等决定了老工业区具有独特的物质与非物质文化价值。文化导向更重视文化因素,通过改造利用工业遗产,建设与公共空间、慢行系统结合的文化商业设施,构建与历史资源协调、功能混合的文化区,举办文化创意活动等吸引投资与建设人群,发展根植于工业文化的旅游业与生产性服务业,延续工业记忆与恢复地区活力。

南通是一座具有深厚江海文化底蕴的国家历史文化名城,堪称"中国近代第一城",其"一城三镇"的城市规划布局被吴良镛先生誉为可与霍华德"花园城市"相媲美(图 5-46)。唐闸近代工业城镇作为南通"一城三镇"历史格局的重要组成部分,是以大生纱厂为中心,沿通扬运河兴办一系列相关地方事业发展起来的近代工业城镇,是清末状元张謇实践其社会理想、推进南通近代工

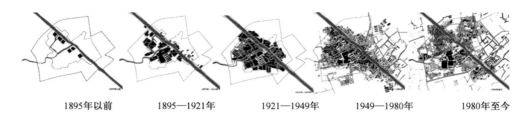

| 1895年以前 | 1895—1921年 | 1921—1949年 | 1949—1980年 | 1980年至今 |

图 5-46 南通唐闸近现代工业城镇的发展演变

资料来源:南京东南大学规划设计研究院有限公司,2017.

业化和早期现代化转型的肇始和重要基地。

唐闸现仍基本保持原有近代工业城镇的格局与风貌,保存有大量近代产业遗产。南通唐闸近代工业城镇保护利用规划充分吸取国际上历史工业城镇保护的先进理念与经验,在全面评估唐闸近代工业城镇的遗产价值与特色的基础上,提出其保护的总体目标,构建其保护利用总体框架,同时开展重要地段的保护与整治规划设计,制定了建筑遗存分类整治模式和保护整治设计导则,为唐闸古镇近现代工业遗产保护与可持续发展提供了规划依据和技术指南(图 5-47、5-48)。南通唐闸近代工业城镇保护利用规划在以下方面进行了有益探索:

图 5-47 南通唐闸近现代工业城镇的保护利用规划设计

资料来源:南京东南大学规划设计研究院有限公司,2017.

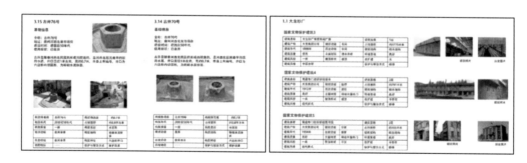

图 5-48 南通唐闸近现代工业城镇的工业遗产档案

资料来源:南京东南大学规划设计研究院有限公司,2017.

(1)深入挖掘近代工业城镇的遗产特征,建立综合系统的遗产价值评估体系。采用历史空间推演、横向综合比较法以及层次分析法评估技术,分析研究唐闸工业遗产在中国近代工业发展历程中的地位与作用,对其价值、现状、管理进行了全面评估。

(2)突破文物保护局限,提出近代工业城镇遗产整体保护与利用的体系框架。立足世界遗产保护要求和工业城镇遗产特殊性,对唐闸近代工业城镇涉及的工业设施、仓储设施、商贸设施、生活设施、交通水利设施、教育慈善设施、卫生医疗设施以及文化景观设施等要素提出整体性的保护与利用,传承延续工业城镇完整的生产与生活文脉。

(3)运用现代城市设计方法,对整体及重点地段提出因地制宜的保护与整治设计。将城市设计贯穿古镇保护与发展全过程,采用"以价值为核心的保护规划"模式,制定了包括延续历史文化环境、优化用地功能结构、突显特色空间格局、提升绿地景观环境以及完善交通市政公共基础设施等方面的保护利用城市设计体系框架,在对重点地段历史沿革、历史资源分布以及保存状况等进行研究的基础上,就功能布局、空间形态、道路交通、开敞空间、景观系统等提出因地制宜的整治设计方案。

南通唐闸近代工业城镇保护利用项目统一了地方政府、市民、专家学者等对古镇价值和保护工作的认识,提出了相应的保护利用措施,很好地处理了近代工业城镇积极保护与合理利用的关系。目前大生纱厂、油脂厂、造纸厂、唐闸红楼、大达内河轮船公司、河东民居等重点地段已在规划指导下进行了建筑修缮与整治,取得良好的实施效果,有效促进了近代工业城镇的保护利用、品质提升与可持续发展(图5-49)。

大生纱厂公事厅修缮前　　　大生纱厂钟楼修缮前　　　　　　大生纱厂清花车间修缮前

大生纱厂公事厅修缮后　　　大生纱厂钟楼修缮后　　　　　　大生纱厂清花车间修缮后

银光大戏院维修改善前　　　油脂厂、造纸厂保护整治前之一　　油脂厂、造纸厂保护整治前之二

银光大戏院维修改善后　　　油脂厂、造纸厂保护整治后之一　　油脂厂、造纸厂保护整治后之二

图5-49　南通唐闸近现代工业城镇保护利用的实施成效

资料来源:南京东南大学规划设计研究院有限公司,2017.

5.4.3.3　通过大事件驱动实现老工业区的全面复兴

城市事件可分为政治性、文化性、商业性和体育性四大类,具有物质、经济、社会、政治及政策影响效应,可以为城市发展提供契机与外部动力,促进城市转型,加速城市工业用地更新(罗超,2015)。城市事件对老工业区的优化升级不仅包括空间的发展、环境的优化、工业遗产的保护与再利用,还包括对旅游产业的带动、产业结构的转变。

首钢老工业区转型发展是通过大事件驱动实现老工业区复兴的成功典范。2005 年,党中央国务院基于国家经济转型升级、首都发展方式转变的判断,批准首钢搬迁调整方案,首钢老工业区作为全国老工业区搬迁改造 1 号试点项目开始探索全面转型之路。百年历史、800 万吨钢产量、10 余万员工的大型老工业区转型是绝无先例可循的综合系统工程。不仅是浓烟焦土向绿水蓝天的环境提升,更是从要素驱动向创新驱动的发展方式升级,从单一拆迁开发模式向企业、政府和社会力量多元协同共治的城市治理转型,10 余万职工及其家属"不让一人掉队"的社会重塑。基于首钢"规划—建设—管理—运营"一体化模式,由北京市城市规划设计研究院、北京市建筑设计研究院有限公司、清华大学建筑学院、北京首钢筑境国际建筑设计有限公司、北京戈建建筑设计顾问有限责任公司、奥雅纳工程咨询(上海)有限公司和首钢集团有限公司规划团队从2005 年至今,十年磨一剑,从整体规划到项目深化,从综合专项到要素管控,从规划到实施,全过程服务首钢转型发展。2010 年首钢完成搬迁,遗留下 8.63 km² 的旧工业厂区,大面积的工业用地亟待优化升级,大规模的工业建筑亟须保护更新。2015 年,中国成功申办 2022 年冬奥会,首钢工业区迎来了加速功能转型的契机。随着冬奥组委入驻首钢,工业园区整体改造和周边景观提升工程加速推进。作为重大城市事件,北京冬奥会推动首钢工业区建成国家体育产业示范区,集聚国家级体育资源,将奥运要素与工业文化要素结合,实现老工业区创新发展与整体更新的目标。

可以说,首钢老工业区综合转型探索了中国老工业区转型再生的首钢模式,形成了北京城市复兴新地标和实施绿色转型示范区。其成功经验体现在以下方面:

(1) 规划体系方面　面对长期艰巨的转型任务,立足规划、建设、管理、运营全过程,抓住老工业区转型不同阶段的主要矛盾,发挥规划引领全过程转型发展作用,以规划逐渐推进老工业区从战略走向策略,从策略走向方案,从方案走向实施。实现规划"持续性"和"动态性"的统一。

(2) 空间改造方面　冬奥会的举办拓展了高效合理地保护与再利用工业遗产的方式,推动了对工业园区及单体构筑物深入的创新设计与功能策划。筒仓是首钢工业遗址中最典型和独特的建筑之一,在内部宽大的空间中嵌入办公与展示单元,实现了工业建筑向创意办公建筑的转变;筒仓的地下空间被改造为创意休闲广场,其中 1 号筒仓的地下空间改造为工业遗产展厅,再现首钢历史脉络;联排筒仓顶部原有的通廊改造为观光餐厅和空中连廊,为办公和商务活动提供了良好环境(图 5-50)(赵玮璐,2018)。此外,作为冬奥会赛场的首钢园区对原有四座冷却塔和制氧厂进行升级改造,建成永久性保留和使用的滑雪大跳台场地,在赛后将继续用于比赛和训练并对公众开放,为普及冰雪运动做出贡献(图 5-51)。

(3) 区域发展方面　首钢园区以冬奥为用地功能更新和拓展的契机,推动发展"体育+"城市区域发展新格局。冬奥组委入驻拉开了首钢工业区转型和功能转换的序幕,更使其成为北京石景山区在区域经济发展层面具有带动和辐射作用的战略抓手。大事件驱动下的首钢工业区更新,为北京西部地区带来新的发展机遇和提供新的动力引擎,对京津冀协同发展、推进非首都功能疏解、调整首都战略布局和资源要素布局具有重要意义(图 5-52、5-53)。

目前,首钢老工业区实现了产业功能和发展方式转型、社会民生治理、历史文化传承、环境景

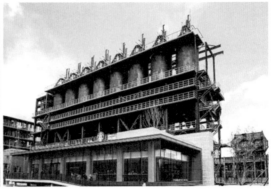

图 5-50　筒仓空间改造

资料来源:https://weibo.com/5633037226/IrUZ2hgiX.

图 5-51　由工业遗产改造的冬奥场馆

资料来源:https://bbs.zhulong.com/101010_group_678/detail41145283/#f＝weibo_tk.

图 5-52　首钢老工业区转型发展北区鸟瞰

资料来源:北京市城市规划设计研究院,2019.

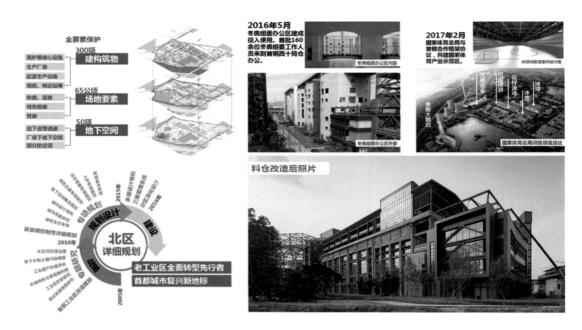

图 5-53　首钢老工业区转型发展实施成效

资料来源:北京市城市规划设计研究院,2019.

观治理提升的全面转型目标。十余年来,规划设计、实施建设、管理部门组成的综合项目团队,以坚持不懈的创新和坚守的信念有效推进了首钢的更新改造,赢得国内外盛誉。

5.5　滨水区的更新与再开发

5.5.1　城市滨水区的发展与演变

滨水区多为有人类聚居的地方,在人类几千年的城市生活空间中占据着重要的地位。进入文明社会以后许多滨水区逐渐形成了城、镇的雏形。工业革命以后,工业规模、世界贸易规模的急速扩大以及运河的改造与海运的发展,促使港口和码头得到空前的繁荣,滨水区迅速成长为城市核心的交通运输枢纽与运转中心。

随着世界性的产业结构调整,发达国家城市滨水地区经历了一场严重的逆工业化过程,滨水地区作为城市主要交通运输地带的功能逐步削弱,大量的滨水地区的工业和交通用地出现闲置待用现象。20 世纪 60 至 70 年代,在社会、经济、生态、文化、政治等多重因素综合作用下,滨水区的整治与复兴改造逐渐成为人们的共识。结合全球范围内呈现出的旅游休憩热潮,以及经济转型时期滨水区开发带来的城市经济增长优势,全球掀起了一场大规模的有关滨水区改造的研究与实践热潮(王建国,吕志鹏,2001)。

"让滨水区重新回归城市"这一世界性的发展趋势正成为城市更新中的重要课题和关注热点。

5.5.2　滨水区更新类型

近年来的滨水区继续综合再开发建设,更加强调各滨水区的个性表达与差异化体现,针对滨水区各自的现状问题,探索丰富多元的滨水区再生目标与策略。基于滨水区多元策略的滨水区更新与再开发类型如下(郭红雨,蔡云楠,2010)。

5.5.2.1　修复生态环境的滨水区更新

以水环境生态修复为主,从修复城市滨水区生态环境入手,增加水环境水源,集污水治理、堤岸建设、防洪、景观建设为一体,将河涌整治与城市滨水景观塑造、旧城更新、城中村改造、市政综合配套、城市景观形象提升相结合。

5.5.2.2　塑造城市景观形象的滨水区更新

城市滨水区是展现城市空间景观、诠释城市文化的最佳空间之一。在综合再开发目标下,以景观环境建设为出发点的设计思路,不仅仅表现滨水区自身的景观特征,更关心如何以滨水区的景观建设为契机,整合带动城市整体景观形象。

5.5.2.3　整合城市空间的滨水区更新

许多跨河形态的城市,由于跨江河交通的滞后,城市一江两岸的发展速度和形象差异巨大,城市空间在两岸缺少完整联系和整体态势。现阶段的滨水区再开发,以平衡城市发展为目标,从整合城市空间入手进行开发建设。

5.5.2.4　复兴城市文化的滨水区更新

功能重组的方式上,以循序渐进的方式将工业仓储置换成商业娱乐功能,对滨水区中一些有重要影响力的工业仓储和构筑物进行适应性更新改造与再利用,如将有保留价值的工业仓储建筑改造为艺术展廊、文化沙龙场所等,以此带动滨水区的更新。

5.5.3　城市滨水区更新与再开发的关键要素

5.5.3.1　整体性

滨水区是城市整体空间的有机组成部分,应通过积极有效的更新手段,加强滨水区与城市腹地、滨水区各开放空间之间的连接,将水域和陆域的城市功能结构、景观系统、开敞空间和人的活动有机结合在一起。在空间布局上,要力求体现城市绿色开敞空间体系的整体性。交通系统组织上,要把握交通的系统性原则,提倡布置便捷的公交系统和步行系统,把市区的活动引向水边,以开敞的绿化系统、便捷的公交系统把市区和滨水区连接起来。在城市的空间结构上,要注意保持原有城市肌理的有机延续。

5.5.3.2　生态性

城市滨水区是城市重要的生态廊道,承载着贮水调洪、净化空气、吸尘减噪等功能,对于保障整个城市生态环境健康安全具有重要的作用。滨水区更新与再开发应该加强对滨水地区生态资源的保护,注意加强自然环境建设与人工环境开发之间的平衡,确保滨水廊道生态功能的正常发挥,并促使其与城市其他开放空间联为一体,建构起一个完整的河流绿色廊道,形成完整的城市开放空间生态网络。

5.5.3.3　共享性

滨水区往往是城市景色最优美和最能反映出城市特色的地区之一,滨水区赋予了城市公共生活空间特殊的人文价值与景观价值,以其优越的亲水性和舒适性满足着现代人的生活娱乐需要,这是城市其他环境所无法比拟的,这种亲水的公共开放空间对人的视觉、心理乃至生理产生了强烈的刺激。丰富多变的水体形状,色彩斑斓的光影效果,启发人们去思考,去想象;清新的空气调整着人的精神和情绪;动植物的共生共存让人们体味大自然的丰富与可爱。因此,在制定滨水区更新规划时应确保滨水区休闲空间的共享性,这不仅具有重要的社会效益,而且具有巨大的经济效益。

5.5.3.4 通畅性

滨水区的交通组织十分复杂,应在城市总体规划和分区规划的框架下进行有序组织,应注意处理好该地区的水陆换乘、过境交通和滨水区的内部交通以及步行系统和车行系统的关系。为简化交通,应采用过境交通与滨水地区的内部交通分开布置的方法。如悉尼达令港,过境交通采用高架的形式,既保证了快捷通畅,又不会对湾区内的交通造成影响。同时滨水区作为吸引大量人流的地带,停车场的位置、规模也是一个重要的交通组织问题。

5.5.3.5 观赏性

滨水区是形成城市景观特色的重要地段,沿岸建筑群富有节奏感的天际线和随季节变化产生的丰富多样景致会增强城市景观的生动性。对其景观环境的建设,旨在打破城市发展、市民生活与水相隔的状态,让市民充分享受多姿多彩的滨水景观。因此,应借助城市设计处理好滨水区的空间组织和特色塑造,创造优美的滨水城市轮廓线、激动人心的滨水节点、连续的开放空间及开阔的视线走廊等。

5.5.4 滨水区更新与再开发的典型案例

5.5.4.1 立足产业结构转型和品质提升的滨水区再开发

1)黄浦江、苏州河沿岸地区再开发

随着全球化、市场化的推进,上海城市发展越来越注重世界金融和国际贸易功能建设,逐步向"世界城市"迈进,与城市功能调整相匹配的产业结构调整成为黄浦江、苏州河沿岸滨水区更新发展的重要动力。

黄浦江、苏州河沿岸地区作为上海建设"国际大都市"的代表性空间和标志性载体,以打造世界一流滨水区为发展目标。为体现"创新、协调、绿色、开放、共享"理念,全面提升黄浦江、苏州河沿线的城市品质,开展了规划编制工作。规划以"谋全局、聚重点、重实施"为特点,从功能布局、公共空间、历史文化、绿化生态、天际轮廓、城市色彩、综合交通、旅游休闲、社区生活、地下空间、市政设施等方面提出规划策略,并确定了各方面的规划管控指标,同时,提出了沿岸各行政区的分区指引和近期行动计划。

(1)黄浦江沿岸地区 以建设世界级滨水区为总目标,规划愿景一是国际大都市核心功能的空间载体,二是人文内涵丰富的城市公共客厅,三是具有宏观尺度价值的生态廊道。规划确定徐汇滨江 WS3 单元区段、虹口北外滩段等若干典型地区的规划目标和策略,结合各区的实际情况,提出了沿线各区的分区指引。规划内容落实于指导详细规划编制和相关项目建设,沿线北外滩、杨浦滨江、紫竹滨江、吴淞工业区等地区规划编制均在本规划总体指导下进行深化研究,沿线各区在规划指导下开展的公共空间节点、历史建筑活化、生态绿化空间等一系列项目行动得到了社会各界的充分肯定(图 5-54、图 5-55)。

(2)苏州河沿岸地区 吴淞江(苏州河)市域内总长约 50 km,宽度为 50~120 m,其中中心城段长约 21 km。苏州河沿线定位为特大城市宜居生活的典型示范区,根据"发展为要、人民为本、生态为基、文化为魂"的指导思想,从功能布局、公共空间、生态绿化、历史人文、空间景观五个方面提出规划原则,在实现两岸公共空间贯通的基础上,打造功能复合的活力城区、尺度宜人有温度的人文城区和生态效益最大化的绿色城区。沿线东斯文里、一纺机、长风西片、嘉定"南四块"等地块在规划指导下深化控详设计,相关各区启动贯通建设方案的研究,其中长宁、普陀等区已开始开展重点项目建设,一系列行动计划受到市民的高度认同(图5-56、5-57)。

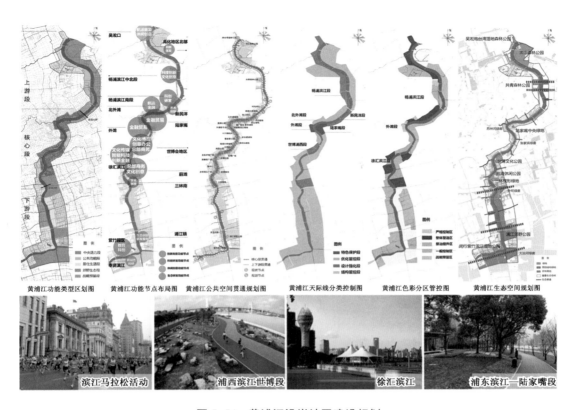

图 5-54 黄浦江沿岸地区建设规划

资料来源：上海市城市规划设计研究院，2019.

图 5-55 黄浦江沿岸地区实施成效

资料来源：上海市人民政府，2018.

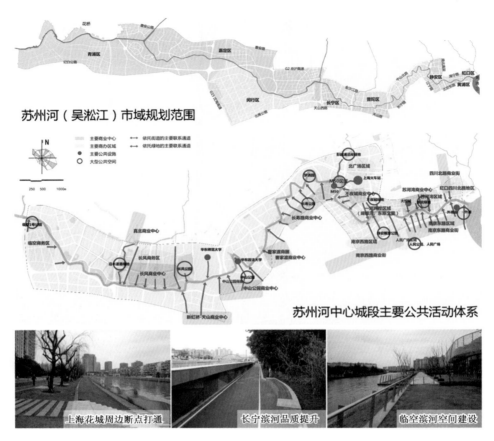

图 5-56　苏州河沿岸地区建设规划

资料来源：上海市城市规划设计研究院，2019.

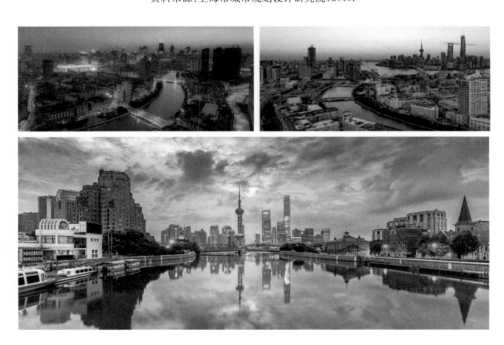

图 5-57　苏州河沿岸地区实施成效

资料来源：上海市人民政府，2018.

2) 荷兰阿姆斯特丹水岸再开发

阿姆斯特丹水岸整片开发土地大约有 630 hm²，沿着艾河分布，直接连接到市中心的北区与西区，其中的 326 hm² 土地都位于海平面以下。关于这一片水岸的再开发计划，从 1980 年代初期就开始进行各种讨论，花了 5 年的时间才提出整个地区的发展计划。1985 年，政府作出一项政策性的决定，将可以再度开发利用的土地项目切割成两个单独的开发计划。东港区为两个单独计划之一，是一个新兴的住宅区，提供出租性质与私人自有的住宅。第二个计划的范围比较靠近艾河沿岸中游一带，这一区域被指定开发为办公、零售空间、住宅以及其他的公共设施和文化性设施。这两个独立的计划各有不同的开发内容，虽然两个计划范围都紧临艾河畔，但彼此间有明确的分界线（图 5-58、5-59）。

图 5-58　阿姆斯特丹艾河沿岸临中央火车站一带鸟瞰

资料来源：Physical Planning Department，City of Amsterdam，2003：160，118.

图 5-59　沿艾河东部新开发的滨水区
资料来源:阿姆斯特丹规划局

　　由于港口工业的迁址,艾河一带水岸变成可以再度开发利用的土地。港口工业衰退的过程从 1876 年开始,当时北海运河刚开凿完成,直接通到阿姆斯特丹旧港区西侧,一连串港口外移的情形即随之发生。北海运河的通航提供了一条捷径,缩短了市中心通往大海的距离,但是这也预告了长久以来在荷兰“黄金时期”有举足轻重地位原本是对外的门户的旧港区,未来将会变得越来越不重要。截至 1927 年,新的码头与制造业工厂仍然沿着艾河畔兴建,一直延伸到旧市区东端。中央火车站的兴建年代大约在 19 世纪末,其位置就在旧港区正前方的一个人工岛上。1912年,阿姆斯特丹市政府发布一项政策,指示港口将沿着北海运河向西更进一步扩大延伸,这项措施加速了新式港口设施不断向西侧发展。1978 年以前,市政府积极地鼓励许多公司迁址,从北海运河的东侧搬到西侧港区,东边的这一片土地也随之荒废下来,一直到“密集发展的城市”政策的时代来临,才又重新获得再开发的机会。这一项“密集发展的城市”政策后来纳入国家与区域规划中,到目前为止仍然受到荷兰政府的支持。

　　艾河沿岸地区(在此所指的范围就是水岸中游地区)的规划策略一方面巩固旧市区的经济地位,另一方面强调使水岸成为阿姆斯特丹市中心区功能结构的一部分。从 1982 年到 1990 年,有几项讨论主导着整个规划的过程,具体包括如何控制建筑的高度,如何建立旧市区与艾河林荫大道之间的连接轴线,中央火车站的后面到底是开辟一条二线道还是四线道的高速公路(也可能是地下高速公路)。此外,应该兴建多少户低租金的社会住宅也成为一项重要因素。再就是应对中央火车站附近的区位进行评估,看看这些地点适不适合设置大型、高品质以及大体量的购物中心等。1993 年 3 月,阿姆斯特丹水岸金融公司提出一项策略,此开发策略比稍早提出的市政白皮书计划的步伐和规模还要大,它计划增加原来规划的整体开发密度,将艾河沿岸地区建设成一个办公集中区,开发的时间定在 1995 年到 2010 年之间。阿姆斯特丹水岸金融公司的几个提案计划对阿姆斯特丹旧市区与大都会地区的经济体系具有相当重大的意义。这一计划进一步了扩大了旧市区的范围,让居民有更多的机会接近艾河,同时也将使废弃的土地再度恢复生机,而且必然会对阿姆斯特丹的实质结构产生重大的影响(图 5-60～5-63)。

图 5-60　艾河沿岸中部阿姆斯特丹中央火车站改造设计方案

资料来源:阿姆斯特丹规划局

图 5-61　阿姆斯特丹中央火车站周边地区现况

图 5-62　阿姆斯特丹中央火车站东侧地区的综合再开发方案
资料来源:阿姆斯特丹规划局

图 5-63　阿姆斯特丹中央火车站东侧地区的再开发

　　目前,这一更新项目已实施建成,从居民使用的反馈情况来看,它的功能转型还是较为成功的,为今后的老港区改造提供了一个良好范例。

5.5.4.2 立足工业遗产保护和公共开敞空间营造的滨水区更新

1）广州珠江后航道洋行码头仓库区保护与再发展

广州珠江后航道洋行码头仓库区形成于 20 世纪初，作为沙面地区各国洋行、公司的功能延伸，至今仍保存许多洋行码头、仓库和重要的历史建筑，是特定历史时期广州乃至中国畸形对外经济关系和港口贸易发展的重要实物见证和历史遗存，具有很高的历史、文化、艺术和使用价值。近年来，伴随着广州城市的迅速发展与急剧转型，后航道滨水工业及交通运输业出现严重的结构性衰退，使珠江后航道洋行码头仓库区保护工作面临着巨大的压力与挑战，但同时也孕育着再发展的重要契机。广州珠江后航道洋行码头仓库区的保护与再发展在新的背景条件下，基于全面综合的历史文化保护和城市更新可持续发展思想，采取融入城市、延续历史、调整用地、优化交通等规划手段，抓住时机，充分挖掘其内在的潜力和开发的价值，复兴了老码头仓库区，保护了近现代工业遗产与风貌，选择适宜的保护和发展模式，实现了工业遗产保护和地区活力复兴的整体最优目标（图 5-64、5-65）。

图 5-64 广州珠江后航道洋行码头仓库现状

（1）融入大的城市发展背景，进行再发展的重新定位　该地区的复兴改造充分尊重后航道洋行码头仓库的历史文化价值，融入大的城市发展背景，深入挖掘其内在的潜力和开发的价值，从改善公共服务、基础设施以及空间环境出发，综合平衡后航道洋行码头仓库区的历史、文化、经济、环境效益，将其复兴改造为保存有大量近现代工业遗产，具有浓郁历史氛围，能够见证广州近代工业贸易史与港口发展史，同时又适应现代发展要求、优美宜人并且充满活力的城市重要历史

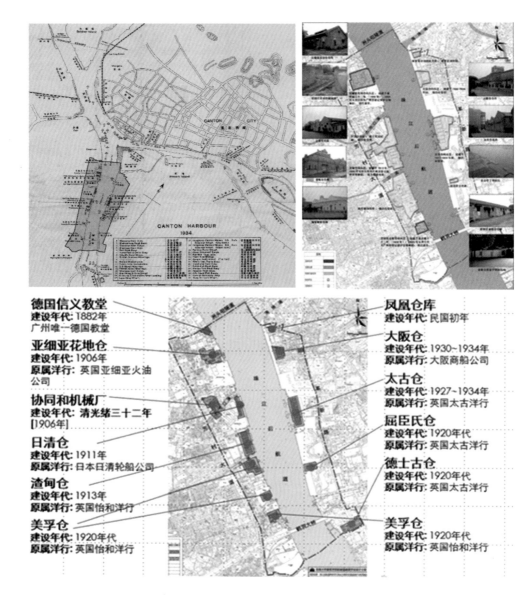

德国信义教堂
建设年代：1882年
广州唯一德国教堂

亚细亚花地仓
建设年代：1906年
原属洋行：英国亚细亚油火
公司

协同和机械厂
建设年代：清光绪三十二年
[1906年]

日清仓
建设年代：1911年
原属洋行：日本日清轮船公司

渣甸仓
建设年代：1913年
原属洋行：英国怡和洋行

美孚仓
建设年代：1920年代
原属洋行：英国怡和洋行

凤凰仓库
建设年代：民国初年

大阪仓
建设年代：1930～1934年
原属洋行：大阪商船公司

太古仓
建设年代：1927～1934年
原属洋行：英国太古洋行

屈臣氏仓
建设年代：1920年代
原属洋行：英国太古洋行

德士古仓
建设年代：1920年代
原属洋行：英国太古洋行

美孚仓
建设年代：1920年代
原属洋行：英国怡和洋行

图 5-65　广州珠江后航道洋行码头仓库分布与历史建筑现状图

资料来源：东南大学建筑学院，2007.

地段、文化活动中心和滨江开放空间。

（2）调整布局结构，实现保护与再发展的综合平衡　在保护与再发展综合平衡的基础上，融入更大范围的城市布局结构，形成"一核、两带、多节点"的空间格局，其中"一核"为由太古仓、渣甸仓、日清仓及协同和机械厂旧址及其中心文化广场组成的具有深厚历史文化内涵的核心滨水公共空间。"两带"为沿珠江两岸的滨江历史文化休闲带，形成集历史人文景观和沿江自然景观为一体的滨水休闲景观带，为洋行码头仓库区的复兴改造注入新的活力（图 5-66）。

（3）精心进行城市设计，营造高品质的历史空间环境　为了使老码头仓库区内的现代化建设建立在高质量的发展基础上，使适宜的开发利用和谐地融入老码头仓库区的历史环境之中，至关重要的是，将城市设计思想贯彻到近代洋行码头仓库区保护与发展的全过程，对洋行码头仓库区原有空间和特色进行有目的的梳理。老码头仓库区西岸的核心区集中了渣甸仓、日清仓、协同和机械厂、毓灵桥等文物古迹和新中国成立后建造的一批仓库，设计充分利用其拥有的历史资源

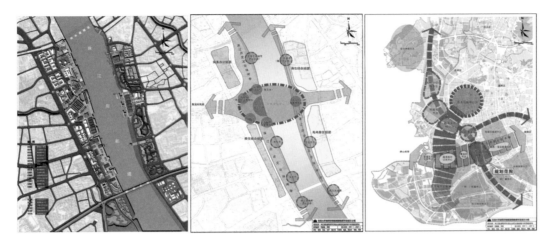

图 5-66 广州珠江后航道洋行码头仓库区的保护与再发展规划

资料来源：东南大学建筑学院，2007.

形成近现代工业展示区、海事博物馆区、客运码头区以及商业娱乐综合区等功能区。中心广场以吊车、集装箱、机器设备等工业时代的标志性景观元素进行布置，并通过城市设计将一些近现代工业遗迹巧妙地联系起来，形成积极的城市开敞空间。太古仓是老码头仓库区东岸的精华，至今其建筑和码头原貌仍基本保留完整。规划按照历史真实性和完整性保护原则对太古仓建筑本体和码头进行修缮维护，而其内部功能则置换为广州近现代海事展示、商业购物、餐饮游乐等功能，与太古仓共同形成历史展示、休闲娱乐、旅游观光和商业购物的特色综合文化区（图5-67、5-68）。

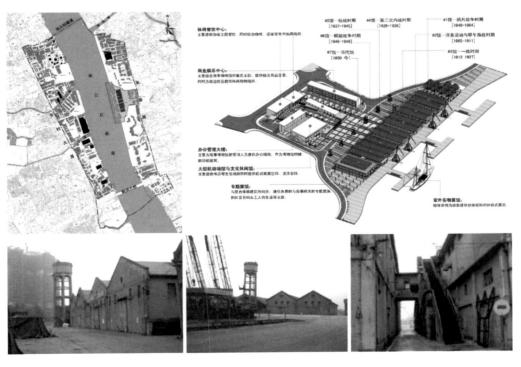

图 5-67 广州珠江后航道洋行码头仓库区太古仓地段城市设计

资料来源：东南大学建筑学院，2007.

图 5-68 广州珠江后航道洋行码头仓库区太古仓地段实施成效

资料来源：东南大学建筑学院，2007.

　　在保护与再发展规划的指导下，广州滨水区更新保护彰显了广州珠江后航道洋行码头仓库区独特的近现代工业遗迹历史风貌，使其成为广州富有吸引力并且充满活力的一个复兴地区。

　　2）荷兰鹿特丹水城地区的保护与再开发

　　鹿特丹水城地区包括吕佛港口（Leuvehaven）、酒港（Wijnhaven）、老港口（Oude Haven）和哈灵水道（Haringvliet）港口，是鹿特丹最古老的海港，邻近市中心，位于特罗皮卡纳（Tropicana）和太空塔（Euromast）之间（图 5-69、5-70）。

图 5-69 鹿特丹水城区位图

[A 为鹿特丹内城区，B 为水城区，C 为公园三角区，D 为马勒尔码头（Mulerpier）和斯希港（Schiehaven）区，E 为南岸区]

资料来源：Meyer H，1999：336-337.

图 5-70 1855 年的鹿特丹港口

资料来源：Meyer H，1999：295.

水城规划意在城市和港口之间建立一种经济和文化上的关联，并由工业区转变为内港，更新成为鹿特丹城市副中心的一部分。在 1983 年的"内城规划"中，水城地区被赋予了一个全新的职能：内城的延展、复兴、再创造，组织先进的交通、商业和休闲活动，与博物馆、公园组成"公园三角"，共同组成城市绿楔。另外一个重要的发展地区是邻近水城的沿高架铁路地区，该地区自新的铁路隧道建成后一直处在高速发展阶段。

与此同时，水城规划也为城市和商业利益之间的联系提供了一个很好的视角（图 5-71、5-72）。

图 5-71 1994 年的鹿特丹水城区

资料来源：Meyer H，1999：342.

图 5-72 再开发后仍保持历史痕迹且充满新活力的水城区

这项工程大大促进了当地房地产业的发展，水城延伸了它的博物馆职能，同时通过增加大量高层公寓和办公建筑增加城市功能的多样性。

6 城市更新的综合系统规划

城市更新涉及城市社会、经济和物质空间环境等诸多方面,是一项综合性、全局性、政策性和战略性很强的社会系统工程(图 6-1)。城市更新工作的主要对象是由功能、空间、权属、耦合等重叠交织形成的十分复杂的现状城市空间系统。功能系统涉及绿地、居住、商业、工业等方面,空间系统包括建筑、交通、景观、土地等,权属系统主要有国有、集体、个人等,在耦合系统方面则包括功能结构耦合、交通用地耦合、空间结构耦合等(阳建强,2018)。这些无不表明城市更新是一项复杂的系统工程,因此在城市更新规划的整个过程中应始终贯彻系统论思想,并运用系统理论的整体性原则、动态性原则和组织等级原则控制和引导城市更新的开发建设,以保证其顺利进行。比如根据整体性原则,在城市更新过程中要考虑局部与整体的关系、单方效益与综合效益的关系,因此规划控制要从大局和整体出发。根据系统理论的动态性原则,要求我们在城市更新的规划控制中建立一种反馈协调机制,并且要处理好近期更新与远景发展的关系,不能只顾眼前的利益而无视今后的发展。唯有此,才能使城市更新工作走上系统化和科学化的道路。

图 6-1 城市更新的复杂系统

6.1 更新规划的系统建构

城市更新改造具有面广量大、矛盾众多的特点,传统的形体规划设计已难以担当此任,需要建立一套目标更为广泛、内涵更为丰富、执行更为灵活的系统控制规划。一方面,需要在深入细致的现状调查和研究基础上,建立合理的规划编制流程;另一方面,依据系统控制理论,建立更新规划的控制系统,将复杂的城市更新规划整合到一个系统中,构建科学合理的规划控制体系。

6.1.1　更新规划编制流程

城市更新规划的编制流程,主要由规划基础、规划构思、规划深化、成果表达四部分组成。在具体规划流程设计过程中,更加关注学科融合、综合技术、公众智慧的融合,在更为精准的空间研究与政策解读、规划衔接基础上,提出以目标与策略为导向的规划构思,通过空间体系与实施体系,共同构建城市更新规划的深化内容,最终以多规合一、多维控制的方式进行成果表达(图6-2)。

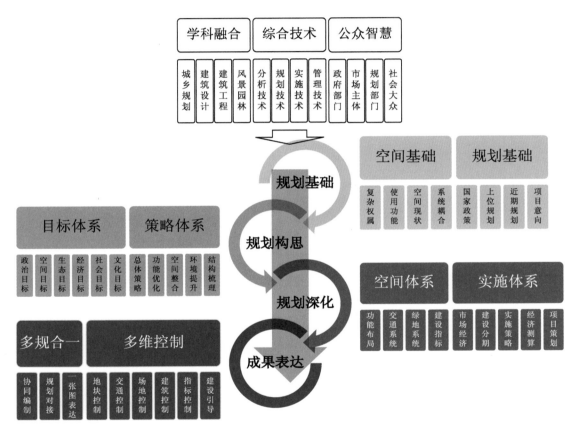

图6-2　城市更新规划编制流程

规划基础:包括空间基础与规划基础。其中空间基础涉及现状地籍与房屋等复杂权属,现状各类用地与建筑的使用功能,现状社会、人口、产业、经济等基本特征,现状交通、市政设施、公共服务设施等各类系统的耦合情况等。相关规划基础包括国家政策背景、国土空间总体规划等上位规划衔接、近期城市规划重点、已有意向项目等相关内容。

规划构思:规划构思由目标体系和策略体系构成。目标体系为多元目标体系,包括政治目标、空间目标、生态目标、经济目标、社会目标、文化目标等等;策略体系包括总体策略、功能优化策略、空间整合策略、环境提升策略、结构梳理策略等。

规划深化:从空间体系和实施体系两个方面,将更新规划的目标和策略深化落实到更新规划中。空间体系方面的规划深化内容涉及用地功能布局、交通系统规划、绿地系统规划、建设指标控制等;实施体系方面的规划深化内容涉及市场经济政策引导、建设时序分期、实施策略、经济测算、项目策划等。

成果表达:需要体现国民经济和社会发展规划、城乡规划、土地利用规划、环境保护、文物保护、综合交通等规划对接与协同规划,通过地块控制、交通控制、场地控制、建筑控制、指标控制、建设引导等方式实现多维控制。

6.1.2 城市更新体系框架

城市更新体系框架主要由更新规划的评价体系、目标体系、规划控制体系、政策法规体系、组织实施体系五大部分构成。其中城市更新系统规划的核心内容是评价体系、目标体系、规划控制体系三大体系,而政策法规体系和组织实施体系则是城市更新系统规划得以顺利实施的保障体系(图6-3)。

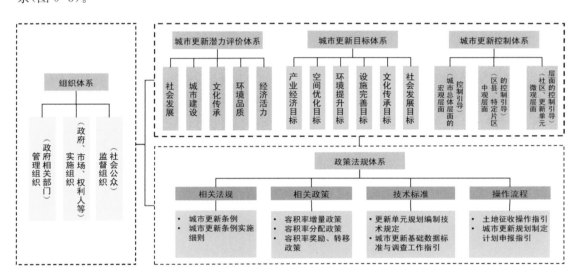

图6-3 城市更新体系框架

6.1.2.1 评价体系

城市更新评价体系是城市更新系统规划的编制基础,主要涉及规划编制流程中的基础研究部分。它的主要任务包括三个方面:第一,负责收集和评价更新地区历史和现状资料,为更新目标的制定提供必要的基础信息支撑;第二,解读国家政策背景,衔接国土空间总体规划等上位规划,落实近期城市规划重点等内容,为最后的城市更新目标决策提供依据;第三,对更新地区的社会发展、城市建设、文化传承、环境品质、经济活力进行综合评价,为下一步更新区划定、更新目标与策略的制定提供决策依据。

6.1.2.2 目标体系

城市更新目标体系是城市更新系统规划的核心导引,它根据评价资料更新基地选定和城市的发展战略及其他有关信息,从整体上为城市更新制定规划目标,并根据实施情况不断对目标进行补充和修正。目标体系是整个城市更新规划控制的灵魂,它将直接决定着城市更新的方向。在城市更新目标体系建立过程中应注意两个主要问题:其一,目标体系应具有高度的前瞻性,这是保证城市更新规划高质量实现的关键;其二,目标体系对于现实的情况的变化应具有敏捷的反应能力,其目标可以不断调整。

6.1.2.3　规划控制体系

城市更新控制体系是城市更新系统规划的控制核心,它负责按照规划目标和其他有关政策法规对城市更新的实施进程进行切实的控制和引导,最终实现预定的更新目标。控制体系既是城市更新规划目标的延续和引申,又是控制管理的直接依据,它决定了整个城市更新规划如何开展与落实。城市更新控制体系的建立一方面需要根据实际需求,按照宏观、中观、微观不同层面分别制定不同深度的相应控制要求;另一方面要保持一定的适应性和灵活性,并根据客观情况的变化通过一定的程序进行补充和修改。

6.1.2.4　政策法规体系

政策法规体系是城市更新系统规划的制度保障,一般涉及城市更新的相关法规、政策制度、技术标准以及操作规程。目前政策法规体系多为各地方根据实际需求,自行制定。如深圳在法规层面制定了《深圳市城市更新条例》《深圳市城市更新条例实施细则》;政策制度方面,制定了关于容积率增量确定、空间增量分配、容积率奖励与转移等相关政策;技术标准方面制定了《更新单元规划编制技术规定》;操作规程方面制定了土地征收操作指引、城市更新规划制定计划申报指引等。

6.1.2.5　组织实施体系

组织实施体系是城市更新系统规划的具体操作体系,通常由三大组织构成(周俭,2019),具体包括政府相关部门组成的管理组织,政府、市场或权利人等构成的实施组织,社会公众组成的监督组织。目前国内城市更新的政府管理组织主要有两种形式。一种是政府成立城市更新局,如深圳市城市更新与土地整备局;另外一种是政府成立工作领导小组,如上海成立城市更新和旧区改造工作领导小组。根据更新对象的不同,会产生不同的更新路径,而作为城市更新的具体操作体系,组织实施体系需要根据更新项目的实际情况,形成具体的操作路径。

最后需要强调的是,城市更新体系是一个不断循环的连续决策过程,其中与规划控制密切相关的评价体系、目标体系和控制体系三大部分相互影响、相互联系,梅尔维尔·布兰奇(Melvillec Branch)将它称为"连续性的城市规划"。在连续性的规划机制中,更新过程的控制比更新状态的控制更为重要。因为任何一种局部的"状态"都已经融合到整个旧城的更新发展过程之中。

6.2　更新规划的评价体系

6.2.1　基本概念

6.2.1.1　概念及意义

一个实际的城市更新项目,往往起源于旧城物质性的老化或功能性和结构性的衰退。旧城老化和衰退的原因是多种多样的,诸如旧区人口密度的增高,建筑物老化,公共设施或基础设施不足,交通和道路系统混乱,土地利用不当,旧城防灾能力降低,等等。城市更新的目的,就是消除这些不良因素,使旧城的生活品质得到改善和提高,以促进城市发展。在任何一项更新计划提出以前,人们往往都要对旧城的现状进行调查和评价,以确定旧区老化和衰退的不良程度,制定相应的更新措施。在规划制定的过程当中,也需要对不同的更新方案进行评价和选择。从规划控制的系统结构来看,评价体系对于城市更新有着十分重要的意义。具体地讲,其意义在于以下三个方面:

(1)现状评价是城市更新规划控制的起点。一方面,它可以总体上根据现状评价的结果在整个旧区范围内界定更新的对象,排列旧城更新的先后次序。另一方面,针对具体更新区域的不良因素进行评价,为下一步制定更新目标提供充分的现状信息。

(2)规划评价是确立正确的规划目标所依靠的有力手段。它不仅可以对单一的目标进行评价,以确定它是否符合规划的原则和旧城更新的实际需要,而且可以对多种规划方案和目标进行比较和选择,从中选出最为合理的方案和目标。

(3)更新评价是对于更新以后的城市形态所进行的检测。它一方面对前一阶段的规划目标进行检验,另一方面为下一步的规划控制提供新的信息。

关于"评价"概念,P.霍尔认为,在城市规划领域中,"评价"一词有两种含义。其一,它意味着一种是非或好坏的判断,尤其在现代许多重要的规划项目中,经济评价方法为这层含义注入了新的活力。其二,评价也包含着各种优先顺序的排列,在这层意义上它更接近于"比较""选择"等概念的含义等。可以说,"评价"意味着这样一种方法,也就是按照事先拟定的项目和标准对选择的对象进行数量或性质的判断,以确定其程度或排列的顺序。整个评价程序由三部分构成:评价对象、评价指标和评价方法。以建筑质量评价为例,参加评价的建筑物就是评价对象,评价指标需事先拟定,如结构的完好程度、建筑修建年代和建筑风貌状况等。评价方法可以用定量评价或定性评价方法。

6.2.1.2　类型与构成

根据评价对象和方法的不同,城市更新的评价可分为三种不同的类型:

(1)现状评价——分析和评价旧城生活和环境质量优劣程序,确定现状综合评定值。

(2)规划评价——评判规划目标对现状的改进程度,确定更新方案的综合评定值,进行多方案的比较和优选。

(3)更新评价——评价规划目标的实现程度,确定更新后的综合评定值,以及下一步改进的因素。

其评价体系主要由两大部分构成,即评价指标体系和评价方法体系。指标体系是整个评价程序的框架和基础,也是建立科学的评价方法的必要前提。在以往的旧城更新实践中,由于尚未建立起相应的评价指标体系,评价指标的选择往往具有较大的随意性,从而影响了评价结果的客观准确性。因此,我们有必要建立一套较为完善的城市更新评价指标体系,使城市更新的评价在内容上趋于客观和全面,在结构上趋于系统和严密,在评价方法上趋于客观和准确,在理解、认识和应用中趋于明确和一致,使得旧城更新的决策和规划更为科学和合理。

6.2.2　评价指标体系构建

6.2.2.1　影响因素分析

影响城市更新的因素很多,诸如国家对旧城更新的政策、国家的经济实力、城市的整体结构和功能、社会对城市更新的期望值,以及更新区域的社会物质条件等。其中,对城市更新的规划控制最具直接影响的因素是更新区域的物质和社会状况,它是更新地区城市生活质量和城市发展水平的尺度和标志,也是城市更新评价指标的原始素材。

旧城区的社会物质条件所包含的内容极为丰富,既包括土地使用、建筑建造、市政设施、道路交通等物质环境因素,也包括社会组织、历史文化、人文景观、居民收入等经济文化因素。对于不同的社会团体和个人来说,由于他们所处的社会经济地位不同,审视的角度不一,对于城市更新的期望和要求也存在一定差距,因而对城市更新的评价项目和评价标准也不尽相同。也就是说,对于同一个评价对象,不同的评价主体所关心的评价项目和标准并不一样,有的甚至有很大的差别。参与城市更新评价的主体有居住者、管理者、施工者以及经营者等。对于居民来说,他们关心的是居住环境的舒适、安全和方便;建设开发者则更多地考虑更新的效益;而规划管理者则需要全面掌握城市更新对于地区和城市的影响。

6.2.2.2 评价指标体系

合并提炼前述城市更新评价的主要影响因素,考虑评价指标对城市更新的规划控制应具有直接的影响力和同一评价指标对不同的评价对象来说应有明确的可比性这两个基本原则,城市更新潜力评价指标体系需涵盖社会发展、城市建设、文化传承、环境品质和经济活力五方面,构建多维度的城市更新评价指标体系(如图 6-4、6-5)。

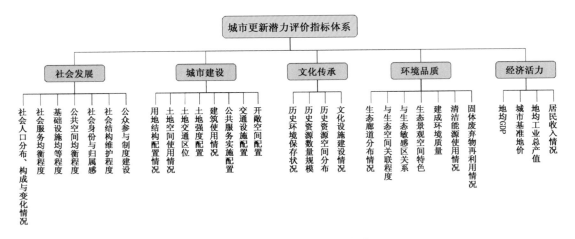

图 6-4 城市更新潜力评价指标体系

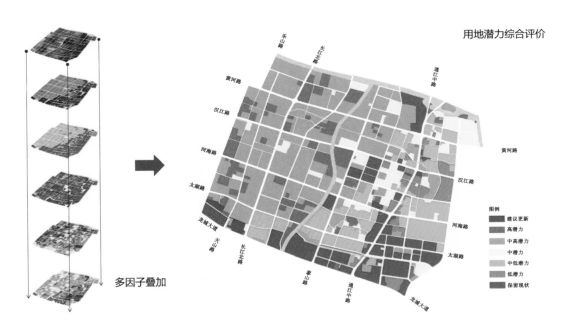

图 6-5 用地更新潜力综合评价图示例

资料来源:东南大学城市规划设计研究院有限公司,常州市规划设计院,2018.

社会发展评价指标主要涵盖社会可持续性发展相关的内容,如社会人口的规模、构成与变化情况,基础设施、公共服务、公共空间的均等性程度,原有居民的比例等社会结构的维护程度,社会文化特征等社会身份与归属感,社区公共参与率、满意度等公众参与的制度建设等。

城市建设评价指标主要涵盖现状用地结构配置情况，现状土地空间使用情况，现状土地的交通区位优劣程度，土地建筑高度、建设密度、容积率等强度配置情况，现状建筑的年代、质量、功能等使用情况，文教卫体等公共服务设施的配置情况，轨道交通站点、交通枢纽、公共交通等交通设施配置情况，公园绿地、广场等开敞空间的配置情况等。

文化传承相关指标主要涵盖历史环境的现状保存状况，文物保护单位、历史建筑、历史文化街区等各类历史文化资源的数量规模及其空间分布情况，艺术中心、文化展演等文化设施的建设情况等。

环境品质相关指标主要涵盖主要生态廊道的空间分布情况，评价用地空间与现状生态空间的关联程度，评价用地空间与生态敏感区的关系，现状环境视觉效果及生态景观空间特色，现状住房多样性、建筑与街道布局关系、住房质量、建筑维护程度等建成环境情况，清洁能源的使用情况，固体废弃物再利用情况等。

经济活力相关指标主要涵盖土地的产出率即地均 GDP（亿元/km²）、工业用地产出率即地均工业总产值（亿元/km²）、城市基准地价、居民收入情况等。

6.2.3　评价和分析方法

指标体系的建立只是为城市更新的评价提供了评价的项目，这种项目体系的完善和齐全，固然是有效评价的基础，但只有采用科学的评价和分析方法，才能使城市更新的评价得以圆满实现。

6.2.3.1　评价方法

1）APHA 评价

APHA 评价它于 1944 年至 1950 年由美国公共卫生协会（American Public Health Association）首先制定，广泛运用于城市居住质量的评价。由于这种评价方法是以罚分数值来衡量居住质量的不良程度，所以又称为罚分制评价。一般情况下，罚分数值越大，表示评价项目的不良程度越高。对于住宅来说，理论上最大罚分为 600 分，实际最大罚分为 300 分。无论是住宅和环境分数的总和，还是住宅分数或者环境分数达到 200 分以上，这些情况都被列入不适宜居住等级。为了使罚分制评价更为精确和客观，公共卫生协会根据美国人口和住房普查的有关资料规定了住宅的基本缺陷和适当的居住密度，以作为评价的依据。

自 1950 年代以来，APHA 方法在欧美城市更新的现状评价中一直是一种主要的评价方法，并且在实践的运用中得到不断的拓展和完善。最初，APHA 仅用于对旧城住宅以及居住环境的评定，1970 年代以后，对于公共设施、社会文化和经济状况的现状评价也引入了 APHA 评价方法。由于我国城市更新改造的任务多、工作量大，这种系统完善而且操作简易的评价方法在我国城市更新改造的现状评价中仍具有一定的应用价值。

2）权值评价

确定指标权重的方法一般可分为主观赋权法和客观赋权法两类。主观赋权法是根据决策人对各属性的主观重视程度而对其进行赋权的一类方法，主要有层次分析法、综合评分法以及德尔菲法等。客观赋权法是根据决策问题原始数据之间的关系，并通过一定的数学方法而确定权重的一类方法，常用的客观赋权法有熵权法、相关系数法、主成分分析法等。

下面主要介绍指标权值评价中常用的层次分析法、德尔菲法和主成分分析法。

（1）层次分析法　该法是 1980 年由美国人萨德（Thomas L. Suaty）首创，1990 年代在我国迅速普及并延续至今的一种系统评价和决策方法。它较为完善地体现了系统工程系统分析和系统综合的思路，能够有效地处理那些难于完全用定量方法来处理的复杂问题。

层次分析法首先对评价对象所涉及的因素进行分类,按照各类因素之间的隶属关系把它们排成从高到低的若干层次,并建立起不同层次元素间的相互关系。然后根据对一定客观现实的判断就每一层次的相对重要性给出定量的表示,即构造比较判断矩阵。再通过求其最大特征根及其特征向量来确定表达每一层次元素相对重要性次序的权值。通过对各个层次的分析,进而导出对整个问题的分析,即是排序的权值,以此作为评价和决策的依据。

采用层次分析法进行旧城更新评价的程序为首先建立各元素即评价指标的有序层次结构,其次构造判断矩阵,再其次进行层次单排序,最后进行层次总排序。这种方法由于适用面广,灵活简便,并将定性分析和定量分析巧妙地结合起来,使评价过程条理化、系统化,因此是一种较为科学的旧城更新评价方法。

(2)德尔菲法 美国兰德公司在1950年代初研究如何通过控制的反馈使得专家的意见更为可靠时,以德尔菲(Delphi)为代号,德尔菲法因而得名。德尔菲法的关键是确定评价指标的权重,其要点是确定一定数量的有关专家(一般以10~50人为宜),将评价指标给他们,要求他们各自对评价指标的重要程度排序,赋予每个指标相应的权重,但总和应该是100。然后回收专家意见,对每个指标进行定量统计归纳。这一过程反复几次,意见逐渐趋于统一,最后确定每个评价指标的权重。由于不同的更新地区所要解决的问题不同,因此对于指标的权重分配也不相同。

德尔菲法可以应用于旧城更新的现状评价,也可用于规划方案的评价和比较,由于这种方法的评价过程比较科学和严密,因此可以用它对城市更新的现状和规划方案进行系统的定量分析。

(3)主成分分析法 主成分分析(Principal Component Analysis,PCA)法是一种统计方法,通过正交变换将一组可能存在相关性的变量转换为一组线性不相关的变量,转换后的这组变量叫主成分。

1846年,布拉凯(Bracais)提出的旋转多元正态椭球到"主坐标",使得新变量之间相互独立。卡尔·皮尔逊(Korl Pearson)、哈罗德·霍特林(Harold Hotelling)都对主成分分析法的发展做出了贡献,哈罗德·霍特林的推导模式被视为主成分模型成熟的标志(杜子芳,2016)。主成分分析被广泛应用于区域经济发展评价、各类标准制定以及满意度测评等,尤其是在指标权重的确定方面,具有突出贡献。

主成分分析的原理是设法将原来变量重新组合成一组新的相互无关的几个综合变量,同时根据实际需要从中取出几个较少的总和变量以尽可能多地反映原来变量的信息的统计方法,也是数学上处理降维的一种方法。最经典的做法就是用 $F1$(选取的第一个线性组合,即第一个综合指标)的方差来表达,即 $Va(rF1)$ 越大,表示 $F1$ 包含的信息越多。因此在所有的线性组合中选取的 $F1$ 应该是方差最大的,故称 $F1$ 为第一主成分。如果第一主成分不足以代表原来 P 个指标的信息,再考虑选取 $F2$ 即选第二个线性组合。为了有效地反映原来的信息,$F1$ 已有的信息就不需要再出现在 $F2$ 中,用数学语言表达就是要求 $Cov(F1,F2)=0$,则称 $F2$ 为第二主成分,依此类推可以构造出第三、第四……第 P 个主成分。

用主成分分析筛选回归变量,是一种客观赋值确定权重的方法,具有重要的实际意义,可用于影响城市更新潜力评价的诸多指标的筛选与权重赋值。

6.2.3.2 分析方法

1)形态环境分析

形态环境不只是由客观物质形象标准来判定,而且还由主观感受来制定。因此对形态环境的分析,可采取物质环境质量分析和环境意象分析。

物质环境质量分析已为人们所熟悉,它的目的在于通过分析找出原有环境中的有利条件和存在问题,涉及人口状况、建筑环境、配套设施、生态环境、自然环境等方面。环境意象分析尚不为人们所熟知。人们对环境的感知是一系列心理作用的结果,从意象的形成过程可以看出意象真实环境和心理感知两方面作用的结果,反映了心理形象与真实环境之间的联系。凯文·林奇在《城市的意象》一书中,把构成意象的要素归纳为"道路、边缘、标志、结点、区域"五个方面。环境意象分析就是要发现这五个要素,并找出它们之间的相互关系,产生意象地图。其具体做法如下:

(1) 选择部分市民作为调查对象,与调查对象谈话,获得一些基本情况;

(2) 要求调查对象画一张城市环境印象的简图,并标注要点;

(3) 实地观察,并要求被试者解释自己的认路方法及各认知要点;

(4) 专业人员现场踏勘,找出意象五要素;

(5) 通过分析,画出城市意象地图。

环境意象分析方法把使用者(居民)放在重要角度,以避免设计者主观臆断。同时,反映了使用者的心理形象,把使用者的心理形象作为评价环境的标准。通过这种调查分析,不仅可以绘制出旧城意象图,而且能找出其存在的问题,以此作为旧城更新规划设计的依据。

2) 生活环境分析

人际关系所结成的社会网络是旧城居民在生活中重要的组成部分,它看不见、摸不着,但却是场所精神的内涵,是居民认同和具有强大内聚力的纽带。社会网络包括社交网、活动网、购物网及认知点。旧城更新要彻底了解其社会网络,可采取主观观察(规划人员)和客观调查(对居民进行问卷调查和现场访谈)两种方法进行分析,然后在调查分析的基础上,绘出旧城街坊的社会网络分析图,并找出一些社会网络活动规律。社会网络分析,在旧城更新时,还应对其生活环境的其他要素如邻里交往、认同感和私密性等进行分析。

3) 居民意向调查分析

对更新区域居民进行意向调查是一种综合的、信息可靠度较高的调查分析方法,可以了解一些规划者难以发现的潜在问题。居民意向调查可采取面谈和填写调查表两种方式。调查表的内容是多方面的,如业余时间如何安排、活动范围和地点、对居住环境的满意程度及设想要求等。在居民意向调查过程中要注意覆盖面要广,调查对象应是各个年龄组及不同层次的居民,避免以点代面,出现偏差。

4) 社会调查思维加工方法

对前期通过现场踏勘、问卷调查、走访座谈、文献研究、影像技术等各种调查方法收集到的图文资料与数据信息,运用社会调查思维加工方法进行信息处理,具体方法包括比较法和分类法、分析法和综合法、矛盾分析法、因果关系分析法、功能结构分析法等,从而获得城市更新诊断与评价所需的分析结论(李和平,李浩,2004)。

6.3　更新规划的目标体系

6.3.1　基本概念

6.3.1.1　更新目标特征

不管是在传统的城市规划领域或者现代城市规划理论中,目标的制定始终是规划师和决策者最为关心的主题。同样,在城市更新的规划控制系统中,目标体系也是实施控制的主要依据和灵魂。

单一的城市更新目标从两个层次上对更新的过程和结果产生重大的影响。第一层次是目标的实质内容,它从根本上决定了城市更新的性质、规模和主要形态。比如对于同一更新地区来说,将主要的更新目标确定为"保护旧城形态"或者是"提高旧城居住容量",其结果将有显著的差别。更新目标产生影响的另一层次是目标的表达形式。实际上,在城市规划的发展历史中,每一次规划思想的重大变革,都会伴随着目标形式的改变。因为在相同的历史时期中,对于规划目标的实质内容,人们往往都有较为统一的共识,但对于这一目标的表达方式,却会产生种种不同的差异,而这些差异会对实施的结果产生意想不到的影响。从这个角度来讲,选择适当的表述方式与确定切实有效的更新目标对于规划控制具有同样重要的意义。

在城市更新的实践中,几乎每一次都会面临对不同的规划目标进行选择和综合的问题。因为在城市更新过程中不同的个人和团体有着各自不同的价值观念和目标,而规划师则力求要在同一规划方案中尽可能多地满足这些目标。换一句话说,城市更新的规划控制所强调的是目标的综合性,它所追求的是更新改造的综合效益而不是任何单方的效益。对初始目标进行选择和综合是建立更新目标的关键环节。

除了综合性之外,城市更新的规划目标还应该具备几项重要的特征:规划目标的准确性、适应性与灵活性。对于准确性的原则我们容易理解,而适应性和灵活性原则却是现代城市规划最新的反思结果。由于过去那种指令性的硬性规划目标在现代社会、经济和技术的迅速发展中逐渐暴露出其适应力较差的缺点,人们已经认识到规划目标必须要对不断变化的外部环境作出相应的反馈。因此,"灵活性""可操作性"成为新的规划思潮的重要语汇。现代规划理论认为,目标的灵活性是在规划原则的范围之内,为了更加有效地实施规划控制所必需的调整策略。它改变了过去规划控制中消极的执行观念,提倡一种更为敏捷、更加积极的引导观念。

6.3.1.2 更新目标确定原则

城市更新是一个为城市的持续发展对城市进行自觉的机能调整与完善,并促使城市向综合社会效益集约化递进的过程,城市更新应遵循城市发展总的客观规律,应坚持系统观、效益观、环境观、社会观和文化观等原则。

系统观:系统的城市更新并非包含城市更新内外联系的所有因素,而是视城市更新为统一整体,从各组成系统部分及其相互之间存在关系的全部出发,寻找系统最佳存在状态。坚持城市更新的系统原则即坚持城市整体效益高于局部效益之和。

效益观:城市更新的经济效益观原则,要求城市更新需要考虑为产业布局与结构调整服务,通过城市更新为技术迭代提供产业空间,增强城市经济活力,为城市发展带来经济效益,服务城市经济建设。

环境观:以综合环境品质提升为目标确定原则,针对空间治理问题,分类开展整治、修复与更新,有序盘活存量,提高国土空间的品质和价值[1],建设生态宜居环境。

社会观:以社会观进行城市更新,总的目标是为社会各阶层人提供和创造一个良好、舒适、健康、优美的工作和生活环境,以人为核心,满足各自需求,实现社会的公正与平等。

文化观:文化观要求城市更新应从文化高度来认识城市历史文化遗产的重要价值,在城市更新中坚持贯彻历史文化保护原则,并具体加以深化和落实。

---

① 自然资源部.《市级国土空间总体规划编制指南(试行)(征求意见稿)》[R],2020.

6.3.2　更新总体目标

城市更新作为城市转型发展的调节机制,意在通过城市结构与功能的不断调节,提升城市发展质量和品质,增强城市整体机能和魅力,使城市能够不断适应未来社会和经济的发展需求,以及满足人们对美好生活的向往,建立起一种新的动态平衡,从而建立面向更长远与更全局的更新目标。因此城市更新的目标,应该树立"以人为核心"的指导思想,以提高群众福祉、保障改善民生、完善城市功能、传承历史文化、保护生态环境、提升城市品质、彰显地方特色、提高城市内在活力以及构建宜居环境为根本目标,运用整治、改善、修补、修复、保存、保护以及再生等多种方式进行综合性的更新改造,实现社会、经济、生态、文化等多维价值的协调统一,推动城市可持续与和谐全面发展。

目前我国许多城市的更新实践均反映了这一目标趋向,如北京市结合城市基础设施建设适时提出"轨道+"的概念,提出"轨道+功能""轨道+环境""轨道+土地"等更新模式。上海新一轮的城市更新坚持以人为本,不仅限于居住改善,更加关注空间重构和功能复合,更加关注生活方式和空间品质,更加关注城市安全和空间活力,更加关注历史传承和特色塑造等,以城市更新为契机,实现提高城市竞争力、提升城市的魅力以及提升城市的可持续发展三个维度的总体目标,实现城市经济、文化、社会的融合发展。

6.3.3　更新目标体系

在"以人为核心"的指导思想下,城市更新将以实现社会、经济、生态、空间、文化等多维价值的协调统一为最终目标,因此城市更新的目标应是在城市可持续发展这一总体目标下,涵盖产业经济、空间优化、环境提升、设施完善、文化传承、社会发展等多个子系统的更新目标体系(图6-6)。

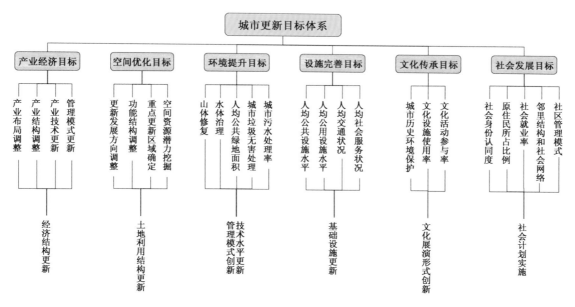

图6-6　城市更新目标体系框架图

6.3.3.1　城市更新的产业经济目标

以经济发展为中心的城市更新归属于城市的经济更新,其涉及的更新内涵主要偏重经济因素,一般来说最先被考虑的因子为城市产业结构、产业技术、产业管理模式等能直接影响城市经济效益的几个重要方面,因为它们的变化会促使产业布局调整、更新以及为城市生产服务的城市道路、交通系统的更新重组,从而最终成为城市土地利用调整、城市结构变动的更新动因。

值得注意的是,城市以经济发展为目标进行的更新其根本目的是促进经济增长,但其副作用也较为明显,如控制引导不当可能造成城市开始建设的投机性、土地使用强度的超负荷、环境污染以及城市历史文化被破坏等严重问题,直到城市更新注意从更高层次上探索,这些因城市更新而造成的"城市病"才会得到解决。因此,城市在以经济发展为目标进行城市更新的同时,应考虑城市发展的可持续性,与此同时还应注意城市历史文化环境的保护和社会公正的维持等,以保障城市发展的良性循环,使城市的经济发展建立在城市的可持续发展基础上。

6.3.3.2 城市更新的空间优化目标

城市更新的空间优化目标是针对解决城市更新发展方向与功能结构调整提出的,侧重于更新政策指引。我国大多数城市经历了人口集聚和土地规模扩张的快速发展阶段,城市规模不断扩大,城市内部空间不断发生优化重组。存量规划背景下宏观层面要进行土地利用结构的优化与调整,不断挖掘空间资源潜力。

城市更新空间优化的目标,从宏观层面来讲在于实现城市更新总体目标,把握城市发展方向、功能结构更新方向和空间布局调整重点区(李子静,2019);从中观来讲在于通过城市用地配置结构的优化、空间布局调整,促使城市内部空间高效混合利用,释放城市土地空间资源潜力。

6.3.3.3 城市更新的环境提升目标

城市更新的环境提升目标是针对生态修复、城市修补,强调城市更新应以环境治理、环境保护、人居环境改善为核心,加快山体修复,开展水体治理,应用先进的治理污染技术和更新管理模式实现环境保护,增加公共空间,改善出行环境,重塑城市风貌特色,综合提升人居环境品质。其具体目标涉及人均公共绿地面积、城市大气环境质量、城市河流水质水况、城市噪声环境状况、城市垃圾无害处理率、城市污水处理率等内容。

6.3.3.4 城市更新的设施完善目标

城市以设施完善目标进行城市更新的基本出发点是人,是完全以人为本进行的城市更新行为,强调个人作为城市分子在城市中的感受,其目的在于为居民提供方便的社会服务和创造优美的物质空间,让居民生活便捷、出行通畅。判断城市更新设施完善的指标一般为人均交通状况(包括人均车辆数、车辆等级、人均道路面积、人均道路长度等)、人均公共设施(文化、教育、卫生、体育等)水平、人均公用设施(供应设施、环境设施、安全设施等)水平等。城市更新中的设施完善目标的制定与城市土地利用、城市土地开发模式、城市基础设施等多方面相关联。在设施完善目标的支配下,城市土地利用和开发不是以赢利为目的,也不仅仅是为了改善局部地段小环境,而是完全出于以人为核心、满足人的生活需求的目的。

6.3.3.5 城市更新的文化传承目标

城市更新中的文化传承目标受到越来越广泛的认同,其原因既有国家对历史文化的高度重视,也有地方因长期以来片面追求经济发展忽视文化传承的反思。城市更新中的文化保护与传承发展强调以体现城市的历史文化性为目标。与此同时,城市文化保护与传承目标亦强调将文化视为精神的引导与象征,并通过各种物质、社会手段使文化渗入城市居民心灵。其具体内容包括尊重现有城市的历史价值,尊重现有居民的生活方式,尊重现有旧区的历史风貌,尊重现有旧区的景观特色,等等。

6.3.3.6 城市更新的社会发展目标

城市更新的社会发展目标旨在维持社会公正与安宁,保证社会环境和谐,以及促进城市健康持续发展。具体内容一般为提高社会就业率,改良社会管理模式,妥善处理好原有人际关系维持与空间重新置换的关系,完善社区邻里结构和社会网络,加强居民的社会归属感和社会身份的认同度,维持城市更新中原住民所占的比例,等等。

由此可见,城市更新目标涉及城市诸多内涵,这些目标各有其特定的更新内容,同时又具有内在的统一性与协调性。作为一个完整的系统,城市更新必须建立在多目标体系上,共同为城市综合社会功能的渐进提高服务。具体而言,在城市更新过程中,不仅要注意为经济发展目标服务,而且亦应注意城市环境的持续性,应坚持以人为本,按照宜居度和舒适度的标准不断完善城市生活环境。与此同时,还应注意城市的历史品质与文化内涵,坚持城市的社会公正,实现社会的全面发展。

6.4　更新规划的控制体系

6.4.1　更新规划与规划体系

根据《中共中央国务院关于建立国土空间规划体系并监督实施的若干意见》,国土空间规划体系的总体框架由"五级三类四体系"构成。其中"五级"是指在规划层级上由国家级、省级、市级、县级、乡镇级组成的五级国土空间规划;"三类"是指在规划类型上,由总体规划、详细规划、相关专项规划三种规划类型组成;"四体系"是指在规划运行体系上,由编制审批体系、实施监督体系、法规政策体系、技术标准体系这四个子体系组成。"三类"中的规划类型详细界定如下:"总体规划"是对一定区域内的国土空间在开发、保护、利用、修复方面做出的总体安排,强调综合性,如国家级、省级、市县级、乡镇级国土空间总体规划;"详细规划"是对具体地块用途和开发建设强度等做出的实施性安排,强调可操作性,是规划行政许可的依据,一般在市县及以下编制;"专项规划"是指在特定区域、特定流域或特定领域,为体现特定功能,对空间开发保护利用做出的专门安排,是涉及空间利用的专项规划,强调专业性,专项规划由相关主管部门组织编制,可在国家、省和市县层级编制,不同层级、不同地区的专项规划可结合实际选择编制的类型和精度。

依据新形势下国土空间规划体系总体框架、《市级国土空间总体规划编制指南(试行)》,以及我国目前正在开展的城市更新规划实践项目,总结如下:总体规划层面,城市更新规划在市级国土空间总体规划中属于规划专篇,总体层面的规划要求为"城市更新应根据城市发展阶段与目标、用地潜力和空间布局特点,明确实施城市有机更新的重点区域及机制,结合城乡生活圈构建,系统划分城市更新空间单元,注重补短板、强弱项,优化功能结构和开发强度,传承历史文化,提升城市品质和活力,避免大拆大建,保障公共利益"[①]。详细规划层面,更新规划可作为更新单元详细规划,与控制性详细规划共同确定公共管控要素,同时可细化到修建性详细规划阶段的精细化城市设计,作为社区整治与空间微更新的依据。专项规划层面,更新规划既可作为深化落实城市总体规划的专项规划,也可作为某类特定功能区的城市更新专项规划。

综合来看,更新规划体系在国土空间规划体系总体框架下,落实具体规划内容,对接三种规划类型,形成宏观—中观—微观不同层次的城市更新规划体系,更新规划体系与国土空间规划体系的关系如图 6-7 所示。

---

① 自然资源部.《市级国土空间总体规划编制指南(试行)(征求意见稿)》[R],2020.

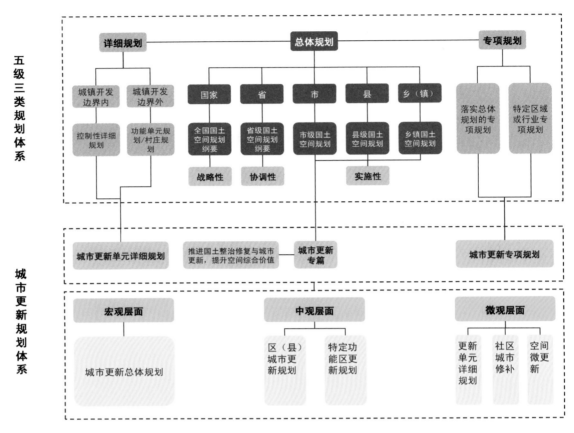

图 6-7 城市更新规划与规划体系的关系

6.4.2 更新规划体系总体框架

伴随着我国城镇化从高速增长转向中高速增长,以及城市土地资源管制的加剧,"土地"转换为"土地资源"的成本正在逐渐提高,多数城市进入从增量用地到存量用地价值挖潜的发展新阶段,不仅是大都市的城区,部分发展较快区域的镇区,也开始面临更新再发展的问题。目前全国各地正在积极推进城市更新规划编制与实践探索,规划的层级涉及城市总体、不同片区以及具体单元等不同层面,更新内容包括旧城居住区环境改善、中心区综合改建、历史地区保护与更新、老工业区更新改造和滨水地区更新复兴等,出现多种类型、多个层次和多维角度探索的新局面。

综合新形势下国土空间规划编制体系框架与我国目前正在开展的城市更新规划实践项目,城市更新专项规划的编制体系可由宏观—中观—微观三级体系构成(图 6-8),其中宏观与中观层面的城市更新规划主要从城市、区(县)、特定区域的整体视角进行目标指引与统筹协调,微观层面的城市更新规划则强调对具体更新单元的开发控制与引导。

1) 宏观层面

宏观层面的城市更新,需要整体研究城市更新动力机制与社会经济的复杂关系、城市总体功能结构优化与调整的目标、新旧区之间的发展互动关系、更新内容构成与社会可持续综合发展的协调性、更新活动区位对城市空间的结构性影响、更新实践对地区社会进步与创新的推动作用等重大问题,以城市长远发展目标为先导,制定系统全面的城市更新规划,提出城市更新的总体目

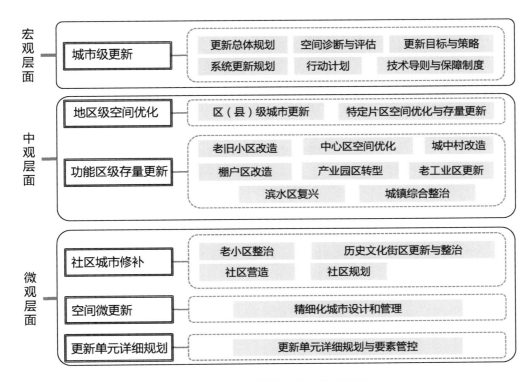

图 6-8 城市更新规划体系总体框架

标和策略。

　　具体工作内容主要包括更新问题诊断与评估、再发展潜力分析、更新空间目标与策略制定、更新改造行动计划以及实施落地制度保障。宏观层面的城市更新一般是以城市更新总体规划的形式出现,如《深圳市城市更新专项规划(2010—2015)》《广州市城市更新总体规划(2015—2020)》《常州市城市更新规划》《海口市城市更新》《重庆市主城区城市更新专项规划》《成都市"中优"区域城市更新总体规划》等。

　　2)中观层面

　　中观层面的城市更新,按照特大或大城市的实际需要,包括区(县)层面的更新规划及特定片区的空间优化与存量更新。重点依据城市更新中长期规划,落实城市更新目标和责任,在城市规划、土地规划、产业规划等多规融合的基础上,根据不同区域的轻重缓急,针对各区(县)或城市中的重点片区,制定系统而全面的城市更新规划,着力于片区级的空间优化与功能区的存量更新。

　　中观层面更新规划主要类型涉及城市中心区空间优化、老旧小区改造、城中村改造、棚户区改造、产业园区转型、老工业区更新、滨水地区复兴、城镇综合整治等,如《南京市老城南地区历史城区保护与更新规划》《郑州西部老工业基地调整改造规划》《蚌埠西部工业区及周边地区更新规划》《深圳市上步片区城市更新规划》和《深圳市南山区大冲村改造专项规划》等。

　　3)微观层面

　　微观层面的社区城市修补与空间微更新侧重于实施层面的城市更新规划设计,重点在于协调各方利益,落实城市更新的具体目标和责任,明确城市更新实施的详细规划控制要求,对某一区域或街坊更新的目标定位、更新模式、土地利用、开发建设指标、公共服务设施、道路交通、市政工程、城市设计、利益平衡以及实施措施等方面做出细化规定。

微观层面城市更新类型涉及老旧小区整治、历史街区保护更新与整治、社区营造、社区规划，以及精细化的城市设计和管理，如《上海 15 分钟社区生活圈规划导则》《上海中心城风貌区西成里小区的微更新》《苏州古城平江历史街区规划》《重庆市鲤鱼池片区社区更新规划》和《深圳市福田区福田街道水围村城市更新单元规划》等。目前在北京、上海、重庆、深圳、广州等城市，微观层面的更新规划往往以城市更新单元管控的方式实施操作。

6.4.3 更新规划控制体系的建立

6.4.3.1 规划控制的主要影响因素

综合不同层次城市更新规划的项目实践，从用地区位、交通条件、用地性质、现状建筑、开发方式与开发程序五个方面，分析影响城市更新规划控制的主要因素。

1）用地区位

影响规划控制的重要因素之一是用地区位。用地区位不同，其外部环境条件的要求和土地使用价值级差的影响也就不同，因此需要采取相应的控制方式。例如，用地地块处于城市中心区和郊区，其相应的控制方式会有所不同。处于郊区受到周围环境影响和制约的因素较少，但配套设施往往不足，这在控制中需要重视；处于中心区受现状制约因素较多，并且其功能要求也复杂，因而控制应更为详细和全面。此外中心区地价往往要高出郊区许多倍，因此在环境容量控制中要体现出这种差别。既然中心用地商业经营效益高，那么环境容量控制既要避免过度开发，也要防止利用不充分，容积率既要规定最高限，也要规定最低限。

2）交通条件

用地的交通条件也是影响规划控制的重要因素之一。在一定程度上，交通承载力作为环境承载力的重要方面，成为影响用地开发强度控制的重要依据之一。伴随着近些年来我国各大城市机动车辆保有量的迅速增长，城市土地使用与交通发展之间的联系越来越密切，交通设施、出行方式、交通可达性成为影响土地使用和人们日常生活方式的重要条件。交通区位优越的用地，在土地开发强度上可以适度提高，尤其是轨道交通站点周边的用地，由于大运量的轨道交通提高了交通承载力，因此在符合城市风貌控制要求的前提下，本着土地集约利用的原则，可以适度提高开发强度。交通条件不仅影响土地开发强度，也在某种程度上影响用地性质，如大运量交通汇集的轨道交通换乘枢纽周边区域可作为大型商业用地，邻近快速交通线路的城市中心区边缘可作为物流商贸用地等。

3）用地性质

影响规划控制的最重要的因素就是用地性质，不同性质的用地有其不同的功能和环境要求。

（1）不同性质的用地　城市不同用地按使用性质基本上可分为居住、商业、工业三大类。居住用地的控制原则在于保持居住环境宁静、安全、卫生、舒适、方便，具体反映在需要保持必要的生态平衡，提供方便的社会服务和创造优美的建筑空间，因而需要控制的内容除一般的容积率、建筑密度、绿地率、人口密度外，建筑间距和公共服务设施配套规定等方面就较为重要。而对商业金融用地的控制原则在于避免商业经营过程中引起的环境拥挤、交通混乱、容量失控等问题，同时需要保持独特的商业特色和气氛。其控制内容除环境容量外，建筑后退距离、停车与装卸场地规定、出入口方位以及商业广告、标志设置规定等更有重要意义。至于工业用地，由于工业生产常常会对居住生活环境产生危害，因而对控制其发展性质规模和环境污染尤其重要。此外，工业生产需要水电、交通等基础设施，所以也要通过给水量、排水量、用电量和运转量等指标来控制其发展规模。

（2）历史文化保护和城市景观保护地段　历史文化保护地段用地上的建设需要与原有历史风貌特色相协调或者加强其原有的特征,因而需对其制定特殊的控制要求。一方面表现在除了要满足用地本身的功能要求外,还需考虑特有的环境要求。如上海为了保护外滩风貌、旧城厢传统特色,制定了建筑轮廓线设计引导和其他与一般规定有别的建筑体量、形态、高度等特别规定。另一方面表现在历史文化保护地段因保护对象不同而具有不同的要求。例如北京制定的《北京市文物保护单位保护范围及建设控制地带管理规定》,将文物保护单位周围的建设控制地带分为五类,并分别制定不同的控制要求。城市景观保护地段与历史保护地段一样也有其特殊性,常因城市景观地段特色的不同而需要不同的控制方式。例如桂林中心区详细规划,其控制要求除了满足一般城市中心区的功能要求外,还在景观感知分析的基础上,制定了建筑高度、密度、形式、色彩等控制引导原则,并在重点地段采用具体的城市设计作引导。

4）现状建筑

现状建筑对规划控制的影响主要体现在,通过对现状建筑的建成年代、建筑质量、建筑层数、建筑风貌、建筑结构等的综合分析评价,判断现状建筑的拆改留,这将影响到未来规划控制的决策。对于建筑需拆除重建的地块,需要估算拆迁成本,综合评估拆建平衡比,通过资金平衡影响到用地开发强度的确定。保留建筑地块往往为具有一定历史价值的建筑所在的地块,此类地块的规划控制需要严格按照历史文化保护相关规范的要求。

5）开发方式与开发程序

开发方式和开发程序也是影响规划控制的重要因素,不同的开发方式和不同的开发程序,其相应的控制方式和深度应有所不同。一般来说,零星开发、单项开发和近期开发,相应的规划控制应较为具体和详细。如苏州桐芳巷居住街坊改造详细规划,由于建筑产权较为复杂,有公房、私房和单位房,并且又是由多家单位和个体经营开发,因此这一控制规划提出的控制要求就较为详细和明确。相应的,成片开发、综合开发和远期开发,因为控制范围较大,又多为一家主要的开发公司统管,而且开发目标需通过规划方案论证后才逐步明确,因此开发控制应抓住基本原则,控制内容不必过细,以便留有灵活调整的余地。

以上分析了影响规划控制的五个主要因素,当然还会有许多其他因素也影响着规划控制,如社会因素对规划控制会产生极大影响,有时甚至起着决定性作用。例如一些城市中大量存在的机关大院、大专院校等单位用地,由于社会历史原因,这些土地虽然名义上由国家掌握所有权,但在实践上这些土地成了单位部门所有,它们享有土地使用权和发展权,并长期无偿占有,极大地影响着规划控制。还有大量存在的军事用地,由于管辖权的原因,常常需要特别的控制手段。

6.4.3.2　规划控制指标赋值方法

通过什么方法来确定指标的数值,是一项十分重要和复杂的工作,目前国内主要采取以下方法:

1）形态模拟法

这种方法是目前采用得最多的方法,由于规划的控制指标一时难以掌握,其研究途径是通过试做形体布局的城市设计,即在对各因素综合分析研究之后,通过建筑空间布局,做出合适方案,然后加入社会、经济等因素的评价,进行研究、调整,再将各项设计因素抽象和反推算出明确的控制指标。其实际上是一种形态布局模拟,提出一种规划人员认为最佳的方案。此种方法的优点是形象性、直观性强,对研究环境空间结构有利,便于掌握。其最大的缺陷在于其有一定的局限性和主观性,因为它只是模拟一种或几种甚至更多种的布局形式,但不管怎样它都难以全面考虑到各种可能性,一旦模拟的布局有变,指标也会出现相应的变化。另外它还可能取决于规划人员本身的规划设计能力,如规划人员做出的规划设计本身不够周全,即使反推算出指标,也难以得出合理指标,因此它带有主观性。

2) 经验归纳统计法

这种方法常常是通过对多年规划的经验总结,将已规划出的而且已付诸实践的各种规划布局形式的技术经济指标进行统计分析,总结得出经验指标数据,并将它推广运用。这种方法的优点是较为准确、可靠,缺点是适用范围小,这些得出的经验指标常常可运用到与原有总结情况相类似的地方,如有新的情况出现则难以胜任。另外经验指标的科学性和合理性往往依赖于统计数据的普遍性和真实性。

3) 环境容量推算法

环境容量推算法主要涉及基础设施(道路交通设施、市政工程设施)承载力、生态环境承载力、公共服务设施承载力等限制性因素,根据现状与规划设施的综合承载能力,推算预估规划期末的容量,并据此确定用地的各项指标。此类方法相对科学严谨,但涉及的影响因素众多,分析参数繁杂,资料的收集与整理难度大,该方法的运用涉及多个专业,需分析并加以综合,难度相对较大。

4) 人口推算法

根据上位规划确定的片区人口容量及相关规范的人均用地指标,核算需要的居住、办公、公共服务设施等用地。同时根据人均居住建筑面积的需求,确定居住建筑面积规模。依据满足职住平衡、构筑城市生活圈(15 分钟、10 分钟、5 分钟)等原则,推演各类建筑的规模。此方法以居住人口为核心,推演各类指标需求,对于总体规模和功能配比构成的控制相对合理,但仅依靠此种方法,难以将控制指标相对精准地细化到具体地块。

5) 调查分析对比法

这种方法是通过对现状作深入、广泛的调查,以了解现状中一些指标的情况和这些指标在不同区位的差别,得出一些可供参考的指标数据,找出一定规律,然后与规划目标进行对比,参照现状的指标数据,依据现有规划条件和城市发展水平,通过综合平衡之后,定出较合理的控制指标。如上海确定区划容量控制指标,是通过调查了解现存建筑类型的容量特征,及其在城市中不同区位的容量差别,在此基础上,再根据规划目标,参照这些现状数据确定出容量控制指标。这种方法较为现实可靠,得出的指标也较为科学合理,但它需要做大量广泛的调查,调查工作繁重,且在调查过程中将会面临许多问题,从而影响指标数据的真实性、可靠性。另外它只是参照现状指标数据,难以考虑到其他的影响因素,因而也难免存在一定的局限性。

6) 数字技术模拟法

伴随着计算机的应用,数字技术越来越广泛地应用于规划设计中。数字技术模拟法,通过输入各项参数设置,模拟城市空间场景,确定规划控制指标。相比于传统的形态模拟法,数字技术模拟法虽然仍然取决于人的意志,但各类信息通过计算机系统的科学计算,大大提高了得出合理方案的可能性,尤其是可以快捷地选择不同参数优先条件下的规划模拟方案,进行多方案比选,既节省时间,又利于科学决策。

7) 经济测算法

用地不同的容积率会产生不同的经济效益,经济测试法就是根据土地交易、房屋搬迁、项目建设的价格与费用等市场信息,在对开发项目进行成本—效益分析的基础上,确定合适的开发强度,达到经济平衡,保障项目顺利实施。此种方法的优点是可实施性强,缺点是采用静态的匡算方法,尤其是旧城更新过程中采用就地平衡的做法,难免会导致开发强度过高等问题。

以上是国内目前常用的几种方法,而在实际运用过程中,通常是多种方法的综合运用,为规划控制指标赋值,以提高规划决策的科学性与可操作性。

6.4.3.3 规划控制的方式和深度

1)规划控制方式

综合我国现有的城乡规划编制体制、城乡规划法规与城乡规划编制技术要求,可采取以下4种规划控制方式:

(1)指标控制 是指通过一系列控制指标对城市发展与用地开发建设进行定量控制。指标控制的类型有约束性指标、预期性指标、规定性指标、引导性指标等不同类型。具体采用指标控制的深度因规划编制层次的不同而异。

(2)条文规定 是通过对控制要素和实施要求的阐述,对城市发展与用地开发建设实行的定性或定量控制。这种方法适用于规划用地的使用说明、开发建设的系统性控制要求以及规划地段的特殊要求等。

(3)图则标定 是在规划图纸上通过一系列的控制线和控制点对用地、设施和建设要求进行的定位控制。这种方法既适用于城市总体层面的功能引导、重大基础设施布局、单元管控划定,也适用于对具体地块的规划建设提出相应的定位控制。

(4)城市设计引导 是通过一系列指导性的综合设计要求和建议,甚至具体的形体空间设计示意,为开发控制提供管理准则和设计框架。这种方法既可用于城市总体层面的把控,亦适用于城市重要的景观地带和历史保护地带的特色塑造与文化传承。

2)规划控制深度

不同层次的规划编制,其规划控制的内容、控制方式与控制深度均有所区别。总结我国目前正在开展的城市更新规划项目实践,在现有的规划控制体系下,按照宏观、中观和微观三个不同层次提出相应的具体控制深度(图6-9)。

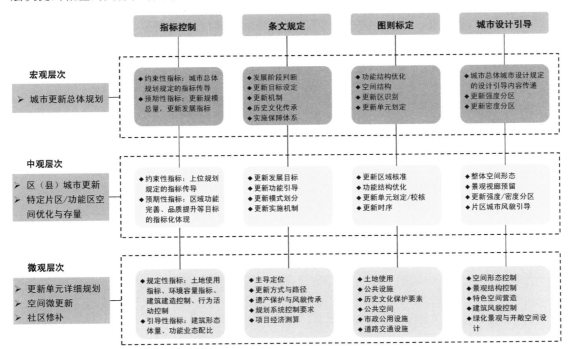

图6-9 城市更新规划层次与控制方式、控制深度

6.4.4　更新规划控制的具体内容

不同层次的城市更新规划,其规划控制的主要内容与侧重点有所不同。其中市、区(县)级的城市更新总体规划侧重于根据城市发展阶段与目标、土地更新潜力和空间布局特征,明确实施城市有机更新的重点区域与机制,并结合城乡生活圈构建,系统划分城市更新空间单元,同时注重补短板、强弱项,优化功能结构和开发强度,传承历史文化,提升城市品质和活力,避免大拆大建,保障公共利益①。更新单元规划则侧重于落实上级更新规划确定的要求,从城市功能、业态、形态等方面进行整体设计,明确具体更新方式,提出详细设计方案、实现途径等,对更新单元内的用地开发强度、配套设施等内容提出具体安排。

下面从城市更新总体规划与城市更新单元详细规划两个层面分别介绍更新规划控制的具体内容。

6.4.4.1　城市更新总体规划

城市更新总体规划、区(县)更新总体规划、特定功能区存量更新规划均属于中观层面及以上的城市更新规划。结合更新规划控制体系的构成要素,城市更新总体规划控制的主要内容包括以下六个部分:确定更新目标与定位、用地布局与结构调整、更新区识别与更新单元划定、更新模式选择、更新强度分区、更新实施保障体系。

1) 确定更新目标与定位

(1) 更新目标控制内容　从城市总体层面制定城市更新的目标,更新总体目标控制的内容需涵盖产业经济、空间优化、环境提升、设施完善、文化传承、社会发展等多个子系统(详见 6.3.3 节)。

(2) 更新策略控制内容　鉴于城市更新系统的复杂性与更新涉及内容的多维性,城市更新策略应涵盖产业升级、空间优化、文化传承、环境提升、设施完善、社会和谐六大方面。

产业升级策略:以城市总体层面的发展目标战略为指引,从提升城市能级角度考虑,疏解更新区域内的非核心职能,发掘区域空间潜力,加强城市发展高质量增长极和动力源的建设。依据城市能级与更新区域发展定位,提出大力发展的产业业态类型,明确需要强化与提升的产业功能区。

空间优化策略:基于产业升级与区域功能提升的目标导向,宏观层面主要从城市空间结构调整方向、用地布局优化措施、重点更新区域导引、城市风貌协调与城市形象提升等方面提出空间优化策略。中微观层面空间优化策略需要体现土地集约使用,细化落实到具体用地,明确用地布局与结构调整的土地使用主导性质,为更新规划实施过程中的土地产权调整、土地整备提供规划指引。

文化传承策略:明确需要保护的各类历史文化遗产资源,既包括已经列入法定名录的历史文化遗产,同时也包括根据地方法规和保护规划确定的需要保护的历史文化遗产。依据保护规划建构历史文化遗产资源活化利用体系和文化传承的展示利用体系,提出促进文化产业发展的相关策略。

环境提升策略:深化和落实基本生态控制线及其管控要求,从生态保护、生态安全角度,提出重要功能区的生态恢复和整治复绿的措施,加大对生态环境敏感地区的保护,维护城市生态系统平衡,确保城市生态格局安全。提出通过城市更新,加强公园体系建设、生态水系恢复、

---

① 详见自然资源部.《市级国土空间总体规划编制指南(试行)(征求意见稿)》[R/OL],2020.8.

城市绿道完善、公共空间改善、绿化覆盖率提高、丰富城市景观、实现人居环境提升的具体举措。

设施完善策略：设施完善策略包括公共服务设施、道路交通设施和市政基础设施的完善。其中公共服务设施完善策略需包括旧区内现有大型公共设施的更新策略，以及根据区域发展需求对未来公共服务设施空间的预留，同时需要体现公共服务体系的完善与均衡，制定系统全面、涵盖各类交通方式的道路交通系统完善策略，提出更新区域市政管网升级改造的措施。

社会和谐策略：城市更新中涉及人口疏解与平衡、不同群体保障性住房供给、文教卫体等公共服务设施的管理、社区管理与综合治理、本土文化与外来文化的融合等，从社会和谐角度出发，提出相应的引导策略。

2）用地布局与结构调整

用地布局与结构调整，重点从功能与空间上体现土地集约使用，为更新规划实施过程中的土地产权调整、土地整备提供规划指引。在人口结构调整、产业转型升级、更新目标策略等综合研究的基础上，明确城市更新区域的空间结构调整方向，确定城市更新区域内部的用地布局，将城市不同功能及其配比在用地上予以落实，确定土地使用主导性质。结合现状土地使用、用地权属、现状道路等情况，合理确定各类用地的边界、位置和规模。

3）更新区识别与更新单元划定

城市更新区域的确定，更像是一种"为推行城市更新所必须界定的权利范围，是受到赋权的更新地区的空间管制单位"（周显坤，2017）。目前我国主要以上海和深圳的城市更新单元、广州的城市更新片区为代表的城市更新区域的界定，是基于对几种不同类型的更新对象（一般涉及老旧居住区、低效工业仓储用地、低效商业区等）的综合评价的识别与划定。

城市更新区域识别与划定的方法种类繁多（详见 6.2.3 节），内容庞杂，但一般都可以归于加权评价体系的方法框架。加权评价体系是一种应用广泛的评价结构，首先对分析区域的评价因子进行选择，一般包括建筑、区位、生态、潜力、交通等因子，再对评价因子量化、权重赋值、权重计算，最后加权叠加，综合计算结果，根据计算结果，将定性与定量分析相结合，识别与划定城市更新单元，制订更新实施计划。

4）更新模式选择

城市更新的方式并非将整个规划场地推倒重建，而是进行有针对性的局部更新，根据不同区域面临的问题，采取不同的更新模式。在综合评价和衰退类型判断的基础上，可主要分为以下五种更新模式（图 6-10、表 6-1）：

保护控制：以保护和修缮为主，用于功能不需要改变、物质环境也不需要改变的地区。

修缮维护：以保护和修缮为主，用于功能不需要改变、物质环境较好的地区。

品质提升：以修缮和整治为主，维持原有功能属性，用于功能不需要改变、地段物质环境一般的地区。

整治改造：以环境整治、建筑改造、功能提升为主，用于功能需要改变、物质环境一般的地区。

拆除新建：以拆除重建、改造开发、用地功能改变为主，用于功能需要改变、物质环境差的地区。

5）更新强度分区

城市总体层面的强度分区指引，通常是在综合考虑区域基础设施承载能力（包括市政设施、道路交通、公共服务设施）、生态景观廊道、功能布局等因素基础上，通过总体城市设计引导，确定强度分区指引，如深圳的密度分区指引、广州更新强度分区等。

图 6-10　更新模式引导图

资料来源：东南大学城市规划设计研究院，2018.

表 6-1　更新模式选择与更新内容引导

更新模式	适用区域	更新内容引导	更新方式引导
保护控制	用地功能不变＋物质环境好	用地功能禁止调整，可改造度弱，必须严格控制，禁止一切与文化保护、生态培育无关的开发建设活动。一般不作为物质更新的对象	以保育、保护和修缮为主
修缮维护	用地功能不变＋环境较好	用地功能原则上不进行调整，以历史保护与文化展示为核心利用目标，保护历史风貌与历史建筑、历史街道。严格控制地块内容积率开发	以保护和修缮为主
品质提升	用地功能不变＋物质环境一般	对地段内的环境与有必要的建筑进行整治，梳理内部交通，改善环境，开辟必要的公共空间	以修缮、整治为主
整治改造	用地功能改变＋物质环境一般	基于对旧城整体功能提升的需要，用地功能需要调整，建筑可改造度较好。在尽量保持其现状建筑的基础上，对其建筑的使用功能进行调整，使其符合新的使用需要；对其地块进行整合，使其符合高端化的发展	以环境整治、建筑改造、功能提升为主
拆除新建	用地功能改变＋物质环境差	基于旧城整体功能提升、用地功能调整的需要，在开发密度高、空间趋于饱和的地区，对其现状建筑、环境进行整治改造，对地块进行整合更新，使其符合高端化的发展	以拆除重建、改造开发，用地功能改变为主

（1）深圳市城市更新的密度分区（图6-11）　依据《深圳市法定图则编制容积率确定技术指引》划分为六级密度分区。各级密度分区按照居住用地、商业用地不同给出基准容积率，并给出容积率修正的指导原则，如满足公共服务设施和市政基础设施等支撑条件下的容积率修正原则，滨海、滨河、临山、城市公园以及文物保护单位等景观资源相邻地的容积率修正原则，公共服务设施、市政基础设施配置紧张且无法通过规划手段解决的地区的容积率修正原则等。同时指出在城市设计重点地区，如城市门户、城市地标、文化商业中心、历史文化保护等地区，受公共配套设施和市政基础设施设置支撑条件制约的地区，对建筑高度、密度有特殊要求的地区（如特殊地质构造区、机场净空、微波通道、危险品源等地区），景观、生态敏感地区（如水源保护区、红树林、湿地发育地区）等，这些地区的容积率需充分考虑特殊控制要求，科学分析土地综合承载能力，通过城市设计、专题研究等手段合理确定。

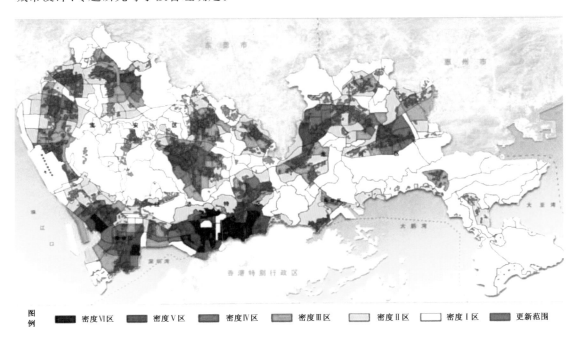

图例　■密度Ⅵ区　■密度Ⅴ区　■密度Ⅳ区　■密度Ⅲ区　□密度Ⅱ区　□密度Ⅰ区　■更新范围

图6-11　深圳城市更新专项规划——密度分区指引图

资料来源：深圳市规划和国土资源委员会，2010.

（2）广州市的城市更新规划的强度分区（图6-12）　根据现行的控制性详细规划，结合轨道线网规划，将全市划分为四类强度控制分区，分别为强度一区、强度二区、强度三区和生态控制区，各类强度控制区的界定范围如下：强度一区为位于规划轨道交通站点800 m范围内的区域，在规划承载容量允许的前提下，鼓励高强度开发；强度二区是除强度一区、强度三区、生态控制区以外的区域，根据区域发展条件，在规划承载容量允许及满足相关规划要求的前提下，进行适当强度的开发；强度三区主要为建设控制地带等政策性区域，其开发强度应满足区域相关规定、规划要求；生态控制区指城市总体规划确定的禁建区和限建区范围，其开发强度按照生态控制线的相关管理要求落实。

6）更新实施保障体系

借鉴北京、上海、深圳等城市的经验做法，建立涵盖法规、制度、操作指引、技术标准等在内的城市更新实施保障体系，为宏观层面城市总体更新规划的编制、微观层面更新单元规划的制定与实施提供必要的制度保障与技术支撑。

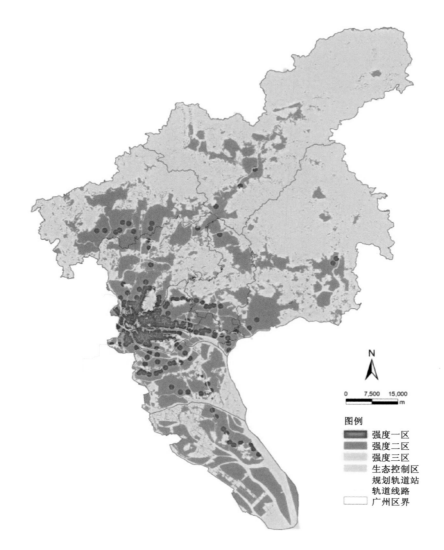

图 6-12　广州城市更新总体规划——城市更新强度分区图

资料来源:广州市城市更新局,2016.

6.4.4.2　城市更新单元详细规划

城市更新单元作为落实城市更新目标和责任的基本管理单位,是协调各方利益、配建公共服务设施、控制建设总量的基本单位。城市更新单元规划控制的内容面向实施,具体管控内容主要包括单元规模、功能业态、公共空间、公共服务设施、道路交通、市政公用设施、历史文化传承、城市风貌设计、公共安全等九大方面(图 6-13)。

1)单元规模控制

单元规划包括单元的占地规模与建设规模。其中单元占地规模包括单元的具体范围,明确更新单元的规模与具体划定边界,以及规划范围内的土地权属、现状土地使用、各类资源统计等。建设规模,需要依据相关规划,通过详细城市设计,明确管理单元内的建筑规模总量、建筑密度、容积率、绿地率等具体控制指标。

2)功能业态控制与引导

功能业态方面,基于现状产业梳理与分析,制定产业发展目标与定位,植入适应性业态,并以

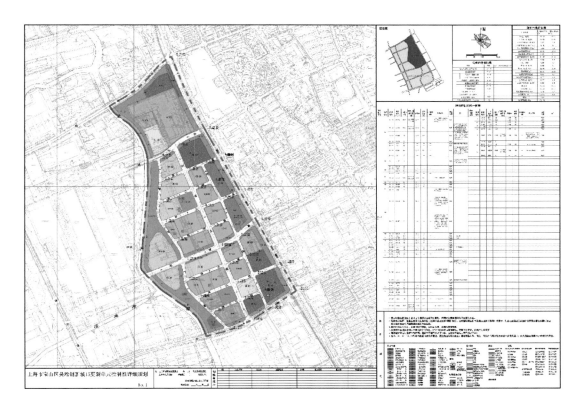

图 6-13 更新单元用地规划图示意

资料来源：上海宝山区规划和自然资源局，2020.

功能定位与产业为依据，确定更新单元内各地块的用地性质与兼容性。具体规划分析与控制引导内容如下：

现状产业梳理和分析：对更新单元产业的现状进行详细的梳理和解读，分析现状产业的类型、规模、活力等，总结产业现状问题，解读现状产业出现问题的根源所在。

制定产业发展目标与定位：通过研究区域产业的竞合关系，以及周边区域发展战略分析，对更新单元未来产业发展的方向进行战略性的选择和判断，提出产业规划目标与愿景。

业态适应性分析：在发展目标与定位的基础上，提出产业升级转型方向及与之相匹配的产业类型构成、规模预测等方面的控制建议，提出评价项目准入的标准和门槛。

3）公共空间规划管控

公共空间管控要素包括落实并细化城市绿线、城市蓝线、公园绿地等公共空间控制线，落实公共步行通道、活动广场、滨水岸线形式、视线通廊等控制要求；根据不同公共空间的尺度要求确定建筑退线；提出居住区绿地率、人均绿地指标等具体管控指标。

4）公共服务设施规划管控

明确更新单元需要重点完善的公共服务设施，主要包括教育设施、文化体育设施、行政管理与社区服务设施、医疗卫生设施、社会福利设施、商业服务设施等。明确对独立占地的各类设施的位置与占地规模、建设规模及管控的要求，提出非独立设置的社区级公共服务设施的规划建设位置，提出结合规划执行适当调整的范围。

5）道路交通规划管控

明确规定更新单元的道路交通设施相关规划与管控，具体包括以下几方面：

明确单元内道路断面和交叉口,规划道路系统路网密度、具体线位、道路功能与等级布局、道路断面形式、渠化方案等。明确交通设施位置与控制要求,说明机动车及非机动车停车场、公交首末站等交通设施的数量和设置位置。说明综合设置的交通设施所在的位置,以及结合规划执行在适当的范围内调整的区间。说明对环境有特殊影响的交通设施的卫生安全防护距离和范围。

6）市政公用设施规划管控

明确提出更新单元内的水、电、气、暖等市政公用设施的类型、规模与控制线位。说明高压走廊、微波通道、特殊管线(如原水管、污水总管、危险品管道)等的走向及控制要求。明确河道蓝线宽度、陆域控制宽度和航道(需要时)等级。说明各种市政设施的用地面积、设置方式、千人指标、防护隔离要求。

7）历史文化传承规划管控

明确更新单元内历史文化街区、各级文物保护单位、历史街巷、历史建筑、传统风貌建筑、工业遗产、历史环境要素等历史文化遗产资源空间分布,明确相关保护要求,落实紫线线位及管控措施。

8）城市风貌设计管控

从单元更新的空间形态控制、景观风貌结构、沿街立面控制、建筑轮廓线控制、建筑风格控制、建筑色彩引导、特色空间营造、绿化景观及开敞空间设计、附属设施控制、照明与标识系统等方面,提出风貌形态管控具体要求(图 6-14)。

图 6-14　城市风貌管控效果示意图

资料来源:上海宝山区规划和自然资源局,2020.

9）公共安全规划管控

对防洪除涝、消防、应急避难场所等公共安全设施的类型、规模、占地形式等提出具体的管控要求,提出危险品源的控制要求和安全防护范围(图 6-15)。

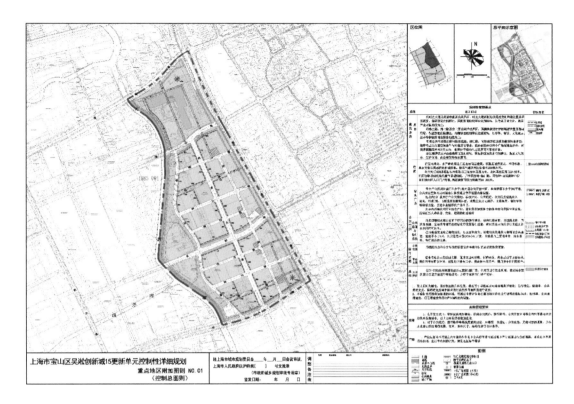

图 6-15 更新单元强制性管控要素分布图示意

资料来源：上海宝山区规划和自然资源局，2020.

7 城市更新的实施保障机制

尽管许多从事城市更新专业的人都希望将城市更新过程视为一项专业的技术工作,实际上,城市更新更是一项融合了诸多政治策略、经济因素和文化因素的社会过程,必须要有城市各级政府、企业和居民的共同合作、参与和推动。从大量的城市更新实践来看,经过有效的政府管控和市场运作,城市空间环境品质的提升取得巨大成效,并且也促使城市更新进入常态化。城市更新的政策管理在任何层面上都不能与管理它的政治家、城市管理体制、投资机制以及公众参与相分离。总之,城市更新是一项涉及社会、经济、文化以及制度等多方面的复杂的社会系统工程,是一个由居民扮演重要角色,从规划设计到实施建成受到行政管理体制、经济财政投入、规划控制和方针政策等诸多因素影响的过程,有效的运行机制和调控机制无疑是保证城市更新改造目标全面实现的强大支撑。

7.1 管理体系

城市更新项目是否成功取决于是否存在一个强有力的区域或城市权力机构,只要有权力和意愿来推动一系列更新政策和过程,并在地段、城市和地方制定战略规划,就会顺利实现城市更新的目标。至于管理结构如何具有效力,关键在于以下四个方面:

(1) 权力机构具有不需要发展新的工具或者新的代理机构而能贯彻城市更新策略的职权范围;

(2) 拥有一个强大和对未来满怀希望的政治机构或政治人物;

(3) 能够通过现存的第三种因素(现存可靠的职业人员)达到目标;

(4) 最后一个关键因素是拥有可以保证所采用的提议或计划能够执行的资金和财政管理结构。

7.1.1 国家政府干预

就目前国际情况来看,国家层面对城市更新活动的指导和财政权力上的干预主要有直接干预和间接干预两种。

在比利时,联邦政府本质上在城市更新中没有法律地位,主要对国家的一些社会预算负责。这种做法与居民所期望的目标不相符合,并且也不适合那些发生规划变更的地区,但在此过程中政府仍然对城市更新十分关心,而不仅仅是凭一时的兴趣。德国的情况与之类似,联邦政府在城市复兴和物质更新过程中缺乏绝对控制的能力,而且也很少涉及其中。在意大利,国家政府在不同的区域之间建立了一个框架,每一层面都有不同的管理职责,可以与他们的选区省和城市在地方层面共同完成该过程。在英国,次国家政府与英联邦政府之间的关系有多种,有一种倾向认为英联邦政府在更新政策中处于主导地位,这正如英国政府部门出版的城市政策白皮书里所说的那样。但对于英国之外的观察者而言,不明确的是这份文件是只适用于英格兰,还是有时也适用于苏格兰和威尔士,尽管事实上没有英国政府的存在,但实际上白厅[①]部门仅仅是作为英格兰的

---

① 白厅:英国伦敦的一条宽阔大道,南北走向,位于特拉法尔加广场与议会大厦之间,根据怀特霍尔宫而命名,是英国法庭的主要所在地,以其为政府办公机构所在地而闻名。

主要管理机构的一个部分。例如,主要的交通部、地方政府和区域管理部门,它们在事实上承担着次国家层面的角色。

日本中央政府在更新规划和政策中处于主导地位,由日本政府颁布的国家层面上的诸如《都市再开发法》《都市再生特别措置法》等系列法规,为整个日本的市区重建提供了整体政策指引。同时,日本中央政府通过增设民营部门的城市再生事业金融支持制度、都市再生特别区制度以及特定都市再生紧急整备地区制度等推动日本各区域的都市再生工作。由日本中央立法成立的全国市街地再开发协会以及都市再生本部等更新管理机构是日本城市更新管理的重要组成部分,其职能是保证土地的合理利用,带动整个日本的经济复苏并制定基本的都市再生方针。

与其他国家不同,新加坡是一个城邦国家,因此在新加坡没有省市之分。新加坡政府对城市更新实行管理的机构为市区重建局(Urban Redevelopment Authority,URA),作为全权负责代行政府有关市区重建职能的半官方机构。URA 由董事会和管理部门组成。社会化的组织方式和企业化的运营模式使政府的管理更为灵活、专业和高效。独立的法人定位也使 URA 可以从事工商活动并自负盈亏。

我国的中央政府层次目前还没有设置专门的城市更新管理机构负责全国范围内的更新管理和统筹工作,国家宏观调控主要通过颁布重要文件对城市更新活动进行战略性指导和工作部署。近年来,为了积极推进城市更新工作,出台了一系列重要文件。国务院于 2013 年和 2014 年相继出台《国务院关于加快棚户区改造工作的意见》和《国务院办公厅关于推进城区老工业区搬迁改造的指导意见》等重要文件。2014 年政府工作报告提出的"三个一亿人"的城镇化计划,其中一个亿的城市内部的人口安置针对的就是城中村和棚户区及旧建筑改造。2014 年国土资源部出台《节约集约利用土地规定》,并于 2016 年发布《关于深入推进城镇低效用地再开发的指导意见(试行)》的通知。2015 年中央城市工作会议把创造优良人居环境作为中心目标,提出加快城镇棚户区和危房改造、加快老旧小区改造的工作要求。2016 年《中共中央国务院关于进一步加强城市规划建设管理工作的若干意见》提出围绕实现约 1 亿人居住的城镇棚户区、城中村和危房改造目标,实施棚户区改造行动计划和城镇旧房改造工程,推动棚户区改造与名城保护、城市更新相结合,加快推进城市棚户区和城中村改造。2017 年住房和城乡建设部出台《关于加强生态修复、城市修补工作的指导意见》。2019 年以来,国务院常务会议、政治局会议等多次重大会议均提出要大力进行老旧小区改造提升。2020 年 7 月国务院办公厅颁布《关于全面推进城镇老旧小区改造工作的指导意见》。

7.1.2　区域政府参与

区域政府在城市更新过程中起着关键的作用,但是综观区域层面政府部门在多样化的城市更新中的作用,其作用大小是有区别的,这不仅需要辨别区域承担哪些重要政治角色,关键还要看区域自我立法的能力大小以及对财政控制能力的大小。

法国有两个合法的区域中介机构,第一个是区域指导办公室,是中央政府和各不同部门的区域代表,第二个是区域选举机构——区域协会。荷兰共分成 11 个省,但在 4 个最主要城市的更新项目中都没有承担主要角色,这些城市往往倾向于直接和中央政府部门发生关系。意大利伦巴底区域政府具有相当大的贯彻中央政府法规的权力,以及支持本区域城市更新的财政权。

日本的区域政府对城市更新活动的指导作用则主要体现在提供区域性的政策指引,提供直接的和区域性的策略指导,以及为国家更新战略提供区域性的策略基础等方面(周显坤,2017)。

在我国,"省"作为我国区域性质的政府,对辖区内城市更新工作具有相应的指导作用。以广

东省为例,2018 年由广东省人民政府办公厅发布《广东省人民政府办公厅关于成立广东省推进
"三旧"改造工作领导小组的通知》,并成立了推进"三旧"改造工作领导小组,以加强"三旧"改造
工作的组织领导和统筹协调。领导小组由省长担任组长,副省长任副组长,其余小组成员由省级
各部门主要负责领导担任,具体包括各部厅长(或副厅)、主任、书记、局长、副院长、副检察长、总
审计师。其主要职责为贯彻落实广东省委、省政府以及国土资源部关于"三旧"改造工作的决策
部署,研究提出完善"三旧"改造配套政策及体制机制的工作措施,协调解决"三旧"改造工作有关
的重大问题,以及指导督促各地、各部门落实"三旧"改造工作任务。

7.1.3　地方政府

每个城市区域都在地方层面显示不同的结构。例如意大利米兰和法国里尔都有强大的城市
权力机构来发布和执行区域规划政策和战略,在其内部重点强调将衰退和废弃地区的更新作为
其政策的主要推动力。在里尔,城市更新政策不仅仅由里尔市政府指导,而且还由城市社区以及
城市规划部门指导。在米兰,对城市功能结构提出的新目标使城市一些区域的更新变得十分迫
切,并相应改变了过去的规划方式。在 1990 年代之前,规划过程太慢并且十分官僚,难以适应紧
迫而快速变化的区域复兴需求。到了 1995 年,国家城市更新项目提出新的项目综合计划,允许
在不同计划中采用动态规划。

在荷兰和英国,城市政府在政策和实践层面承担更新工作。鹿特丹的更新政策是在大都市
区层面上来进行操作的。而英国缺乏大城市政府的传统,由于 1986 年英国大城市郡的废除,在
利物浦案例中,默西塞德郡(英国英格兰郡名)理事会对城市更新政策的促进作用没有持续太久,
最后是城市参议会和其他的代理机构负责。北爱尔兰本身很小,其人口还没有里尔或鹿特丹都
市区多,其政策的持续目标是创造强大和可行的区域管理机构。

日本是中央政府集权,在 2000 年以后,规划管理权限从中央下放到地方。在政策和实践层
面,日本地方政府承担具体的更新工作。在"造街活动"的旧城更新中,政府与地方社团代表组成
社区治理机构,干预方式宽松和弹性化(洪亮平,赵茜,2013)。同时,日本团地所有权属于政府,
更新计划的推动者也是政府,称为都市再生机构。

我国地方政府是具体城市更新的主导者和操作者,组织和资金基本都由地方政府自行解决。
同时,中国地方政府在地方事务上发挥着越来越重要的作用。中国各级政府为了寻求地方的经
济发展及环境改善,实施了更贴近市场、鼓励私人资本参与的"企业化管治"道路。在实现城市更
新的过程中,中国的政府积极参与了更新的过程,按照市场的逻辑,尽量满足市民和资本的需求
(易晓峰,2013)。地方政府及其政治意识形态在城市改造与更新中起着非常重要的指导作用。
在改革开放之前,政府在城市更新中起着非常关键的筹集、分配城市改造资源的作用。改革开放
后,全国各地开展的旧城更新改造在进入市场经济后,虽然还存在着立项审批的手段,但由于资
金已不是上级划拨,贷款也不再是上级批准的政府行为,而是建设者与金融机构之间的企业经济
行为,从而使政府对旧城更新改造的控制,由过去行政、计划为主的直接控制逐步转向运用经济
杠杆、法规手段、政策引导、公众参与以及其他沟通协作方式的管理调节,并通过各种计划、决策、
执行、引导、协调、监督等组织活动使规划管理走向系统化,打破了以往城市建设计划、规划、建
筑、实施的单向执行方式。随着城市更新改造由过去主要由政府部门出面组织进行的单一局面
转向政府、单位、开发企业、合作组织与私人共同参与的新时代,政府开始以积极互动的态度,更
多地关注提供何种方案及优惠条件来鼓励更新主体参与投资开发改造旧城,以更为开放和更为
严密的法规,应用激励、诱导、协调、凝聚、规范、监督等多种调控手段,充分调动各方面的积极性,

使之形成合力,行动一致,整体启动城市更新改造(阳建强,吴明伟,1999)。

由于中国中央政府制定的法律与法规有很大弹性,给地方政府在城市更新的实际操作过程中留有很大的空间,这也就造成了实际城市更新实践的多样性。大致上,从城市更新组织的角度,可以将城市更新分为土地储备型、合作型和政府操作型三种类型(易晓峰,2013)。

(1)土地储备型　地方政府负责将改造地块转变为城市土地储备,通过土地开发(储备)中心公开进行招拍挂,最终由中标的开发商获得土地的开发权进行开发,地方政府获得土地出让金。

(2)合作型　地方政府与下层次政府、开发商或其他部门组织合作进行城市更新(如上海的新天地)。市政府制定城市更新政策,如土地租金、财政补贴等;区政府负责具体操作(如上海新天地所在的卢湾区与香港的开发商签订城市更新协议);开发商负责城市更新的商业运作;区政府负责城市更新政治(与上级政府沟通)、社会(与被拆迁户或有影响的居民沟通)方面的工作。

(3)政府操作型　地方政府运用自己的财政力量进行城市更新,主要针对需要重点保护的历史文化保护区或者不合适完全交由市场主宰的地区。

总的来看,中国的地方政府在城市更新上发挥了相当大的主导作用,它们决定了在哪里更新、更新的组织方式和更新的经费来源等,但在新的城市更新进展中,私人开发商、原有的业主越来越多地参与其中。

近年来,随着我国城市更新工作日益进入常态化,一些城市开始成立专门的城市更新管理机构。2009年,深圳在深圳市规划和国土资源委员会下设置"深圳市城市更新办公室"直属机构,负责对市级层面的更新进行总体管控。2014年10月,在"深圳市城市更新办公室"基础上,设立副局级的"深圳市城市更新局",负责市级层面的城市更新工作管理。2015年,在简政放权大背景下,以老旧城区集中的罗湖区为试点,将市级层面城市更新的行政审批、确认、服务等事项下放至罗湖区。2016年发布《深圳市人民政府关于施行城市更新工作改革的决定》,将试点推广到全市。自此,市级层面主要负责更新规划、政策、标准和流程方面的统筹,不再审批具体项目。各区组建更新局或重建局,主导辖区内城市更新工作,城市更新项目计划立项和规划审批都在区层面完成(李江,2020)。2019年,依据发布的《深圳市机构改革方案》,深圳市进一步将原有深圳市城市更新局、深圳市土地整备局的行政职能整合组建为深圳市城市更新和土地整备局,并由深圳市规划和自然资源局统一领导和管理。同时,各区也进行了相关的机构改革,纷纷成立了区级的城市更新和土地整备局,例如,光明区城市更新和土地整备局、坪山区城市更新和土地整备局、龙岗区城市更新和土地整备局等。

2014年,广州市公布了机构改革方案,将原"三旧"改造工作办公室的职责和市有关部门统筹城乡人居环境改善的职责进行了整合,成立了我国第一个城市更新局,2019年依据《广州市机构改革方案》,广州市城市更新局被撤并,原有相关更新职责又被整合进新成立的"广州市规划和自然资源局"。

上海设置了三级管理机构推动更新改造。全市设城市更新工作领导小组,由市政府及相关管理部门组成,城市更新工作领导小组下设办公室,办公室设在市国土和自然资源主管部门。市国土和自然资源主管部门内设详细规划管理处(城市更新处),负责协调全市城市更新的日常管理工作,依法制定城市更新规划土地实施细则,编制相关技术和管理规范,制定相关专业标准和配套政策,履行相应的指导、管理和监督职责。区县人民政府负责本辖区内的城市更新工作,一般指定区国土和自然资源主管部门为专门的组织实施机构,具体负责组织、协调、督促和管理城市更新工作。

2016 年,济南市城市更新局正式挂牌成立,根据 2019 年济南市级机构改革要求,由济南市城乡建设委员会及济南市住房保障和房产管理局(济南市城市更新局)合并组建济南市住房和城乡建设局。从此,济南市原有的城市更新事务被纳入新成立的"济南市住房和城乡建设局"统一管理。

7.1.4 专业代理机构

城市更新项目的实施除了依靠国家政府、区域政府以及地方政府外,有时亦需要借助一些专业代理机构。而西欧各城市所采用的方式具有明显的不同,鹿特丹规划的制定和南岸(Kop van Zuid)地区战略的实施是由城市委员会承担的,合作运行这些项目的主要是公共部门,比如港口行政部门、交通行政部门、城市发展联合公司和公共劳动及城市规划部。而德尔夫谢温(Delfshaven)项目更为复杂,包括地方及国家商业组织,以及当地的店主,它具有自己的项目管理团队。里尔主要的管理组织是一个社会经济混合体,这个团体拥有涉及城市利益的权力,包括购买土地、投资管理和工程发包的权力。值得注意的是,在法国,一个商业组织比起英国仅仅作为咨询机构的一般社会团体来说,具有更大的法定权力来支配地方的商业并获取利益。而更重要的是城市规划与发展部门对每一个合伙人都起作用,并直接对城市社区负责。对里尔都市区来说,十分重要的是,每一个局部地区的更新必须与总体的更新策略相结合。鲁尔呈现的是一种略微不同的模式,国际建筑展览公司(IBA)是一个独特的、单一目标的临时代理机构,由兰德政府成立。IBA 有时因为其决策会与鲁尔市政当局产生冲突。但由于在一系列重要项目的执行中,该机构负责一些最为关键的而且目标和时间都相对受到限制的项目,因此更需要与市政当局的战略规划相结合。

日本城市更新的法定实施主体有两类,即公共团体、原业主团体。前者包括地方政府、UR 都市机构、住宅公社等,后者包括原业主个人、都市更新会、都市更新公司(周显坤,2017)。伴随都市再生策略的不断推进深化,以及城市更新过程中不断激化的公共部门与私人业主利益矛盾、资金筹措不足、缺少沟通协调等问题,日本于 2004 年 7 月成立了"UR 都市机构"。该机构主要负责建构"连锁型"都市更新推动框架以及负责支援都市更新的各项工作,通过运用取得持有土地、实施土地重划、协调民间都市再生中建筑物更新的方法,将部分合署办公(两个或两个以上的机构由于工作性质相近或联系密切而处于同一处所)旧址作为种子基地,并通过改善道路等公共设施,以及规范民间参与都市再生的权利与义务,不断地支持"连锁型"改造更新,从而保障都市再生的顺利实施。"UR 都市机构"的组织名称与功能历经多次的转变与调整,作为介于政府与民间之间的独立行政法人,其最高主管及预算均由日本政府分配,但拥有独立的人事权,且在运营上自负盈亏(施媛,2018)。

在中国,主要通过多元组织机构(如半政府中央组织)和经济杠杆等调控措施,设计以三方伙伴关系为基础的基金、技术和政策优惠等激励投资参与的机制,协调地方政府对投资的城市竞争行为。以上海和青岛为例,上海地产集团①在面临后期城市更新越来越复杂和难度越来越大的

---

① 上海地产(集团)有限公司成立于 2002 年,是经上海市人民政府批准成立的国有独资企业集团公司,共有各级次控股企业 230 余家、参股企业 100 余家,总在职员工 9000 余人。集团专注于事关上海长远发展的各项重大专项任务,包括区域整体开发、旧区改造、城中村改造、生态环境建设、保障房及租赁住房建设运营管理、美丽乡村建设、黄浦江码头岸线投资建设管理、滩涂生态、开发区建设和功能提升、大众养老等。

形势下,于 2020 年 7 月 13 日成立上海市城市更新中心,致力于现状成片二级以下旧里^①的旧改攻坚。其主要目的是通过搭建城市更新中心平台,使地产集团能更积极主动、更深入地参与城中村改造、中心城区旧区改造、工业园区的置换升级、历史风貌区保护等工作,并通过市场化运作和专业化管理,以更高的效率、更高的质量推动城市更新进程。目前上海地产集团已在中心组建起规划、资金、招商和项目实施等团队,重点参与推进黄浦、虹口、杨浦等区成片二级以下旧里的旧改攻坚。而青岛历史城区的城市更新由代表政府的国有投资平台承担并组织实施。平台公司的业务范围涉及土地整理与开发经营、城市更新改造与建设、城乡重大基础设施项目建设与运营、文化艺术交流活动策划等。平台公司成立了专门管理团队,以"推动城市更新、提升城区品质、惠及百姓生活"为责任目标,协调并全程参与资本运作、房屋征收、规划编制、组织实施、活动策划、后期运营等,以期达到"社会效益与经济效益完美结合"。

7.2　资金来源

城市更新基金通常由基金所有者、管理者和投资者来操作,他们根据情况会投资于某些或所有更新项目。这些基金涉及面很广,从具有大量商业企图的国际投资公司(适合的私人部门)到完全体现公众利益的公共部门,如每个国家的中央财政部门在更新过程中以税收投资就是其中的主要方式。可以将投资资金分成三种类型:公共的、商业的和共有的中介代理。

7.2.1　公共基金

在每个城市以及多数国家的更新计划中,中央政府都是计划的主要投资者。这类基金属于非营利性质,通常涉及基础设施的提升、土地的清理、交通网络的投资以及社区居民的社会福利等方面。

欧盟结构基金和国家或区域的联合投资对城市更新和城市遗产再生至关重要,来自国家或区域政府的补助对欧盟结构基金和城市更新政策承担着重要责任。英国的情况最为复杂,有 4 种不同的模式在运行。在英格兰,主要的国家补助金在 1994 年之前主要是单一更新预算,但自从 1994 年引入其他基金后开始出现变化,最主要的变化是由区域发展代理处统一管理更新预算和其他方面的预算。白厅中央控制的焦点也因此由区域管理部门转向了财政部,并由财政部统一给各区分配基金,区域发展机构的基金则是由英国股份制企业提供援助。在荷兰,更新基金主要来自国家财政,它们直接引导城市开发。小城市的基金由省级和地方部门进行管理。这些基金由地方基金进行补充,它们可能来自土地的出售或出借——也就是说是一种基于土地和不动产的抵押,如果规划用途没能在评估期限内得到回报,那么项目就能够得到补贴。在法国,城市更新项目的公共基金通过在不同层面的政府预算中建立长期的规划合同预算机制,以保证城市更新项目的顺利实施。这些有可能被纳入整个项目的全过程并提出一项长期稳定的金融计划,它们通常由来自其他公共资源的基金支持。

在日本,几乎在所有的城市更新项目和活动中,政府都是主要的投资方,且中央政府的投资往往占有绝对控制比例,以保证更新项目的顺利实施。在土地重划项目中,绝大多数情况下30％的实施成本是由国家政府补贴来支持,另有 30％是地方政府出资,还有 30％是保留地销售的收入。在成本分摊的同时,效益也是分摊的。国家政府和地方政府出钱补贴的目的是,如果这

---

①　根据《上海市房屋建筑类型分类表》,二级旧里主要指旧式里弄中"普通零星的平房、楼房及结构较好的老宅基房屋"。

些土地升值了,未来他们可以征更高的税。土地价格提升了,地方政府的税收也会随之上升(城所哲夫,2017)。在"造街活动"的旧城更新中,亦由政府有关部门对社区工作加以规划指导及拨付经费。1955年,"住宅公团"作为政府全额出资的特殊法人负责住宅开发及更新活动,但是由于缺乏财政补贴,住宅存在价格高、距离远、面积小等问题(洪亮平,赵茜,2013)。

我国对城市更新项目中不具营利性的公益性更新项目和部分不具有市场融资条件的基础性更新项目,多采用由地方政府部门预算拨款。地方财政预算拨款安排的公益性和基础性更新项目主要包括服务性公共设施项目和生产性基础设施项目。地方财政预算资金常常根据公益性和基础性更新项目建设周期长、需要资金多的特点,对城市更新建设主体所需资金进行预算拨款,但并不是在这类更新工程项目开工时进行一次性拨付,而根据更新改造建设进度和实际需要,按年份拨付,并对其进行限额管理。2018年上海市政府印发了《上海市历史风貌保护及城市更新专项资金管理办法》,规定了专项基金主要支持以下方面开支:①经认定的历史风貌保护地块相关支出,包括对相关地块更新保护及周边城市道路、公交枢纽等基础设施完善补助;②重点旧改地块改造相关支出,包括重点旧改地块改造市级支出以及区单独实施地块公益性项目投资补助;③旧住房和保护建筑修缮改造补助;④社会资本参与历史风貌保护地块改造贷款贴息补助以及经市政府同意的其他支出。

7.2.2 共有基金

除了公共基金之外,共有基金也是城市更新的重要基金来源。在法国,政府主要的资金支持来源于信托局(Caisse des Dépts et Consignations),并且它常常被认为是政府资金的另一种形式。信托局是一个公共银行,成立于1862年,具有明确的储蓄以及小型投资于公共项目和基础设施以获取分红的目标,它由一个具有人民代表性的委员会,即国民议会或者州议会,而非政府管理。必须理解,在法国的国体下,国家的角色是持久的,这不同于政府是暂时的,成立信托局正好说明了这一点。拿破仑战争时期,当时国家的大量财富都被政府征用以发动战争,战争之后,为了管理他们节省下来的公共基金,使这一基金既不被政府控制,亦不被滥用,于是依照法国公众的愿望成立了信托局。1959年,地产信贷加入进来,它的成立原因与信托局相类似,即公众和国家都不希望出现私人基金被滥用的情况。地产信贷在1996年因财务困难被信托局收购。关于信托局的第二件非凡事件是它的资金来源,它的资金来源主要是普通公众的多样性储蓄,而非税收或类似的税款。其中大多是小的地方性银行(如储蓄银行)的存款,另一个主要的二级资金来源是公共部门的退休基金。该机构属于公共的资金的数目可观,往往被投资于公共领域,这些钱日常的支配通常不受政府控制。重要的是,信托局已经开始发展一项特殊的城市更新基金,将其用于各个主要的内城更新项目的金融公共投资上,在里尔和鲁贝,它是更新计划的主要资金来源,同时还是社会住房网络主要的资金支持者。值得注意的是,基金的一部分是被指定用于和私人部门进行联合的投资。

在意大利或荷兰则没有这种城市更新"中介性"资金来源。在英国这种部门通常是由建筑部门和托管银行的地方分支机构所把持。英国最终的非经营性资金来源是国家彩票基金,主要用于公共和文化风险投资方面,同时也应用于城市更新项目的社会发展方面。此外,英国政府在通过制定法律控制内城合理开发、完成内城更新计划的同时,也在经济资助上给予内城更新以额外的资助和免除部分税收的优惠。例如城市计划(Urban Programme,UP)便是一项中央政府拨给内城进行内城改造的专款,集中用于中央政府指定的57个存在着严重内城功能衰退现象的"目标区"(Target Areas),希望借以进行经济开发活动,改善内城生活环境,解决城市住宅问题。而城市补贴(City Grant,CG)则是一项用于鼓励私人企业进行内城开发的政府经济援助,1988 年前分为两项,即城市开发补贴(Urban Development Grant)和城市更新补贴资助基金(Urban Regeneration Grant)。而此期间成立城市行动小组(City Action Teams,CAT)旨在帮助政府完成内城改造方面的工程,解决内城失业问题、帮助创立新的企业和改善环境;规模较小的特别工作组(Task Forces,TF)亦通过帮助内城提供就业岗位和建立新的企业,以改善内城居民生活环境和工作环境。

在美国,经过 1970 年代城市更新的低潮,1980 年代之后,城市中心区的再开发再次成为城市发展的重点,尤其是大城市,主要以区位条件优越的公共土地为筹码,以和私人开发商签订分享金融风险的文件为开发形式,推进城市中心区再开发项目的实施。著名案例是巴尔的摩的内港、匹兹堡的黄金三角、纽约时代广场改建等城市再开发项目。联邦政府进一步退出城市开发项目,基本不再给予城市政府直接拨款,而是要求城市政府通过贷款实施有风险的项目。城市政府逐步采用商业方式代替曾经的纯政治运作,使用商界的语言制订合作计划,按照市场规则安排稀缺的公共资金,例如应用"资产管理"(Asset Management)来安排公共资产出售给私人部门后的所得。政府官员学习挑选可以合作的私人开发商以及如何与他们进行商谈,尝试创新很多非财政的鼓励方式。同时,地方政府建立基于项目的公共开发公司或再开发机构,任用熟悉商业操作的领导来管理,委托专业人员进行项目分析、开发商评估、开发成本核算以及代表公众与私人开发商洽谈等(王兰,刘刚,2007)。

我国的更新共有基金处于初级阶段,各项工作仍在探索中。我国具有代表性的"共有基金"为 2017 年 7 月成立的"广州城市更新基金"。"广州城市更新基金"是广州"联盟＋基金"新模式的重要组成部分,广州国资开发联盟和广州城市更新基金是在《广州市城市更新总体规划(2015—2020 年)》计划到 2020 年完成城市更新 42～50 km² 的背景下提出来的更新策略,其目的是为了破解广州城市更新规模巨大的难题。"城市更新基金"由"开发联盟"设立,"开发联盟"集聚拥有土地、开发、金融资源的国企,是一个国企在城市更新领域的协同平台。开发联盟以城市更新为核心,以服务会员为宗旨,在政策、资源、资金等多方面为会员单位提供交流与服务的平台,以"平台＋智库＋资本"的运营模式为广州市城市更新提供全方位的解决方案。广州城市更新基金的创立,吸引了拥有土地、物业、资金、运营等资源的国有企业纷纷加入。在投资的方向上,第一阶段的着力点放在轨道交通与国企旧厂改造方面。同时,城市更新基金一经推出,立刻得到了金融机构大力的响应和支持,充分发挥了国有资本杠杆撬动的效应,使更多社会资本参与到广州的城市更新进程中,广州首设的"城市更新基金"总规模达到 2000 亿元。

7.2.3 商业金融

商业金融是城市更新第三个主要的资金来源,在更新项目中商业部门的投资往往使更新项目的实施更容易和更多样化。

在英国,政府每年会提供给住宅协会(Housing Associations,HA 英国最大的一家非营利性的住宅开发公司)一定量的住宅协会资助金(Housing Association Grant)。住宅协会用这笔款项购买内城的废旧或废弃住宅,重新修复后再出售给当地居民,补偿住宅造价与售价间的差额,提供廉价住宅。负责内城衰落地区旧住宅区更新改造的住宅开发联合公司(Housing Action Trusts)则利用"住宅改善基金"(Home Improvement Grants)改善旧住宅区的居住环境,提供必需的社区服务设施。1990 年,"住宅改善基金"又另外单列了一项资助,即私房拥有者和租房者在进行旧房改造并使其完全满足政府颁布的住房标准时,可以获得 100％的"住宅改善基金"资助,这项政府资助同时也用于旧城居住区服务设施的改善方面。

在法国,住房是由私人或非营利组织建设的,而政府则向 3/4 的住房工程提供财务补助。从财务补助上分,法国的住房工程分为 3 类:①多补助类(Tres Aide),这类约占住房建设的 1/3。这类住房是由非营利单位和私人公司建设的低收入者住房(私人公司也建非营利住房,因为建了一定数量的非营利住房后就允许建设大量的高营利住房)。政府通过信托局向建设者提供年利大约为 1% 的贷款。利息愈低,住房的租金也愈低。②补助类(Aide),每年约有 40% 的住房工程属补助类,它们大多属于中等收入者住房,主要是靠各种政府贷款或贷款保证。贷款保证往往通过土地抵押银行来处理,建设者要在政府的保证下取得低息贷款,同时必须把利润限制在 6%～7%。补助类资金的另一个来源是向雇员超过 10 人的公司征收工资总额税。③无补助类(Non-aide),有 1/4 的住房属无补助类,这些都是高收入者的住房,有的是中心区的高级公寓,有的是郊区的独户式住宅(鲁宾斯坦,1981)。

在日本,采用多方联合的"PPP(Public Private Partnerships)"架构,强调民间的复合开发。20世纪 80 年代,推行"都市再开发政策",允许私有部门参与日本都市中心区的规划和开发,并于1988 年将此政策写入更新法。自此,民间多方联合的城市更新开始大规模盛行。日本的私有产权制度与政府对大规模再开发的政策诱导,共同促成东京各区与私人资本联手打造新都市(李爱民,袁浚,2018)。

在我国,改革开放以后全国各地开展的旧城更新改造在投资方面呈现出如下的特点:旧城更新改造的投资由单纯依靠国家拨款转向全社会的共同支持,形成国家、地方、企业、金融界、海内外商界等多渠道、多层次投资体系,对全面启动旧城更新改造起到了积极作用。银行信贷是其中的一种有效方式。银行信贷主要指城市更新建设主体通过银行借入用于投资旧城再开发建设的财政信贷资金,这一方面促使城市更新建设主体从经济角度来使用国家投资。过去国家对城市更新建设主体的投资,多实行财政预算拨款,无偿使用,使其缺乏资金周转观念、利息观念和时间观念,往往只注重更新改造项目投资的多少,不重视建设周期的长短和利息的多少,更没有从时间上比较投资现值与原值的差异,不注重城市更新改造项目的收支平衡。另一方面这种做法将过去财政部门与城市更新建设主体的领拨款关系改为借款单位与银行之间的借贷关系,能够加强借款单位使用投资的经济责任感,促使其对拟进行更新改造项目的再开发必要性、经济上的合理性以及借款到期后能否归还本息等问题进行慎重的考虑,同时也有利于发挥银行的监督作用。这对那些只从微观经济效益出发,不讲宏观经济效益,盲目争项目、争投资,随意扩大投资规模的做法,也是一种制约。

以深圳宝安区沙井商业中心城市更新为例。沙井是宝安的商业中心,生活氛围及相关配套成熟,但随着人口逐步流入,明显缺乏有活力的大型超市类的商业,周边交通已显现出压力。深圳市华盛置业有限公司于 2013 年启动了该片区的更新项目。项目建设前期,传统融资手段无法满足城市更新项目公司的需求。股东实力不够、股权分散、融资无法到位,拆迁进度就无法保障。在 2011—2012 年,股权融资、并购融资、旧改项目贷款等新型融资方式还未在实践中被广泛应用,工商银行的贷款业务成为行业的典范。工行为该集团设计了 5 年期并购贷款,企业自筹 30% 的收购款,集中资源进行项目的后续拆迁、开发及建设。为保障下一步的拆迁进度,工行引荐地产基金,以股权投资的形式注资项目公司用于支付拆迁补偿,基金在达到后续银行贷款条件后,获取一定分红收益退出。在旧改基金支持下,华盛置业有限公司凭借自身经验和实力,使得90% 以上的拆迁业主签署拆迁补偿协议,项目获得拆迁许可文件。2013 年工行总行颁布了《城市棚户区改造贷款管理办法》,深圳为第一批试点区域,因为深圳市发展的特殊性,该贷款在深圳被称为"城市更新改造贷款"(叶怀东,2018)。

7.3 公众参与

从目前现实状况看,旧城更新改造首先遇到的困难是资金不足。于是,不少地方倾注全力广开渠道,筹措资金,却往往忽视了"社会参与者"的决定性作用。实际上,旧城更新改造中的土地征收、房屋拆迁补偿、住户安置、更新计划的执行、日后的维护管理等诸多方面,均与市民的产权和生活居住权密切相关。而且,随着市民维护自身权利意识的加强,市民亦迫切需要参与涉及自己切身利益的更新改造。

7.3.1 参与的主体

7.3.1.1 居民的作用

城市更新常常被表述为服务于居民,并且是由居民共同参与的过程。目前,在城市更新中,"居民的主角地位""民享民治的规划"等夸耀之词常常出现在一些报道之中。然而,现实却与之形成强烈的反差。在城市居民的眼中,城市更新的许多活动,实际上破坏了居民的利益。

这一矛盾产生的部分原因是因为"居民"概念的含糊不清,在宽泛和严谨的表述中似乎成了同一个词语。居民既可以指城市整体或某一区域的住户,又可以指城市更新街区的住户。在城市更新的组织实施工作中忽视"居民"的存在是一种十分不明智的做法。实际上一个泛指的人群对制定政策的意义不大。当用一段时间观察不同街区之间的差异时,"居民"的意义就会显得越发重要。除了通常意义上的居民外,还需要重视城市更新活动中涉及的不同人群,如房客、地产商、零售商和居住在邻里街区的居民。

每个群体都会有自身的利益、问题和需求,他们之间可能会相安无事,也可能会发生严重的冲突,居民组织在这时会变得十分重要,可以说居民组织的一个重要作用就是努力协调彼此利益,以形成统一的联盟来面对城市更新。各方利益都得到满足是不现实的,因此必须进行权衡,既要优先考虑某些方面,又要果断做出抉择。通过一个居民组织去关照方方面面,这本身就是一项非常艰巨的任务。

7.3.1.2 居民参与

城市更新往往遭到当地居民的抗议,其中最主要就是对居民利益的忽视。由于城市更新涉及居民的切身利益,居民的抗议几乎不可避免。居民的抗议形式多种多样,诸如个人对自身利益受到侵犯的抗议;个人对公共利益受到侵犯提出的抗议;团体或私人代理对公共利益受到侵犯提出的抗议以及团体对自身利益受到侵犯的抗议等等。这些抗议对城市更新起着重要的作用,它们可能指出了更新中的社会问题,对确保专项法律的正确性、调动居民的参与更新的能动性以及完善政府政策等会起到积极作用。

因此,作为政府部门需要积极看待居民的抗议,并进行积极的引导。只要政府态度积极和诚心诚意,采取协商方式与居民进行多方沟通,一定会找到令各方满意的方案。而活动团体也必须采取多种方式和手段促成居民参与,并阻止一切阻碍更新目标实现的活动。只有通过共商、共建和共治,才会保证城市更新的公平公正,并促成城市更新和谐与健康发展。

7.3.1.3 居民组织

居民委员会在老城里有着悠久的历史,包括运动、娱乐、文化和互助组织,他们的活动通常体现出广泛和高水平的参与性,在欧洲战后一段时期,很多街区都设置了社区中心,这些中心为社区活动提供场所。但是在许多地区,传统的街区组织对居民问题的解决越来越力不从心,诸如学校设施、交通、工业、房屋维修等问题必须通过新的街道委员会解决。委员会的职责和使命是代表居民的利益。矛盾的是,越是在需要这种居民组织的城市衰败地区,居委会的成立就越困难。由于老城区缺乏活力,居民的流动性大,居住在老城区的居民对街区的长远问题兴趣不大。

在过去,居委会的作用往往通过社区开发商来实现,他们帮助居民维护自身利益和处理好与政府的关系。现在一些社会机构在激励居民参与的组织活动中发挥越来越重要的作用,居民通过社会活动意识到自身的处境,开始理解协调彼此利益的价值,同时对实现自身要求的手段也有所认识。社区委员会鼓励居民行使自身民主权利,通过一些社会活动使许多弱小的居委会不断发展壮大。

就现实状况来看,如何摆脱老城区的困境,走向持续发展成为居民委员会面临的最大挑战,具体而言,其主要的功能作用包括帮助居民处理急迫的问题与需求;对街区发展进行严格监督;动员报纸和当地政府支持更新;与政府部门磋商;动员居民参与社区活动;以及通过宣传手册、街区报纸和其他方式促进公众参与活动的开展等等。

7.3.2 参与的形式与过程

7.3.2.1 参与的基本形式

通常的理解,公众参与意指把当地居民组织起来,利用社区的物质与人力资源,改善自身生活条件的努力。其实,公众参与有着更为广泛的含义和更为深远的意义,它并不局限于个人对一部分社会活动的直接参与,而是泛指加强横向开放式的、自下而上与自上而下双向运行的社会网络,它使每个普通人可以在参与的过程中既使自身得到发展,又成为对整个社会经济发展负有责任的一分子。它包括了民智结合、智智结合和权智结合等多种参与形式(薄曦,1990)。

1) 民智结合

所谓民智结合的参与形式事实上就是指在参与性过程中占主导地位和作用的是广义的使用者和规划者。在这种情况下,政府的权力多由民众推举的地方式民间性机构和民众分享。他们往往和规划者一起完成一些相对规模较小、资金投入不大的城市更新项目。因此这种状况下的参与不追寻固有程序,其形式相当灵活、自由,是一种最全面的参与方式。在这里,使用者不仅能参与城市更新项目的决策,甚至可能直接参与更新改造项目的规划、建设和管理。

一般来看,这种形式的参与主要是在一个开放的工作场所进行的,这样的工作场所往往设在工作第一线,既是居民自由发表意见、进行公众讨论的论坛,又是居民和规划者进行交流的媒介。他们在其中互相影响,互相作用,形成一个亲密的共同体。

这种参与形式,最出色的要算是"社区发展中心"(Community Development Centre,CDC)的组织模式。其组织结构的一般特征就是由某些职业人员和大学组成咨询或服务性机构为特定的社区服务,帮助他们解决旧城中的环境问题。有时还借助社区说明式和图解式规划的形式,与相关政府部门进行市民权力、责任、利益的交涉活动。

除此之外,大量开展参与性规划的私人业务也属于此类。规划设计人员甚至常常生活在规划社区中,以民众的身份体验、指导和咨询市民所遇到的一些技术性问题,努力开发民众的智力资源,增强他们的社区意识。

2）智智结合

以"智智结合"来归纳这一类参与性城市更新的形式,实际上并不十分贴切。这里"智智结合"的参与形式是指在不削弱政府和市民在城市更新中应有作用的前提下,最大限度地发挥专家的智慧作用,而不是用专家形象取代政府和市民的角色。这种形式的最常见模式就是专家顾问组,它往往是一个为了应付某种特殊情况而临时组建的跨学科专家的集合。

这样的参与形式常为全国范围的地方政府或民间团体采用,解决一些城市更新过程中特殊和棘手的问题。这些问题范围相当广泛,除一般的更新、保护项目外,可能还涉及社区参与机构的组织和特殊资源的利用。它的规划设计也不再局限于城市更新中物质形体和视觉美学问题,而是作为形成政治建议、经费估算、法案修订、鼓励措施等。由于这样的协助专家组常为地方政府和有关人员所期望,所以它本身具有相当的权威性和独立性,并受到政府和民众双方的尊重,成为规划过程的组织者和协调者,在设计过程中起着十分特殊的作用。

但不可忽略这种协助专家顾问组的外来特征及编组的临时性,专家组的外来特征使知识背景异质于服务社区,和社区容易产生某种隔阂,因此要有效地工作,与地方机构保持密切的合作和充分的协调就显得十分重要。

3）权智结合

权智结合的参与形式就是传统功能型规划设计方法在组织机制、程序安排上作了必要调整后,并将参与内容融入其中所导致的一种参与形式。在这样的参与形式中,政府还占有相当大的支配地位,只是作为一种政治开明的象征或社区利益冲突的无法解决甚或社区市民不满情绪的高涨而作出的让步和分权措施。这种方式的主要目的是加强邻里组织,扩大邻里的自决权力,并以此来削弱地方政府行政长官的权力,引导市民的直接参与。

因此,从本质上看这种参与形式事实上仍是传统形式的一种变异,它多多少少还具有一种权力象征的意味,此时的规划设计还需依靠强有力的政治干预。这种情形下的专家一方面作为行政决策的执行者,另一方面则充当着技术咨询的顾问,并开始从传统规划设计过程中的论政角色向参政角色转换。此时的公众则作为一支不完全的力量加入城市更新过程,他们可以利用公众听证会、电视辩论等形式发表自己的意见或干预政府的决策意向。

这种参与形式最典型的是由一个代表社区各利益的工作委员会形成一个特定的决策机构,来沟通政府和市民间的联系,调解他们之间的冲突,并作出决策。

比较起来,"民智结合"的参与形式一般应用于较小规模的城市更新改造;"权智结合"的参与形式在某种程度上作为"民智结合"参与形式的替换和补充,为更多的城市所接受;而"智智结合"模式对那些无力规划或无法解决自己问题的地方小城市就显得特别重要,专家顾问组可充分利用专家智囊,采取智慧、集约的方式在较高层次上帮助他们解决问题。

7.3.2.2　参与过程的系统建构

城市更新改造目标的制订与更新改造规划的实施,没有市民全面的参与,只能是一句空话。而要保证公众参与的正常进行和贯彻,就必须要有一个开放而严密的参与过程,与此同时,还需要借助于各种灵活和多样的沟通和说服手段。

1）参与过程建构的若干典型要素

公众参与的过程应是以相关利益人为中心,并以开放、联系、共享和争执为特征。总结起来,参与过程建构有下列若干典型要素:

(1)聆听　仔细聆听公众的意见和反映有时给设计人员带来出乎意料的困难。

(2)提供公众论证　即组织有利市民讨论、交流、发表意见的类似公众听证会的各种交流场所,以便能收集更多的公众信息。

(3)进行交流　使参与者深入理解面临城市更新问题的一个共同信息基础,就是要事先公开进行一些智力对话和讨论。这种交流对公众加深理解城市更新项目的内容、作用及影响等是十分有价值的。

(4)市民作为设计资源　把市民作为一种设计资源,已成为今天参与性城市更新规划设计最为推崇并普遍实行的一项准则。市民们对他们生活的社区的认识和了解要远比来自异地的专职人员更为深入和详尽。

(5)举行会议　和市民举行一系列的会议和讨论,是一个比较好的沟通办法,这样可了解邻里居民所关心的事,而且通过举办多次会议,亦可教育居民关心和了解城市更新的目标和建设过程,从而减少他们对实际问题的反对。

(6)通过图表和书面资料进行沟通　以简短、清楚的书面资料和生动形象的图片、模型和幻灯片向社区居民进行宣传,使他们了解城市更新的意图、目的和今后的美好前景。

(7)以综合学科限定问题　在日益复杂、牵涉广泛的城市更新工作中,必须把城市更新问题放在一个多学科交织的背景下进行分析和多方位的权衡,并通过反复的讨论、交流,才能把城市更新问题的理解引向一个更加宽泛和深刻的层面。

(8)建立各影响因素的纽带　在敞开式参与过程中,过去那种交流渠道阻塞、人与环境分离的现象被修正,联系的纽带被重新建立。市民对政府官员或其他关键部门代表的参与给予极大关注,他们以此来衡量城市更新规划的价值,评判其实现的可信度,从而使政府、公共机构、私人团体、社区在城市更新过程中能够理解自己的角色和作用。与此同时,他们的参与也为城市更新计划的最终完成和实现提供了政治、经济和社会的保证。

(9)允许过程的评估和反馈　参与性规划的整个过程从目标制定、选择策略、制定选择到作出决策的每一步都是紧密相关的,是一种价值争执过程。由于这种过程具有不确定性,影响因素及时间的延续可能带来价值偏差和目标调整。因此,有必要对其进行周期性的评估和反馈,以便通过这种机制来调整、弥补实际状况和期望状况之间的差异。

2)开放参与过程的系统建构

在实际的操作过程中,公众参与不仅仅是切入目标评判和方案制定的层面,而且是贯彻到评判、决策、设计、建设乃至管理的全过程之中。首先,旧城更新改造规划的工作过程必须是一个开放的体系,也即旧城更新改造规划的制定应当是一个多方位、多层次的参与过程。在此过程中,外部环境的制约需要在制定的每一环节上予以充分体现,以这样一种思想观念能在很大程度上提高旧城更新改造与外部环境的信息交流。

具体而言,旧城更新改造规划制定的每一步骤都是一次多方位的公众参与,包括更新项目涉及的相关单位、市民、市政府、规划局、专家委员会等。在这个层面上,规划者作为调节器和催化剂,依据城市发展战略、技术法规以及专家经验,对外部环境各方面所反映的信息进行选择与评价,在合理接受的基础上,结合更新项目本身的原理及具体情况作出积极反应。如此,通过相互之间各个层面上的不断作用(磨合、协调、妥让、调适、沟通等),为更新项目确定现实的、折中的、各方面相对公允的综合方案。图7-1描绘了这一参与过程和开放系统。在城市更新的公众参与过程中,其参与互动的形式及其实现途径多种多样,如召开各部门共同参加的办公会议,通过宣传媒介(电视、电台、报纸)及时通报城市规划情况,邀请市民、专家、各界人士参加对更新项目的评审,召开公众听证会,以及鼓励规划者对更新改造规划提出创造性的建议等等。

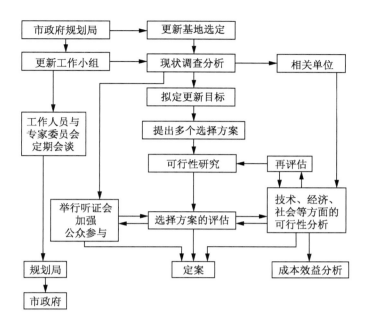

图 7-1   城市更新公众参与过程

7.3.2.3   利益协调

在城市更新中,不可轻视参与的作用与重要性,它牵涉多方利益。一般情况下各方之间可能相安无事,但是在有些情况下则可能会产生严重的利益冲突,甚至还会通过暴力形式表现出来。城市更新理论上是为了实现公共利益,但实际上是各个团体之间为追逐自身最大利益的妥协。在这些团体中,老城居民是最势单力薄的,他们没有资金和专家支持,他们最终不得不在现实面前屈服。他们对那些长远计划也显得力不从心,因而居民常因他们的短期行为受到谴责。居民被迫对他们的利益要求进行调整,但其他团体却无须如此。其他如手工业者、小商店店主也是属于弱势群体,缺乏竞争力。

实际上,居民也有自身的优势。首先,他们在数量上远多于其他团体;其次,他们组织起来后,他们的活动更有效率和更有针对性;再次,就是合作,由于以往的不合作,有限的能量都在分散和牵制中消耗掉了,齐心协力大大加强了居民的力量;再其次,专家的指导可使居民的活动更具成效,专家包括建筑、城市规划和社会学的专家及学生,也有自愿提供帮助的专业人士,他们可以帮助居民提出新的建议和规划方案;最后,参与活动越来越活跃。当地官员鼓励居民为街区改造承担更多责任时,居民力量也随之增强,其实很多问题都可通过自我调节来解决。现在其他团体对居民的自发解决方案感到惊奇,因为它既保持了街区的历史延续性,又满足了居民的自我要求。

一些特殊的居民要求很难描述,要定义"居民"很困难,定义"居民利益"更难。实际上,城市更新面对的是很多不同人群的不同利益,并且这些利益经常冲突。通常情况下,共同利益包括以下几个方面:

- 改善住房和街区的自身环境;
- 更新后保留原住房;
- 合理确定房租;
- 确保治安;
- 将更新带来的破坏降至最低;

- 更新与居民的愿望相一致；
- 无论现在或将来的发展计划都应保证高度的透明；
- 居民在所有相关法案的参与活动中均应感到满意；
- 希望为临时或永久安置提供条件；
- 更新期间得到妥善安置；
- 能在更新期间得到公共服务部门的充分帮助；
- 对弱势群体尤其是老弱病残的居民给予特殊照顾。

实现上述目标需要居民的积极配合与自律，同时更需要居民组织的深度参与持续的积极性。

7.3.3 公众参与实践的有益探索

7.3.3.1 北京责任规划师——以北京东四南历史文化街区为例

体制转型和市民社会的崛起助推了我国经济、社会结构的变革与重组。以资源环境承载力为硬约束的大背景，奠定了北京城市规划从以往"扩张型开发建设"转向"存量资源优化"的实施路径。人是城市的主体，多元化的人群特征赋予了城市不同的社会空间属性及发展诉求，强烈的自我表达意识使得规划社会化的呼声越来越高，规划实施模式也由单一的"自上而下"转向了多利益主体共同参与的"上下结合"(赵蕊,2019)。

2018 年，由中共中央、国务院批复的《北京城市副中心控制性详细规划(街区层面)(2016年—2035 年)》又进一步落实"新总规"的要求，以建立责任规划师制度为抓手，提出"邀请一线专家和技术骨干作为负责城市副中心重点地区以及各组团、各特色小城镇规划设计的责任规划师，全过程、全方位提供实时咨询、指导和监督"。旨在进一步提升规划设计水平和精细化管理水平，推进城市规划在街区层面落地实施，打造共建共治共享的社区治理格局。

2019 年 3 月 28 日，《北京市城乡规划条例(修订草案)》提交北京市人大常委会进行第三次审议并向社会公布，条例草案中新增加一条，即明确本市推行责任规划师制度。北京以地方立法的形式明确建立责任规划师制度，这在国内的相关实践中尚属首次。

北京市自 2006 年编制完成《北京市中心城控制性详细规划》(2006 版)后，同步施行了中心城区片区负责人制度。2008 年起，结合规划编制，先后在菊儿社区、什刹海街道、新太仓历史文化街区、朝阳门街道、东四街道等地区践行了规划师深入基层的工作转型与创新。十多年的实践探索，为责任规划师制度的建立奠定了基础。

2013 年，北京市城市规划设计研究院结合《东四南历史文化街区保护规划》的编制，与朝阳门街道建立深入合作关系，派驻规划师扎根东四南地区持续开展规划落地、公众参与及社区营造的实践探索。通过持续性的跟踪与陪伴，助力史家胡同风貌保护协会搭建上传下达的沟通平台；依托史家胡同博物馆塑造规划转型的样板间，建立基层联动效应，推动社区自治管理；引入社会组织、在地高校、文化创意机构、大数据平台等多专业力量，搭建东四南地区文化共同体与社区营造联盟。

五年期间主要从物质空间改善、人文教育活动、在地组织培育三个层面，对东四南地区进行系统梳理与发展引导。具体工作包括：①在街道、社区的大力支持下，与居民一起发起成立了社会民非组织——史家胡同风貌保护协会；②策划院落公共空间提升项目，选取不同规模、不同价值的 8 个院落为试点，邀请 6 家志愿服务的专业设计机构与居民一起开展参与式设计，施工后自发制定小院公约，尝试建立"居民自主申请、自我实施、双方集资(协会、居民)、社区监管"的院落维护基金，全周期跟踪院落发展；③结合政府实施项目，提供专业技术咨询、公众参与活动组织、实施效果把控等服务，提高规划实施的公众参与度；④创建社区议事厅，以"胡同茶馆"形式，联合社区定期开展主题论坛、口述史分享、规划理念宣讲、社区营造等活动,调动居民自发参与社区事务的积极性;⑤依托史家胡同博物馆建立规划公众参与及社区营造实体基地,联合多家机构策划主题互动展览及活动,弘扬传统文化;⑥建立专家智库与志愿者库,形成多元主体融合的智慧平台——东四南历史文化精华区治理创新平台;⑦创建并运维微信公众号和在地居民聊天群;⑧协助社区、街道、史家胡同风貌保护协会申请政府资金支持;⑨主持或参与地区发展的研究课题,落实上位规划要求,研究并提出实施路径与工作细则;⑩将实践经验凝练成方法论,逐步推广至其他地区。

这种驻地实践模式得到了广泛的公众关注与肯定,荣获住建部 2017 年"中国人居环境范例奖"。规划师并非只是阶段性参与地区规划建设事务,而是以一种"自家人"的身份,全程参与地区发展,从物质空间规划转向公共政策、社会形态研究。

7.3.3.2　上海社区规划师——以上海曹杨新村为例

"上海 2035"总规中提出"构建 15 分钟社区生活圈",引入社区规划师制度,打通城市社区末梢,满足人们各类生活配套的需求。在此背景下,2018 年 1 月,杨浦区邀请规划、交通、建筑、景观专业的专家指导管辖域内 12 个街镇公共空间更新,组织各方力量参与社区共建,激活社区活力。同年 5 月,普陀区签约 11 名社区规划师,深入社区调研,选取具有优化潜力且可实施性较强的社区更新项目,开展试点工程(步敏等,2019)。

上海市部分行政区面向社会公开招聘社区规划师团队,录取和聘任采取自愿报名与筛选择优相结合的方式。其主要职责包括:①通过实地调研、驻场,深入了解社区需求;②提供技术指导,负责对街道和区域相关规划编制、建设方案、实施方案等提供技术咨询及指导意见;③参与政府涉及规划事务的决策研究,计划上报审批前征询社区规划师的意见;④建言献策,负责制定社区的发展定位、整体布局、规划思路及实施措施,向上级领导和政府部门提出意见与建议。社区规划师受聘后,将定期与所结对的街道进行沟通,对辖区内亟待改善的老旧小区的内部公共空间、街角街边、慢行系统等进行全面摸排和分析,选取可实施的更新项目。

2017 年,上海推进精细化管理,为各区解决群众的"急难愁盼"问题指引了方向,优先解决一批有历史、有需求、有代表性社区的基础问题并进行推广。曹杨新村作为上海具有代表性的工人新村,面临了许多同时代小区共有的基础设施老旧、人口老龄化等问题,同时在地理位置和文化底蕴方面又有得天独厚的优势。在城市转型期,通过社区规划师机制落实精细化管理,曹杨新村"美丽家园"建设作为一项样板工程,是解决城市问题的一次有益尝试。

社区规划师团队专业种类多、涉及面广,有利于全盘排摸社区问题,同时对重点问题进行重点了解。为了通过四方参与工作平台摸清高度分散的社区诉求,社区规划师的工作流程主要由社区现状排摸、社区矛盾认知、规划诉求协调、规划总结评审和规划动态追踪 5 阶段组成,覆盖规划的全生命周期,确保了解社区问题的全面性和客观性。

本次规划通过社区规划师的 5 阶段工作流程,对焦点问题进行深入探讨,从梳理问题和各方诉求入手,归纳各方观点并分类,在聚焦问题的同时促进各方思考,自由表达意愿,不断暴露深层次矛盾,缩小分歧,化解矛盾,达成共识,统一目标,制定细化方案。针对不同类型的社区资产,通过 5 阶段工作流程,覆盖规划项目的全生命周期,落实精细化管理,建设美丽家园,最终得出较为完善的动态规划方案。在引入社区规划师制度后,层层深入,抽丝剥茧,为物资、人力和社会 3 类资产类型中的典型问题找到矛盾所在,制定解决方案。

社区规划师驻场完成规划、反馈和优化的全过程,强化了传统规划的薄弱环节。在驻场的过程中规划师团队与社区居民建立信任,同时实现了对社区全寿命周期的呵护。社区规划师团队也发现了社区内居民更为关心、急需解决的社区问题,打破了传统规划设计作为"命题作文"的局限,更加全面真实地发现和解决社区急迫的问题,在上海乃至全国具有重要的推广意义。

7.3.3.3 广州第三方专业力量参与——以广州恩宁路街区为例

第三方力量的提出基于市民社会,以第三方中立的身份,参与到城市规划相关事务之中。随着我国对公民社会理念认识的加深,以 NGO 为主的第三方组织得到了快速的发展,并且逐步介入城市的发展(吴祖泉,2014)。

第三方的专业知识能力能够加强公众的参与能力,影响公众参与的方式,提升参与的效率;而第三方中立的立场,在一定程度上能够成为公众与政府沟通的中介,更好地协调利益冲突。另外,在政府重视经济利益而公众公共意识不强的情况下,第三方在维护城市公共利益中也能够起到重要的作用。

恩宁路街区位于广州的荔湾老城区的核心区域,其东起宝华路,西北至多宝路,与龙津西路相连。街区靠近广州的原英法租界沙面,同时与广州市的历史街区——广州市最繁华的商业步行街上下九相连。恩宁路街区近年来面临着老城区常见的结构性衰败。由于年久失修,街区内不少建筑成为危房和严损房。另外,街区内部分区域历史上的大量加建也使得街区空间杂乱,采光、通风和环境条件较差。与此同时,街区优良的区位使得其具有很大的开发价值。因此恩宁路街区的改造被列为广州市旧城改造的试点项目,并于 2006 年正式启动了改造工作。

恩宁路改造在 2008 年启动了动迁工作,截至 2010 年 9 月份,在总计 1950 户居民中,已签约居民 1506 户,未签约居民 444 户。伴随项目的不断推进,公众对恩宁路的拆迁和规划方案的抗议不断增多。其中,街区居民的意见主要是集中在拆迁补偿和安置问题上,而媒体和广州的其他市民则对政府拆除富有特色的骑楼街提出质疑。持续的媒体报道使得越来越多的人加入了恩宁路街区的改造和保护活动中,其中就包括了一些第三方,如中大公民研究中心和恩宁路学术关注组。

恩宁路事件中的公众参与经历了从政府主导的公众参与,居民主动参与,到有第三方参与的变化过程。政府主导的公众参与虽然取得了一定成效,但是仍然不能让居民满意。总体而言,政府主导下的公众参与仍然处于告知和咨询的"象征性参与"阶段,并不能使得公众满意。由于对政府主导的公众参与的不满,街区居民在 2008—2010 年,通过多种方式,如与政府相关部门直接对话、信访、媒体公开信以及通过人大代表在两会上提交议案的方式,向相关政府部门表达了他们的诉求。居民的主要诉求集中在拆迁补偿和安置等自身利益上,几乎没有关切街区的保护和发展的诉求。居民的参与一方面体现了城市规划在公众参与制度建设上的不足,另一方面也体现出当前公众公共意识的缺乏。总体而言,居民自下而上进行的主动参与效果有限。

恩宁路事件中的第三方参与主要有恩宁路学术关注组(后简称小组)、中大公民研究中心,其中小组是主要的参与主体。小组以高校学生为主,包括建筑、规划、艺术、新闻和人类学等多元的专业背景。基于对广州旧城历史文化的热情而形成的学术研究小组,其宗旨是为了旧城改造的多元参与和文化保育。小组成立之后,就利用其多学科的背景优势,一方面记录恩宁路,同时通过展览、座谈和交流会的形式宣传恩宁路历史和广州旧城的文化,另一方面也积极介入恩宁路改造规划的公众参与。

在公众努力之下,政府相关部门决定重新考虑恩宁路的改造方案。2010 年 8 月,荔湾区规划局和文化局等部门联合召开媒体通报会,承认恩宁路项目"当时确实对旧城保护认识不深刻,规划更多是从地块经济平衡的角度出发""对旧城保护认识不足走了弯路",同时表示将对历史街区成片保护,并成立居民代表、人大代表、政协委员、专家组成的顾问小组。2010 年 10 月,荔湾区政府正式聘请由大学教授、规划专家、人大代表、政协委员及居委会主任等 15 人组成恩宁路改造项目顾问小组。

2011 年 6 月,广州市政府公布了恩宁路街区新版的有机更新方案,方案创新性地提出了"居民自主更新"这一旧城改造新的模式。新版规划在广州市城市规划委员会会议上获得全票通过,同时也得到了恩宁路街区居民签名支持。恩宁路事件中,公众参与取得了良好的效果,使得恩宁路街区能够以更能够保护街区历史文化的方式进行更新,维护了城市的长远发展利益。

8 城市更新的相关政策与立法

受社会、经济、文化和政治等多种因素的深刻影响,城市更新是一个复杂与多变的综合动态过程。一方面,市场因素起着越来越重要的作用,城市更新不能脱离市场运作的客观规律,而且需要应对市场的不确定性,预留必要的弹性空间;另一方面,城市更新体现为产权单位之间以及产权单位和政府之间的不断博弈,体现为市场、开发商、产权人、公众、政府之间经济关系不断协调的过程。因此,十分有必要健全城市更新相关法律法规,建立宏观和长效的运行调控机制,以能够在政府和市场之间建立一种基于共识、协作互信、持久的战略伙伴关系,保障城市更新工作的公开、公正、公平和高效。各国根据各自的实际情况,不断适应发展的需求,提出了相应的城市更新政策与立法,形成了适合各国国情并行之有效的城市更新法规体系。

8.1 英国城市更新相关政策与立法

英国城市更新政策涉及住宅更新政策、内城企业发展政策以及内城整体复兴政策等诸多方面,经历了从关注贫民窟清理到如何提升内城功能和活力的发展过程(表8-1)。

表 8-1 英国城市更新相关立法及政策一览表

发展时段	名称及颁布年份	说明或备注
19世纪末20世纪初 早期城市更新阶段	《公共卫生法》(1848) 《公共卫生法》(1875) 《住宅改善法》(1875) 《住宅改善法》(1890) 《工人阶级住宅法》(1890) 《城乡规划法》(1909) 《住宅与城市规划诸法》(1909) 《格林伍德住宅法》(1930)	《住宅改善法》的提出是英国历史上第一次关于清除贫民窟的法律规定; 《格林伍德住宅法》首次提出对清除贫民窟提供财政补助
1940—1950年代 战后重建时期	《巴罗报告》(1940) 《城乡规划法》(1944) 《土地利用控制》白皮书(1944) 《伦敦市的重建》研究报告(1944) 《工业分配法》(1945) 《新城法》(1946) 《城乡规划法》(1947) 《综合发展地区开发规划法》(1947) 《城市再发展法》(1952) 《历史建筑和古老纪念物保护法》(1953) 《住宅法》(1957) 《住宅法》(1959)	1947年的《城乡规划法》奠定了英国现代规划体系的基础,城市物质环境建设是这一时期的主要任务; 1957年修订的《住宅法》象征性地把城市改造的名称由"贫民区拆除"改为"城市更新"

发展时段	名称及颁布年份	说明或备注
1960 年代 城市复苏时期	《住宅法》(1964) 优先教育区(EPAS)制度(1968) 城市计划(UP)制度(1968) 《地方政府补助法案》(1969) 社区发展项目(CDP)制度(1969) 一般改善区(GIA)制度(1969)	这一时期的城市更新延续了重建时期的城市建设
1970 年代城市 更新时期	内城区研究计划(1972) 《内城研究:利物浦、伯明翰和朗伯斯》 (1972—1977) 《住宅法》(修订)(1974) 住宅改良事业地区(HAA)制度(1974) 《内城政策》(1977) 《内城地区法》(1978)	1974 的《住宅法》标志着英国城市更新政策的重点从城市物质形态的改善转移到对社会问题的关注上; 《内城政策》白皮书是英国城市更新政策的分水岭,城市建设重点从此转移至内城之中
1980 年代城市 再开发时期	《规划和土地法》(1980) 《地方政府规划及土地法》(1980) 城市开发公司(UDC)制度(1981) 企业区(Enterprise Zone)制度(1982) 城市开发补贴(UDG)制度(1982) 城市复兴补贴(URG)(1987) 《地方政府规划和住宅法》(1989)	市场为主导,以引导私人投资为目的,以房地产开发为主要方式,以经济增长为取向发展; 城市开发公司、企业开发区、城市开发项目、城市再生项目
1990 年代城市 再生时期	城市挑战计划(1991) 单一更新预算(1993) 《住房法》(1996) 《走向城市复兴》(1999)	三方伙伴关系、社区公众参与以及社区能力培养成为这一时期英国城市更新政策的新取向
2000 年代城市 复兴时期	《我们的城镇:迈向未来的城市复兴》 白皮书(2000) 规划政策指引(PPG)(2000) 可持续发展社区计划(2003) 《规划和强制性收购法》(2004)	《规划和强制性收购法》的颁布,标志着英国规划体系的重大改变,更为强调政府职能的发挥和社会公众的参与,强调可持续发展原则的贯彻执行; 2000 年,1999 年的《走向城市复兴》报告内容转化为英国城市复兴政策白皮书; 以"权利下放"为核心,面向"地方企业发展""城市与区域协作""社区自主更新"等政策的探索

资料来源:由笔者根据相关资料整理而成。

8.1.1 19 世纪末 20 世纪初

19 世纪末,鉴于严峻的城市住宅和环境问题,英国政府将城市改建的重点集中在改善不良居住区和清除棚户区上。1848 年的《公共卫生法》是首次授权地方政府制定有关建筑物和街道的公共卫生法规。之后于 1875 年颁布的《公共卫生法》进一步完善了之前的《公共卫生法》，这部法案成为卫生法的一个完整法规，它将整个国家划分为农村卫生区和城市卫生区。同时，1875年的《住宅改善法》第一次提出了关于清除贫民窟的法律规定，并针对当时城市的高密度发展和卫生条件恶劣的生活环境，提出了改善的具体政策。1890 年，皇家工人阶级住房委员会颁布《工人阶级住宅法》，要求地方政府采取具体措施对不符合卫生条件的居住区，即没有良好的给水排水设施、道路系统紊乱、缺乏必需的日照间距，以致居室不能摄入充足的阳光等恶劣的居住条件进行改造。

1909 年的《住宅与城市规划诸法》(The Housing, Town Planning, Etc. Act)以控制城市近郊区的住宅开发为主题，规定了城市居住区的规划内容，标志着城市规划作为政府管理职能的开端。1930 年英国工党政府制定《格林伍德住宅法》，采用当时有影响的"建造独院住宅法"和"最低标准住房"相结合的办法来解决贫民窟问题，并在这一法规中提出为贫民窟清除提供财政补助。

1940 年代的《巴罗报告》提出分散工业和工业人口，特别是分散伦敦地区和英国东南有关省的工业至西北地区，以帮助发展西北地区的工业，平衡全国的经济发展水平。1944 年的《城乡规划法》(Town and Country Planning Act)第一次提出了对旧城区内两类特殊土地即大面积被战争破坏的土地(Blitzed Land)和城区内废弃土地的再开发。同年发表的《伦敦市的重建》研究报告，以分散人口、工业和就业为主导思想，开始从内城向外迁移工业，借以降低城市人口密度。1945年的《工业分配法》(Distribution of Industry Act)明确划定了"开发地区"(Development Area，即失业率高于全国平均失业率，需要政府提供资金和协助完成开发的区域)，并具体划分了区域界线和重要城市界线。

1947 年版的《城乡规划法》作为规划领域的根本大法，对英国早期的城市更新运动起到了规范和引导作用。在同一时期，英国还颁布了《综合发展地区开发规划法》(The General Improvement Area Act)、《城市再发展法》(Urban Redevelopment Act)和《历史建筑和古老纪念物保护法》(Historic Building, Antiquity & Relic Act)等一系列法案。1957 年，修订了《住宅法》，规定政府可以指定改建地区，可以通过改建命令或土地使用命令的任何一种手段进行改建，1959 年《住宅法》增加了发给标准补助金的新制度。

8.1.2　1960 年代

区别于前一阶段大规模的新住宅区开发，英国在 1960 年代的住宅开发又开始集中于贫民窟改造，通过重建地区的新住宅开发、郊区的新住宅开发以及旧住宅区的改善等方式大量提供住宅，逐渐完成对主要城市典型贫民窟的改造。

英国政府自 1960 年代中后期开始实施以内城复兴、社会福利改善及物质环境更新为目标的城市更新政策。1964 年的《住宅法》提出设定"改善地区"，集中对非标准住宅进行改造。随后，政府又针对日益严重的内城问题提出优先教育区(EPAS)的内城发展政策，旨在通过划定不同类型住房改善区来缓解城市住宅问题。

同时，由于自 1960 年代中期以来英国内城衰退问题开始显现。日益悬殊的贫富差距、高企的社会失业率、不断攀升的犯罪率成为困扰城市发展的难题。政府通过对内城衰退地区的深入研究，意识到造成城市发展困境的主要原因是大规模新城开发以及国家后工业化经济结构转型导致的城市和区域空间形态重构，而传统的物质更新手段无法有效应对内城改造的新问题。因此，加强对衰落地区的福利救济以及促进内城经济振兴，成为社会各界对城市更新的政策共识。

内务部于 1968 年颁布城市计划（Urban Programme）政策，为内城衰落区提供教育培训和青年帮助救济（李杨，宋聚生，2018）。此外，城市计划还将目标转至移民较为集中的地区，并针对内城社区衰落的问题，试图通过土地及建筑物的改善，为社区居民提供就业培训以及为某些社会项目提供一定财务支持，来满足内城社区的社会需求（阳建强，2012），城市计划包括"社区发展项目"（Community Development Projects）、"综合社区计划"（Comprehensive Community Programmes）等（曲凌雁，1998）。1969 年的《住宅法》又进一步扩大范围，提出一般改善区（General Improvement Areas，简称 GIAs）制度，侧重更新内城区住宅（阳建强，2012）。

8.1.3　1970 年代

针对英国内城出现的严重衰退，中央政府采取一系列强有力的干预政策。诸如制定强制性的法律和条例，加强对城市更新、恢复内城功能工作的监督管理。对内城功能衰退严重地区（指失业率高于 20%，城市内荒废地和废弃房屋迹象明显，人口有继续流失趋向的地区）实行特殊的政府资助和税收政策，帮助内城开发经济。由中央政府或地方政府组建专门机构，进行内城的专项开发或专项课题研究。

1972 年，由国家环境部秘书彼得·沃克（Peter Walker）发起的内城区研究计划（The Inner Area Studies）开始重点研究内城衰退的原因。1972—1977 年间，规划专家分别对伯明翰、利物浦和朗伯斯的三个内城进行了调查研究，最后形成了一份研究报告——《内城研究：利物浦、伯明翰和朗伯斯》（*Inner Area Studies：Liverpool，Birmingham and Lambeth*）。其中，对利物浦的研究强调一种研究内城的整体方法，并提出四项执行计划，即推动利物浦内城的经济发展、扩大培训机会、改善生活环境和居住条件，以及为大量社会需求地区开辟资源。对伯明翰的研究认为要制止城市衰败和为内城居民提供更多的选择机会，首先应该解决就业和住房等根本性的问题，同时改进政府部门职能。而对朗伯斯的研究采取一项更加非同寻常的"平衡分散政策"。

1974 的《住宅法》标志着英国城市更新政策的重点从城市物质形态的改善转移到对社会问题的关注上（汤晋，罗海明，等，2007）。同年，一般改善区发展为住宅改良事业地区制度，不再单纯改善居住环境中的恶劣物质环境，也开始改善地区内部的恶劣社会状态，并将原本没有时间限定的规定改变为 5 年的时间期限。与此同时，内政办（Home Office）发动综合社区计划，试图在国家宏观背景及中央与地方、公共与私人的关系中分析和解决地方问题。

1977 年，英国政府在大量调查研究与实践探索的基础上，颁布了城市白皮书《内城政策》，其根本目的是：①增加内城的经济实力，开创当地居民的良好前景；②改善内城物质结构，提高环境的吸引力；③缓和社会矛盾；④保持内城与其他地区人口和就业结构的平衡。《内城政策》认为，产生内城问题的根本原因是由于内城经济的衰退，并指出工业的驱动力和工业地方政策的改变对内城复兴有积极的影响。《内城政策》附件中还提出，改变原有政策，在住房、土地、规划、环境、教育、社会服务设施和交通等方面支持内城（于海漪，文华，等，2016）。

1978 年出台了《内城地区法》（Inner Urban Areas Act），对内城更新过程中的居民就业、住房、教育、交通等问题都予以了高度重视，成为当时工党政府城市政策的主干。根据该法，英国全国 7 个最衰落的城市地区被纳入"内城伙伴关系计划"（Inner City Partnerships），并提出建立工业和商业改善区（Industrial and Commercial Improvement Area），规定向这类地区提供占总开发投资 50% 的资助，帮助私人企业完成诸如改善主要出入口、增设停车场、改善周围环境等具体的内城开发项目。

而后，英国走向了更加重视市场机制的城市复兴，《城市白皮书：内城政策》明确提出在内城应大力发展经济,改善城市物质环境,强化社会发展,缓和社会矛盾,谋求城市人口与就业的平衡,应在住房、土地、规划、环境、教育、社会服务设施和交通等方面支持内城,进一步修正和补充了英国原有的城市政策,推行了一系列以提高政府效率、减少公共干预、削减福利开支、强化市场机制、营造投资环境、刺激经济发展为核心的重大体制改革(阳建强,2012)。

8.1.4 1980 年代

进入 1980 年代,英国的城市更新政策发生了显著的变化。以市场为主导、以引导私人投资为目的、以房地产开发为主要方式、以经济增长为取向的新思维迅速代替了 1970 年代政府主导、公共资源为基础的政策框架,这一明显的转折与当时英国的经济、社会和政治环境的变化密不可分。首先是 1970 年代开始的全球经济调整对西方国家的经济造成了极大的冲击,令英国不少城市遭受了 20 世纪来最严酷的经济危机。日益严重的内城问题仅仅依靠有限的政府拨款、由公共部门来实施的效果并不理想。而且,经济衰退令政府部门财政实力打了折扣,福利主义越来越成为政府的负担。其次,政权更替成为城市更新政策转变的催化剂。

在这样一个推崇私有主义的年代,商业集团(亦即私有部门)在城市发展与更新中所扮演的角色被大大提升。鼓励私人投资和强调物有所值成为城市更新政策的主流。保守党政府明确提出,政府政策的一个主要意图就是要在内城更新中令私有部门投资最大化。在这样的思想指导下,自 1980 年代开始,整个英国各主要城市都为各种地产开发项目所充斥,商业、办公及会展中心、贸易中心等旗舰项目成为各地不约而同采用的城市更新及开发方式。此时,私有部门被奉为拯救城市衰退区经济的首要力量,而公有部门则变成次要角色,其任务是为私有部门的投资活动和经济增长创造良好宽松的营商环境。因而,1980 年代城市政策的主题就是放松制度管制、弱化规划的作用、私有主义以及公私合作。这一时期出台了一系列体现上述价值取向的城市更新政策,比如 1980 年设立的城市开发公司(Urban Development Company, UDC)、1982 年的企业区(Enterprise Zone),以及之后相继出现的城市开发补贴(UDG)、城市复兴补贴(URG)等更新计划便是此段时间内城市更新策略的极好体现。其中城市开发公司被认为是当时保守党政府城市政策的旗舰,代表了整个 1980 年代英国城市更新政策的主要思路。

不同于 1970 年代较为关注内城社会问题的城市更新计划,这段时期的更新政策以市场为导向,认为只要经济增长,物质环境改善,衰落社区的失业、教育、贫困等社会问题自然会迎刃而解,故将发展目标定位为实现区域振兴,高效利用土地和建筑物设施,鼓励现有工商业发展,创建具有吸引力的环境,以及提供宜人的住房和社会设施等。因此,也有人批评说,这一时期的政府政策一定程度上放松了管理,弱化了规划的作用,这些政策缺乏更为长远的战略性研究,并且带有很强的局限性。1980 年出台的《规划和土地法》(Planning and Land Act)允许设立城市开发区(Urban Development Zone)和企业区(Enterprise Zone),并鼓励公私合作伙伴关系(Public-Private Partnership)的股份制公司(如城市开发公司等)对城市更新的参与,以此来激活内城的萧条地区。这种政策转变虽然使更新项目取得了经济上的成功,但在一定程度上也改变了更新实践的本质,并淡化了政府和私人在城市更新中的权利和义务分界(汤晋,罗海明,等,2007)。同年设置的《地方政府规划及土地法》(Local Government Planning and Land Act)对 1980 年以后的城市更新具有重要作用。一方面,该法明确了地方政府的职权,另一方面该法还明确了城市更新的一种实施主体——城市开发公司,并详细规定了城市开发公司的构成、组织、财政、职权范围等(易晓峰,2009)。

1980 年代后期,1986 年的《住宅与规划法》赋予了政府设置简化规划区的权力,通过采取与企业区相同的区划式开发控制方法,来检验简化规划程序是否有助于吸引投资并刺激经济发展。同时,公众逐渐参与到更新改造规划当中,对城市更新亦产生了一定的影响。1989 年的《地方政府和住宅法》(Local Government and Housing Act)提出在内城衰退严重地区设立"住宅更新区"(Housing Renewal Areas),对典型的旧住宅区进行修复和选择性再开发。"住宅更新区"的入选条件一个是该地区低于国家规定标准的住宅至少有 50%,另一个是缺乏基本的服务设施。

8.1.5　1990 年代

市场机制主导下的城市更新不能有效解决旧城区的根本问题这一事实,揭示出十分有必要寻找一个更加综合、更加多元化思维的更新模式。通过不断的政策反思与探讨,这样一种认识越来越清晰:城市更新应该是对社区的更新,而不仅仅是房地产的开发和物质环境的更新。因而,1990 年代初开始,一股城市更新的新思潮开始形成,除了继续鼓励私人投资和推动公私合作之外,它更强调本地社区的参与,强调公、私、社区三方合作伙伴关系,同时强调更新的内涵是经济、社会和环境等多目标的综合更新,而不是由地产开发主导的单一目标型更新。这一新的城市更新理念最早体现于 1991 年开始实施的"城市挑战"计划中。该计划的主要机制是,中央政府设立一项"城市挑战"基金,由各地方政府与其他公共部门、私有部门、当地社区及志愿组织等联合组成的地方伙伴团体进行竞争,获胜者可用所得基金发展他们通过伙伴关系共同策划的城市更新项目。"城市挑战"与 UDC 模式的区别在于,它试图将规划及更新决策的权力交还给地方,并且在强调公、私部门紧密联系的同时,将本地社区人士或组织也看作决策过程中重要的一极,使得更新目标有了更强的社会性(张更立,2004)。

1994 年起,英国城市更新政策进一步调整,中央政府将现有 20 个与城市更新有关的、原本由不同部门分别管理的项目或计划(包括"城市挑战"计划)整合成一项统一的基金,称为"单一更新预算(SRB)"。它继承了"城市挑战"中鼓励地方伙伴关系的基本理念和由各地方伙伴团体竞投中央基金的运行模式,并比后者具有更大的政策广度和深度。SRB 因而成为 1990 年代英国城市更新政策的新旗舰。从 1997 年的第四轮 SRB 竞投开始,新上台的工党政府要求 SRB 政策对社会因素给予更多关注,并强调 SRB 要更加适应衰落地区中社区大众的实际需要,加强本地更新伙伴与区域政府机构的合作。

1998 年,理查德·罗杰斯(Richard Rogers)领衔组成了"城市工作专题组",研究日益严重的城市问题,试图唤起全社会对优秀设计、经济增长、良好的行政管理和社会责任心的重视。同年,工党政府提出了"社区新政",并于 2001 年正式出台"社区新政计划",旨在帮助贫困社区扭转发展命运,缩小它们与其他社区之间的差距,充分体现工党政府对地方更新需求和社会排斥问题的重视(严雅琦,田莉,2016)。

1999 年在这一政策思想基础上,英国政府发表了《走向城市复兴》调查研究报告,报告参考了德国、荷兰、西班牙、美国及其他国家的经验,在可持续发展、城市复兴、城市交通、城市管理、城市规划和经济运作方面提出了 100 多项建议。

8.1.6　2000 年代

2000 年以后,英国政府开始重新审视过去城市分散发展的政策,认识到只有在保证城市特征和生活质量的基础上才有可能实现城市复兴。因此,政府主要注意力开始集中于棕地(即废弃控制用地或遭受污染的土地)和空置地产的重新使用上。政府对污染的清理将降低税收,鼓励运用新技术进行修复并为此建立数据库。同时,政府还计划创立新的"城市更新公司",希望借由地方私人和公共部门的合作吸引更大的投资。2000 年,英国环境、运输与区域部发表了《我们的城镇:迈向未来的城市复兴》的城市白皮书,提出了处理城市生活、社会、经济和环境方面问题的政策措施,包括鼓励循环使用城市土地、改进城市设计和建筑设计、运用税收和财政政策来鼓励开发废弃的土地等。同年的国家政策文件(如规划政策指引,PPG)提出了提高设计质量、减少汽车停车场供给、增加居住密度等策略以寻求城市地区的发展潜力。2003 年制定了"可持续发展社区计划"(Sustainable Communities Plan),主张在以人为本的原则下,通过社区的可持续发展与和谐邻里的建设来增强城市经济活力,并重视从战略和区域角度来解决城市问题。这标志着西方城市更新运动已进入以可持续发展和多目标(社会、经济、环境等)和谐发展的新阶段(汤晋,罗海明,等,2007)。2004 年的《规划和强制性收购法》(Planning and Compulsory Purchase Act)结合地方政府架构的变化,更加强调政府效能的发挥和社会公众的参与,强调可持续发展原则的贯彻执行,对英国原有城市规划体系的改变起到了重要作用。

8.2　法国城市更新相关政策与立法

在西欧国家中,法国的城市规划立法相对较晚,其与众不同的地方行政管理体系——在地方上实行双重行政管理,即代表国家整体利益的由上至下的地方政府和代表地方居民集体利益的由居民直选的"地方集体"共同管理地方事务——在欧洲也极为引人瞩目。正因为如此,法国城市更新的发展时段和政策重点亦与其他国家略有不同(表 8-2)。

表 8-2　法国城市更新相关立法及政策一览表

发展阶段	名称及颁布年份	说明或备注
1944—1953 年 战后重建时期	国家城市发展基金(1950) 《地产法》(1953) 《城市更新土地计划住宅基地取得法》(1953)	《地产法》的颁布方便了公共机构对新建建筑群体的选址与布局的直接干预
1954—1967 年 工业化与城市化 快速发展时期	《城市规划和住宅法典》(1954) 疏散政策(1954) 城市更新区(RU)制度(1958) 优先城市化地区(ZUP)制度(1958) 城市更新修建性城市规划制度(1958) 《共同责任与城市更新法》 《城市更新基本法》(1958) 《居住区改良法》(1960) 《分区保护法》(1960) 《马尔罗法》(1962) 《巴黎大区国土开发与城市规划指导纲要》 (SDAURP)(1965) 《保护历史地区法》(1967) 《土地指导法》(1967) 协议开发区(ZAC)制度(1967)	城市基础设施的建设和有计划开发的建设过程是这一时期城市更新的重点,《土地指导法》的颁布成为国家政府尝试与地方集体合作的转折点

发展阶段	名称及颁布年份	说明或备注
1968—1982 年 国家计划性规划时期	《居住环境改善法》(1970) 《布歇法》(1970) 居住和社会生活行动(实验性)(1972) 《城市规划法典》(1972) 《建筑与住宅法典》(1972) 居住和社会生活行动(1972) 《行政区改革法》(1972) 《土地改革法》(1975) 《自然保护法》(1976) 居住和社会生活行动(正式)(1977) 城市规划基金(1977) 《权力下放法》(1982)	1970 年代是法国城市化管理的关键时期,国家结束了大规模建设时期并开始检讨和思考过失,《权力下放法》的颁布为这一时期划下了句号
1983—1999 年 权利下放和 社会住宅政策时期	城市社会基金(FSU)(1983) 街区社会发展计划(DSQ)(1983) 《城市指导法》(LOV)(1991) 城市团结捐助基金(DSU)1991 城市规划行动(GPUL)(1993) 城市重点项目计划(1994) 《规划整治与国土开发指导法》(1995) 住宅多样性和重新推动城市发展的法律文件 (1995,1996) 《城市计划行动》(1995) 城市重新恢复活动区(ZRU)(1995) 《城市复兴条约》(1996) 《可持续的规划整治与国土开发指导法》(1999) 城市更新行动计划(ORU)(1999)	这一时期,环境方面的价值取向得以强化,"市镇群共同体"的建立使城市发展突破原有行政限制,促进国家—地方的团结整合
2000 年至今 整合各种公共政策、 推广新型城市发展 更新模式时期	《社会团结与城市更新法》(SRU)(2000) 《区域发展指导纲要》(SCOT)(2000) 地方发展规划(PLU)(2000) 国家城市复兴计划(PNRU)(2003) 《城市更新计划与指导法》(Borloo)(2003) 《关于利用公有土地建设社会住宅以及加强 社会住宅建设责任》法令(Duflot 1)(2013)	《社会团结与城市更新法》的颁布标志着法国城市规划法制建设步入了一个新的阶段

资料来源:由笔者根据相关资料整理而成。

8.2.1 早期城市更新

法国在城市更新方面的政策最早可追溯到 19 世纪末的《工人阶级住宅法》,要求地方政府对不符合卫生条件的旧社区房屋进行改造。第二次世界大战结束后,面对战争造成的严重破坏,法国政府采取了积极城市化的政策,对城市开发加以更加直接和广泛的干预,实施所谓的"修建性(简称实施性)城市规划",即以满足开发和修建需要为目的的城市规划行为,如新区开发、旧区城市重建、住宅区开发、公共设施(学校、医院等)建设等内容。与此同时,工业化的迅速发展导致大量农村人口涌入城市,造成持久的住宅危机。1950 年颁布的法律提出实施房屋建设的财政资助制度以应对战后住房匮乏的难题。同年设立的城市发展基金,1951 年设立的公共工程机构和经济混合体公司两类合法开发机构,以及 1953 年允许国家征用土地开发住宅及工业区的《地产法》的颁布,均有力地促进了住宅的开发建设。1953 年颁布的有关地产的法律提出,允许公共机构在特定的地域范围内,以征用方式获取土地并进行设施配套,然后销售给国营或私有建造商,以便对新建建筑群体的选址与布局进行直接干预。

1954 年开始,为了控制大巴黎地区的扩展,法国政府采取了两项措施,即控制新建工业用房并下放国有企业(如航空工业迁至法国南部,通信工业迁至布列塔尼地区)。1954 年的"疏散政策"(或称"工业分散政策")严格限制了巴黎、马赛、里昂 3 个地区的企业向经济落后地区搬迁,以此大力发展交通运输事业,促进落后地区发展以平衡国内的生产力布局。1957 年有关房屋建设的法律以及 1958 年颁布的两项法令对"修建性城市规划"的管理制度进行了详细解释,并确定了"优先城市化地区"和"城市更新区"这两个重要的修建性城市规划制度的法律地位(阳建强,2012)。

8.2.2 1960 年代

1960 年代强调了对旧城区的保护与新城建设。如《关于修复历史纪念物和保护遗址计划的 1967 年 12 月 28 日第 67-1174 号法律》(Loi n°67-1174 du 28 décembre 1967 de programme relative à la restauration des monuments historiques et à la protection des sites)以及长期战略开发规划都强调了对历史文化区域的保护。1962 年颁布的《马尔罗法》(Loi Malraux)作为对"优先城市化地区"和"城市更新区"的重要补充,对旧城中的房屋修复提出了规定,允许旧城中心作为文化遗产加以保护。1965 年制定的《巴黎大区国土开发与城市规划指导纲要》(SDAURP)开始了法国的新城政策。1960 年代末对城市更新改造政策做出重大调整,1967 年的《土地指导法》(La loi d'orientation foncière,LOF)中提出建立在自愿协商原则上的"协议开发区"(简称 ZAC)制度,以取代原有的"优先城市化地区"和"城市更新区"制度。

《共同责任与城市更新法》(Solidarité et Renouvellement Urbain)旨在反思 1960 年代非集中化之前国家所拥护的土地经济与城市规划体系。该法着重于改革规划文件,使之可以为发展战略增色。城市规划框架被制定出来,用于整合各个分项,1960 年代末对城市更新改造政策做出重大调整并鼓励各方参与者甚至国家共同推动规划的制定。

1967 年后,法国政府开始注重城市管理和城市发展的关系,控制必需的城市化和道路用地,建设相适应的城市设施,组织、投资管理和建设必要的住宅,优化利用城市设施和交通系统,城市规划法规体系逐渐从重视城市发展的数量向重视城市发展的质量转变。

8.2.3 1970—1980 年代

1970 年代中期开始的经济危机标志着城市社会危机的开始,改善现有的城市生活环境取代新建、扩建成为当务之急,这一时期主要推行以拆除重建、搬迁为导向的整体性街区治理政策。1972 年,由法国国家直接引导的"居住和社会生活"行动开始实验性施行,并于 1977 年最终正式推广(郑希黎,2018)。1972 年的《行政区改革法》、1975 年的《土地改革法》,以及 1976 年的《自然保护法》都分别提出了环境质量评价的概念,要求对全国各种形态规划增加关于环境保护的内容。1975 年,国家确立了城市复兴政策,最初是为了城市历史地区的保护、改善计划,以修缮历史建筑改善居住环境为目标,后来这项政策也逐渐应用于衰败的社会住宅区。1977 年,国家设立城市规划基金,专门用于传统街区和城市中心改造。

8.2.4　1990 年代

这一时期法国政府开始转向以社会混居为导向的差异性街区治理。1991 年法国政府通过了《城市指导法》(LOV)，主要关注居民的生活质量、城市的服务水平、公民参与城市管理等。1993 年政府又发起了"城市规划行动"(GPUL)，目的在于恢复 12 个最困难街区的活力。1994 年起，"城市重点项目计划"划定了 13 个特别困难区，分别制定不同的控制和引导政策，实施差异性的管制对策。其中包括马赛北部区域、南特的福和峡谷、圣丹尼平原的废旧工业区、鲁贝-图尔宽、德勒等(郑希黎，2018)。

1995 年的《规划整治与国土开发指导法》加强了"城市计划行动"，开辟了"城市重新恢复活动区"(ZRU)。1995—1996 年颁布有关住宅多样性和重新推动城市发展的法律文件，鼓励在各个城市化密集地区、市镇乃至街区，住宅发展多样化，以扭转社会住宅不断集中的趋势，避免居住空间的社会分化。1996 年的《城市复兴条约》(Pacte de Relance pour la Ville，PRV)在 1991 年《城市指导法》后正式颁布。该条约提出了城市敏感区、城市复兴区以及城市自由区三级干预性分区体系，同时确定了两个重要目标：保障不同区域(特别是大城市郊区)的社会混居以及解决财政问题。1999 年颁布出台的《可持续的规划整治与国土开发指导法》(La loi d'orientation pour l'aménagement et le développement durable du territoire)，试图通过有关国土开发的国家指令和指导纲要确保城市规划法规体系对国土开发政策的实施进行干预，以免城市空间规模不断扩大并侵占周边的农村地区。

8.2.5　2000 年代至今

2000 年 12 月 13 日颁布的《社会团结与城市更新法》(SRU)标志着法国城市规划法建设步入了一个新阶段。该法在 1967 年 12 月颁布的土地法的基础上，延续了 1991 年的《城市法》(Plan d'occupation des sols，POS)条例的内容，并增加了新的搬迁方式。该政策对解决法国城市空间分异与居住隔离问题的作用更加突出。这部法律第 55 条明确规定，每个人口大于 3500 人的市镇(大巴黎地区，每个人口大于 1500 人的市镇)的社会住宅比例都应达到 20%，否则将处以罚款、罚金，并将其用以资助社会住宅建设(郑希黎，2018)。总体而言，《社会团结与城市更新法》以更加开阔的视野看待土地开发与城市发展问题，在探讨城市规划的同时，还涉及了城市政策、社会住宅以及交通等内容，意在对不同领域的公共政策进行整合。根据此项法律，未来的城市政策将主要致力于推动城市更新、协调发展和社会团结。所谓城市更新是指以节约利用空间和能源、复兴衰败城市地域、提高社会混合特性为特点的新型城市发展模式；所谓社会团结是指通过对市镇建设社会住宅的强制规定，促进住宅在城市化密集区、市镇、街区等不同地域的多样化发展，以抵制社会分化现象。

2003 年，法国通过《城市更新计划与指导法》，又称 Borloo 法，同样致力于解决社会、地区发展不平衡的问题；同年，法国国家城市更新局(ANRU)由此诞生。2003 年以来实施的城市更新政策是延续了以往政策，均是为了改善大型居民区的生活环境和条件，以实现真正的社会和城市融合。同时又因国家和社会力量介入的方式不同而与以往政策有所不同，具体包括政策由自治的政府机构负责实施，该机构整合了以前由各相关部委负责的资源，即国家城市更新局(AN-RU)，城市建设项目远远居于首位。在以前的政策中，社会投资首先是一种目标投资(改变居民成分、公共设施、交通等)，而且各地负责人常常需要克服困难，同时兼顾各个方面。而国家城市改造管理局则致力于针对一个合理统筹的项目，提供整体资助。在曾经很长一段时间内，拆除社会住宅被认为是社会禁忌,而现在却成为国家城市改造管理局发展政策的重要组成部分。建筑物的拆除成为社会住宅机构"正常的管理手段",有利于城市大型住宅区的更新,使重新规划公共空间、建设新的可以保证城市和社会融合的住宅区成为可能(米绍 M,张杰,等,2007)。

2013 年,法国颁布《关于利用公有土地建设社会住宅以及加强社会住宅建设责任》(Loi Relative à la Mobilisation du Foncier Public en Faveur du Logcment et au Renforcement des Obligations de Production de Logement Social) 法令,又称 Duflot 1 号法,将社会住宅的比重又提升到了25％。该政策旨在通过新建、收购、更新等方式在社会住宅不足、富裕阶层集中的各市镇内增加社会住宅(李明烨,汤爽爽,孙莹,2017)。

8.3　德国城市更新相关政策与立法

德国城市更新政策的制定与英国具有一定的相似之处,起初亦是关注战后重建和住房问题,之后随着城市的发展转向城市更新和治理方面,制定了《城市更新和开发法》《特别城市更新法》(Stadterneuerungsgesetz)《住宅改善法》等诸多综合政策。在东、西德合并后,又制定了《过渡时期条例》(Übergangsbestimmungen),使其更新政策更为全面系统(表 8-3)。从德国城市更新的法律建制和其政策议程机制来看,德国的城市更新过程是一个基于法律规程,通过政策议程机制,形成地区专项法律的过程。在这一制度中建立的规划和政策方案具有更好的技术可行性和社会价值认同,能够发挥长期的法律效力,有效协调地方利益(马航,Altrock U,2012)。

表 8-3　德国城市更新相关立法及政策一览表

发展阶段	名称及颁布年份	说明或备注
1950 年代战后重建时期	《联邦建设法》(1950) 《联邦住宅建设法》(1950) 《联邦住宅建设法》(1956) 整修翻新旧区(即更新历史性市镇中心)的适当措施(1956) 城市研究和示范项目(1959)	《联邦住宅建设法》的颁布使战后住房短缺问题得以迅速缓解
1960 年代城市恢复、卫星城和新城建设时期	《联邦建设法》(1960) 《住宅补全法》(1963) 《空间秩序法》(1965) 《联邦建设(修正)法》(1967)	《联邦建设法》是联邦德国成立后的第一部全国性的城市规划法。这一时期的城市建设以战后恢复的新建为主,被称为"全面改造时期"
1970 年代城市更新时期	《城市更新和开发法》(1971) 《城市建设促进法》(1971) 《特别城市更新法》(1971) 《文物保护法》(1972) 《联邦建设法补充条例》(1976) 《自然环境保护法》(1976) 《住宅改善法》(1977) 《住宅近代化法》(1977)	《城市建设促进法》与《文物保护法》的颁布表明城市发展的重点已经由战后新建、重建转移到城市改造改建、内城更新和对城市问题的治理上; 《城市更新和开发法》是作为一项旧城区改造更新的综合性法律; 《联邦建设法补充条例》试图将公众参与引进规划制定的法定程序

发展阶段	名称及颁布年份	说明或备注
1980 年代城市改建时期	《城市建设促进法补充条例》(1984) 《建设法典》(1987)	《建设法典》奠定了德国城市规划基本法律框架。这一时期的城市建设以旧房改造为主,被称为"生态改造"时期
1990 年至今两德统一后的城市建设时期	《过渡时期条例》(1990) 《减轻投资负担和住宅建设用地负担》(1993) 东区城市改造计划(2001)	两德统一后,由于原东德的特殊条件,德国立法机构以原西德的法律为基础制定了过渡时期条例,以利于整个德国的和谐有序发展

资料来源:由笔者根据相关资料整理而成。

8.3.1　1950—1960 年代

第二次世界大战结束时,德国的城市失去了一半以上的住宅,全国有 1500 万人流离失所,加之战后有近千万人从东部迁入西部,西德当时缺少住宅约 600 万套。联邦德国自 1945 年成立后,面对日益严重的"房荒"问题,将战后重建工作集中于市中心和老的街区。当时的住宅建设和城市发展政策的出发点是解决住房短缺,恢复被战争毁坏的城镇,建造尽可能多的新住宅,以及重建一部分被毁坏的旧住宅。1950 年 4 月颁布的《联邦住宅建设法》(Bundeswohnungsbausetz),将住宅建设列为全国的一项"公共任务",规定"联邦、各州和城镇必须把住宅建设作为紧急任务予以优先考虑,建造住宅的面积、设施以及房租必须适合不同社会阶层居民的需要及可能"(毛其智,1994)。同时,由于德国战后初期的法律状况较为混乱,迫于急切的战后重建问题,在 1950 年代,除了巴伐利亚州和不来梅市之外,其他各州均推出了《战后重建法》(Aufbaugesetzen)。

1956 年,政府提出整修翻新旧区(即更新历史性市镇中心)的设想,1959 年后开始鼓励实施,同时还资助了"城市研究和示范项目"。这一时期的工作卓有成效,旧城内部许多最为破烂和最有碍观瞻的旧式住宅被成片清除,取而代之以全新的居住街区。

1960 年代,德国的经济迅猛发展,城市开始不断向外扩张。1960 年颁布的《联邦建设法》(Bundesbaugesetz, BBauG)针对这一形势确定了城市建设的基本框架,重点对城市的土地利用加以控制,在着力解决交通和基础设施问题、整治旧城的同时,城市更新的重点亦从 1950 年代的战后重建转向在城市外围建设卫星城和新城,以分流城市中心更新改造后产生的迁出人口,并为其创造良好的居住条件。但由于 1960 年代德国城市的快速发展,部分城市的旧城区面临大量拆建,《联邦建设法》制定的规划手段和规划法律已经不能适应这种发展的要求,因此迫切需要建立一种具有公共财政手段支持的并且对私人建设项目进行监督管理和利益补偿的法律手段。

8.3.2　1970 年代

随着 1970 年代以来西德地区城市中心区复兴的实践摸索,城市建设逐步从大拆大建转向了被称为"谨慎更新"的改造策略。1970 年代中期,维护和整修历史街区以及其他在城市发展中值得保存的部分越来越多地受到人们的重视。与此同时,由住宅、邻里环境及居民之间社会联系共同组成的社区单元再度成为德国旧城改造的焦点,城市更新开始转向保留原有城市结构、维护与更新旧有住宅、改善整体居住环境以及重新恢复市中心活力等方面内容。

1971年颁布的《城市更新和开发法》就是作为一项旧城区改造更新的综合性法律,不仅包含土地开发利用的内容,而且广泛地包含了旧城居住建筑、建筑环境、公用设施等方面的更新改造内容。同时,在《城市更新和开发法》中明确规定,对于改造地区必须先对当地物质建成环境和社会结构状况进行前期调研。在规划决策过程中,必须充分保证包括建筑和土地租用者、土地所有者以及相关经营性企业单位等在内的多方利益群体的参与,共同决定建设收支计划与改造后的租金调整水平。同年的《城市建设促进法》也提出了住宅和城市改造的问题,制定了特殊的规划措施和财政资助条款,并要求土地所有者补偿由于旧城改造导致地价上涨而获得的利益,以促进城市改造和城市扩展开发活动。从此,地方性的城市更新和发展试点经验推广至全国。联邦和各州政府都依法开始制订有关促进城市发展、保存和更新具体措施的年度计划,所需资金按规定由联邦、各州和地方政府均摊(毛其智,1994)。

1976年,为适应石油危机造成的城市产业结构变化,保护和更新现有的城市结构,政府又颁布了《联邦建设法补充条例》(Bundesbaugesetz 1976,BBauG 1976),借以进一步改善地方政府对规划用地的预购权,同时也试图将公众参与引进规划制定的法定程序。1977年的《住宅改善法》作为1971年《城市建设促进法》的补充,提出了相关的旧城改造措施以改善地区环境和建设单体住宅,包括改善破旧住宅、儿童游戏场所、绿地、停车场等公共设施。这一法规根据更新规模、国家帮助筹措资金和可能提供的贷款情况,给予税收优惠,并以各种借贷和适当的政府财政补贴的方式来部分支付旧城更新改造中私人住宅改建修缮的费用。同年,基于《城市建设促进法》进一步提出了"社会规划"(Sozialplanung)原则,不仅更加明确了政府部门、规划师、居民组织参与机制的运行,而且明确强调城市更新改造应当是在社会力量监督下的"持久性任务"(Daueraufgabe)(董楠楠,2009)。

8.3.3 1980年代

1980年代以后,随着德国城市用地向外扩张的趋势得到控制,城市的改建和更新渐渐又成为许多城市建设的主要内容,于是各地方政府开始注重对传统城市空间和城市文脉的延续与保护。城市更新实践从大面积、摊平头式的旧区改造转为针对具体建筑的保护更新,诸如尽可能保持原建筑风貌,注重提高设施的现代化水平,在基础设施和环境改造上予以改善,等等。小步骤的谨慎更新措施在1984年的《城市建设促进法补充条例》中也有所反映和体现,同时该条例还简化了旧城改造的法律程序。

1971年出台的《特别城市更新法》于1987正式并入《建设法典》(马航,Altrock U,2012)。同时,《建设法典》在《联邦建设法》和《城市建设促进法》基础上又有了新的发展,新增了城市生态、环境保护、重新利用废弃土地、旧房更新、旧城复兴等内容,主要包括一般城市建设法、特殊城市建设法、其他法规以及以前法律的过渡和终止规定等四大部分。以《城市建设促进法》为依据的特殊城市建设法,主要是针对旧区改造和城市开发的特殊问题而制定的,包括城市建设中的旧区改建措施、城市建设的开发措施、保护条令和城市建设命令、社会规划对困难者的经济资助、租赁关系以及农业结构改善措施与城市建设措施的关系等一系列内容。其中,城市建设整顿措施的实施主要是为了排除城市建设中的不良状况,诸如居住和工作条件不符合一般卫生要求、不能承担其城市功能等,对于这些地区需要改善或者改造。而若涉及保护地区的历史文化遗迹、城市景观和城市结构的特性、维护保护地区的历史文化遗迹、城市景观和城市结构的特性,以及维护社区居民社会结构等方面,则由政府发布保护条令予以保护,不受整顿措施的影响。此段时间内,对城市中心的再开发在西德许多地方亦同时发生,虽各地开发的重点及手法各不相同,但都比较重视老城的保护和传统城市中心活力的恢复。

8.3.4　1990 年代至今

1990 年,两德统一,为了适应新情况,根据东德的特殊条件,德国立法机构制定了《过渡时期条例》,以利于过渡时期原东德地区城市建设和改造的有序发展。柏林作为新的首都进行了大规模的建设,而 1980 年代在西德不断发展的城市更新思想及其经验被推广到东部地区。面对东部地区内城衰退、住房紧缺、大量施工设施荒废及基础设施落后等一系列问题,城市更新的主要措施是:①迅速修缮城市历史地段;②建设文化体育设施;③解决住房紧缺问题;④改造利用现有建筑和废弃的工业用地;⑤避免城市过度扩张;⑥保护自然环境;⑦通过城市土地功能的混合使用来增加居住区的活力,提高居民的生活质量(阳建强,2012)。

由于城市中心区住宅需求的下降及其生活服务设施的萎缩,德国于 2001 年出台"东区城市改造计划"(Programm Stadtumbau-Ost),并明确提出,在城市更新改造中,应当根据城市整体发展目标和各区实际情况确定各地块更新改造的优先度(Prioritaet)。在各区按照"功能保持区—功能调整区—功能萎缩区—无操作性区"分级原则的评估结果上,进一步制定住宅的保留、拆除、改造或新建规划(BMVBW)。此外,拆除和翻建作为减少住宅空置现象的核心策略而被提出——通过拆除空房可以降低建筑密度,优化现有的空间结构和环境设施,提高周边住宅建筑的区位价值。而翻建目标则在于通过居住标准(如居住面积、节能性能等)的提高和设施配备(如电梯设施、停车设施等)的完善,增强旧住宅在市场上的竞争力(董楠楠,2009)。

概括起来,德国指导和保障城市更新的法律主要有三类。一是直接规定有关建设活动基本准则和规程的《建设法典》。二是针对更新区具体情况而制定的专项法律,例如更新区的确立和废除条例。三是更新区的法定规划(张晓,邓潇潇,2016):①建设法典　《建设法典》和《建设法典实施条例》(Gesetz zur Ausführung des Baugesetzbuchs)界定了规划原则和程序,其中对城市更新区的准备、确立、更新区规划的编制和实施以及公众参与等内容有着详尽的规定,从而明确了城市更新过程中的具体规程以及各方的权责。②专项立法　城市更新过程中,为保障更新工作的进行,议会和行政机构会经过商讨,确立专项的法律条例,一般主要为更新区的确立、废除条例,在专项的法律条例中会明确界定更新的目标、原则、其他适用法律等。③法定规划　是指导更新区建设和协调各方利益的法律依据,正式的法定规划主要为土地利用规划和建造规划。土地使用规划是市层面的规划,是更新区的基本依据;建造规划主要作用是协调各方利益,形成解决实际问题的空间秩序。此外,更新区会依据需求确立一些临时性的法定规划,例如结构规划和街区概念规划等,直接指导空间改造。这些法定规划与其他相关规划一同构建了更新区的空间规划体系,成为更新改造的有效保障。

8.4　美国城市更新相关政策与立法

美国大规模的城市更新项目开始于 20 世纪 30 年代的贫民窟改造,与美国的人口、社会、经济发展以及城市化进程密切相关,伴随着美国城市更新政策相关法案、政策、计划的颁布实施,美国的城市更新在经历了由市场调节到政府干预、由大规模市区重建计划到小规模渐进式的转变(表 8-4)。

表 8-4　美国城市更新相关立法及政策一览表

发展时段	名称及颁布年份	说明或备注
二战后至 1974 年 联邦政府主导下的 贫民窟清除	《住房法》(1937) 《住房法》(1941) 《住房法》(1949) 《住房法》(1954) 《住房法》(1959) 《示范城市法》(1966) 《国家历史保护法》(1966) 《大都市发展法》(1966) 模范城市计划(1966) 《住房与城市发展法》(1968) 《新社区法》(1968) 《国家环境政策法》(1969) 《住房与城市发展法》(1970)	由政府主导、以公共资源为基础、以内城贫民窟清理和改善为目标、带有福利主义色彩的政策特征; 1937 年《住房法》的颁布"是联邦政策史上的里程碑",它的实施标志着美国政府开始解决低收入居民的住宅问题,并为战后的城市更新奠定了基础; 1954 年《住房法》及以后的修订法案对城市更新运动的发展产生了重大影响; 1969 年之后的尼克松政府对城市政策进行了重大调整
1970—1980 年代 市场主导下的 邻里复兴	社区更新计划及模范城市方案 《住房和社区开发法》(1974) 《土地开发法》(1975) 《国家城市政策报告》(1978) 税收奖励措施(1980)	1974 年住宅与社区开发计划(邻里复兴计划)代替了城市更新计划,且以 1974 年《住房和社区开发法》的颁布为标志; 联邦政府作用被弱化,鼓励私人投资成为城市更新政策的主流; 公私合作伙伴关系(PPPs); 1980 年代国家的城市政策大部分被取消
1990 年代以来 三方伙伴关系为 导向的城市综合更新	《住房与社区发展法》(1980) 《住房与社区发展法》(1992) 《住房项目拓展法》(1996) 《优先资助区法案》(1997) 《乡村遗产法》(1997) 《棕地自愿清理与再开发法案》(1997) 《精明增长法》(1999)	美国精明增长联盟(2000); 继续鼓励私人投资和推动公私合作伙伴关系,弱势社区居民被纳入城市政策的主流

资料来源:由笔者根据相关资料整理而成。

8.4.1　1930—1940 年代

1930 年代的大危机时代,美国经济面临崩溃,失业人数增加,尤其是建筑工业几乎完全瘫痪,其失业工人占全国失业工人的 1/3 左右。美国住宅市场受到猛烈的冲击,其新房建设由 1929 年的 100 万套下降到 1930 年的 9 万套。与此同时,相对集中在内城的传统产业逐渐衰退并向外迁出,导致内城日益衰败。其突出表现除就业率下降、税收减少外,还包括大量贫民窟的存在。美国城市的贫民窟多集中在城市中心区,居住人口以有色人种为主。此时,伴随科学技术的进步,美国的新兴产业开始萌芽,在城市中寻求发展空间,原本适宜新兴产业发展的城市中心区,由于衰败带来的种种问题难以成为新兴产业引入的理想之地。为了缓解危机、增加就业、振兴建筑业、解决严重的住房短缺矛盾,美国政府的住房政策开始发生重大变化,即由市场调节向政府干预转变(李艳玲,2004)。美国联邦政府开始干预城市住房建设,初期通过调整与住房建设有关的金融保险政策入手,后期建立起公有住房政策,面向城市低收入居民,这一系列关于公有住房建设的干预政策的制定,拉开了以贫民窟改造为起始的城市更新运动的序幕。

早在 1932 年,联邦政府开始关注住房问题,当时胡佛总统签署了干预私有住房市场的联邦住宅贷款银行法,该法的出台解决了在大危机时代,每年近 25 万家庭因不能偿还抵押贷款而丧失住宅的问题。1933 年 5 月,美国设立第一个负责住房建设的行政部门,在它的主持下,开展小规模的公有住房建设,此时仅仅是作为整个社会复兴计划中的一个次要部分来实施的,主要目的是增加就业。1934 年,罗斯福政府出台了全国住房法,根据这一法案新建立的联邦住房管理局(Federal Housing Administration)负责为房产抵押贷款提供保险,刺激近乎停止的建筑业,鼓励修理和建造私人住宅。1937 年,出台第一部公有住房建设法案,即《低租住房法》(Low Rent Housing Bill),这一法案将住房问题从联邦政府为摆脱经济危机而实施的公共工程和复兴计划中分离出来,针对解决低收入居民的住房问题,反映了罗斯福政府为应对社会稳定而解决住房问题的决心。该法的具体目标是改善住房:对有能力买房建房的给予抵押贷款;对于买不起也建不起房的,政府提供公共住房。可以说 1937 年《住房法》的颁布,是联邦政府政策史上的里程碑,标志着美国政府开始关注并致力于解决低收入居民的住房问题,并为战后的城市更新奠定了基础。

8.4.2　1950 年代

二战前后,美国政府所面临的最尖锐的问题仍然是住房短缺,当时美国有 500 多万户家庭住在贫民区。据联邦房管部门估计,1946 年美国各大城市大约有 39% 的住房没有达到健康和安全的最低标准(李艳玲,2004)。美国城市住房短缺的因素主要归结于大量的移民涌入、经济危机带来的建筑业停滞、战后复员军人的回城安置等。住房短缺已然成为美国城市经济和社会发展的瓶颈。解决这一问题便成了战后城市更新的一个重要动因,而此问题的解决涉及征地动迁等诸多问题,仅仅依靠私人的力量和开发规模是远远不够的,此时资本主义的市场经济对城市开发与住宅建设的调节难以奏效,亟需政府力量介入进行宏观调控与干预。

战后美国城市中心区大规模的重建和复兴首先是从清除贫民窟和建设公有住房开始。1949 年国会通过《住房法》,其中确立了联邦城市更新计划,更新计划的首要目标包括:通过清除贫民窟和衰退地区,消灭不合格的或不符合标准的住房;刺激住房建设和社区发展,缓解住房短缺现象;实现人人有体面的住房和舒适的生活环境的目标(安德森 M,2012)。该法规定清除和防止贫民窟,城市用地合理化和社会正常发展。实施城市更新的主体是地方政府、私人房地产开发公司以及联邦城市更新行政机关等组成的地方公务局(杨静,2004)。该法也规定了各个住房机构(包括城市更新署)的工作(吕俊华,1995)。根据《住房法》建立的城市更新署(Urban Renewal Administration),作为全国更新运动的领导机构具体负责审批社区更新规划、具体的拆迁和工程计划等。此外,联邦政府还成立了负责住房抵押保险的联邦住房管理局及负责对各地的城市更新提供资金援助和技术指导并给予公有住房补贴的住房援助局(Housing Assistance Administration),地方政府则设立专门的公共机构负责具体规划的制定和实施。

1949 年早期制定的城市更新政策,对房地产开发商的吸引力不足,很多更新工程因此搁浅,导致拆迁大于建设。同时由于联邦对地方更新给予资助所附加的限制过多,使得支持的力度大打折扣,影响到工程的进度和规模。为逆转这一局面,必须对联邦的更新政策做出重大调整,为此,国会通过了 1954 年的《住房法》,这一法案的实施使更新运动的重心由以清理贫民窟、建设低收入住宅为主向以城市中心区商业开发为主转移,用词也从"城市再开发"(Urban Redevelopment)转向"城市更新"(Urban Renewal)。1956 年,《联邦公路援助法》(Federal-Aid Highway Act)给予州和联邦政府新建高速公路的控制权和收费权,许多快速路直通市中心,进一步推进了市区重建计划的实施(周显坤,2017)。美国国会从更新规模扩大的实际需要出发,随后的近 10 年间,对《住房法》又先后进行了若干次修订,其中一些重要修订如下:在加大非住宅建设方面,1959 年《住房法》将联邦用于非住宅建设的拨款比例提高到 20%,此后,这一比例不断提高,到 1961 年提高为 30%,1965 年则已升至 35%;在加大资金扶持方面,1957 年《住房法》在原来 9 亿美元基础上再追加 3.5 亿美元拨款,1959 年《住房法》又新增拨款 6.5 亿美元用于贫民窟的拆迁和城市更新,到 1961 年《住房法》颁布时,联邦用于更新的拨款比以往增加了一倍,达 40 亿美元;在住宅建设方面,1955 年《住房法》规定在此后的两年中,政府将增建 4.52 万套公有住房,1961 年《住房法》扩大了政府对城市动迁居民异地重新安置的费用支出,1965 年《住房法》规定联邦可以贷款给低收入个人用于私人住房的购买和建造。

美国的《住房法》及其以后的修订法案,对城市更新运动的发展方向产生了重大影响,在扩大了城市更新运动规模的同时,更新的重心也在不断转移,非住宅建设的比例不断加大,更新的重点从清除贫民窟和公有住房建设转向以商业开发为主的城市中心区的再开发和重建。

8.4.3　1960—1970 年代

20 世纪 60 年代,美国大规模城市更新运动的开展、内城的商业性开发并未能根除因贫困而导致的衰败,反而进一步加剧了居住隔离,美国社会原有的阶级和种族矛盾更为尖锐。正是这种长期的隔离与不平等导致了中心城市种族矛盾和贫富矛盾的不断积累,并最终酿成了严重的城市危机。大规模的种族骚乱发生在 20 世纪 60 年代,遍布在纽约、洛杉矶、底特律等地的贫民窟中和全国各地数以百计的黑人社区中。在动荡的 1960 年代,城市中心区问题也成为新闻媒体关注的中心,有关报道连篇累牍,"动荡的城市""美国的战场""贫民窟:我们城市心脏上的恶性肿瘤""城市危机"等标题比比皆是,对城市更新计划的反对也日益高涨,在芝加哥的伍德朗地区,伍德朗组织(Woodlawn Organization)开展了一场旷日持久的斗争,竭力反对城市更新计划,这一更新计划的共同倡仪者是芝加哥大学和城市当局,为了大学的扩张将吞并一大片须清除原有社区的土地。1967 年,旧金山的西增区(Western Addition)的黑人居民为了反抗清除一个欣欣向荣的商业和住宅区,组成了一个广泛的社区组织,他们包围了旧金山再开发署的办公室,占据了听证会的讲台,躺倒在推土机的前面。1968 年在波士顿,更新区的社区活动家们占据了城市再开发办公室。清除贫民窟后进行商业开发,大量贫民得不到再安置引起的强烈不满,已经成为更新开展的强大阻力,这不得不使联邦政府开始改变政策(李芳芳,2006)。

日益突出的社会问题,使得联邦政府意识到仅靠单一物质手段的城市更新无法完全解决城市中的诸多问题。为此政府通过出台以"伟大社会"而著称的社会改革计划,对包括住房在内的城市政策加以调整,使城市更新与向贫困宣战相衔接,与扩大城市就业机会、教育机会等相结合。

早在 20 世纪 50 年代,联邦政府便在纽黑文、匹兹堡、费城和加州的橡树园等地实施试验性综合计划,这些计划的成功实践为后来《示范城市法》的出台奠定了基础。1966 年国会颁布了《示范城市和都市开发法》(Demonstration Cities and Metropolitan Development Act),简称《示范城市法》,该法强调城市更新不仅仅是物质的更新改造,也是人的素质的提高。《示范城市法》强调,联邦政府除继续执行之前已经批准的城市更新计划及其他拨款计划外,还有责任援助贫穷城市进行综合治理,以使这些城市在加大力度为中低收入居民提供公共住房的同时,也能提供教育、医疗、就业等社会服务,法案规定城市示范地区更新费用的 80% 由联邦政府承担,其余部分由地方承担(刘丽,2011)。

1966 年 10 月 15 日,美国国会颁布了《国家历史保护法》(National Historic Preservation Act)。法案设立了历史保护咨询委员会和州史迹保护办公室等历史保护机构,确立了历史性场所国家登录制度以及国家历史地标制度,成立了历史保护基金并实行了历史保护资助金计划。《国家历史保护法》第 106 条款要求,所有的联邦机构都必须考虑联邦政府资助项目对历史遗产的影响。

1960 年代末,伴随约翰逊的离任和共和党尼克松政府的上台,"伟大社会"的政策被抛弃,示范城市计划也无果而终。尼克松在其执政期间推行了新联邦主义,对联邦的城市政策进行了重大调整,其目的是要把一部分联邦政府的权利和相应的岁入交还给州及地方政府,通过发挥州和地方政府间的权利平衡,减轻联邦政府的负担。

在此背景下,从 1970 年代末开始,美国的国家城市政策经历了根本的重新评价,并发生了显著的变化(吕俊华,1995)。此时的美国城市更新推行了"岁入分享"计划,并于 1972 年 10 月 22 日由尼克松总统签署了"岁入分享"法案。该法案的实施,宣告了由联邦主导的全国统一的大规模城市更新运动的终结,以后联邦政府将不再承担城市更新等方面的责任。这表明联邦政府今后将不再统一指导和开展全国的更新运动。随着越战的不断升级,城市更新进入低潮。1968 年,国会大肆削减约翰逊政府的 1969 年财政预算开支。1972 年,国会停止了示范城市计划,1973 年冻结了联邦对于住房和复兴计划的拨款资金。

由于城市更新计划对城市发展的结果是弊大于利,因此,美国国会在 1973 年宣布终止城市更新计划,并于 1974 年以富有人文色彩的住宅与社区开发计划(邻里复兴计划)代替了城市更新计划(曲凌雁,1998)。尼克松在其结束任期前就提出了社区开发的一揽子拨款计划(Community Development Block Grant),该计划的对象是人口超过 20 万的市、县及有 5 万居民的城市。福特执政后,于 1974 年 8 月签署了《住房和社区开发法》(Housing and Community Development Act),该法是多年来第一个被通过的主要针对大都市区的住房法案,该法给城市以最大的决定权,自行支配联邦所拨资金。该法的主要内容是执行尼克松提出的社区开发一揽子拨款计划,该计划将 7 项不同的联邦计划合并在一起,城市更新成为这一计划的一小部分。截止到 1977 年,计划拨款数额已达 84 亿美元,但这一计划在实施过程中没有取得太大的成功。与此同时,还成立了"社区开发一揽子拨款计划"赋予地方更大的支配权,终止了由联邦政府指导援助的大规模城市改造计划,转向对社区渐进更新和改造的"社区开发计划"。在这一阶段,贫民窟的整合已不再是某一底层社区本身孤立的问题,而更多的是被纳入了范围更广的中心城区的复兴计划之中,并依此确立了以经济手段为核心的系统化政策和综合性措施(黄静,王净净,2015)。在该计划执行过程中通过法律纳入公众参与,尽可能满足低收入者诸多的合理要求。同时为了取代城市更新之"清除—重建"进程,社区开发计划还注重社区结构与城市历史的保护与提高。

虽然《示范城市法》收效甚微,但这一时期对城市综合治理的尝试却表明,联邦政府的城市更新理念已经开始从以往清除贫民窟,以新建建筑代替衰败建筑的简单想法转变为关注城市复兴的更深刻、更广泛的内涵,这一转变对此后的城市更新有很大影响。其中,将改造聚焦在贫困社区并吸收黑人和贫民参与的做法也为 20 世纪 70 年代的社区开发计划奠定了基石。

8.4.4 1980 年代至今

20 世纪 80 年代开始,里根总统宣布逐级弱化联邦政府在城市更新中的作用,鼓励私人投资成为城市更新政策的主流,私有部门在城市发展与更新中扮演着越来越重要的角色,公私合作伙伴关系(Public Private Partnerships,PPPs)作为经济开发的公共政策被正式提出。与之前地方政府为了经济发展的目的提供基础设施和给予税收优惠不同,公私合作伙伴之间的关系得到加强,公私合作伙伴关系延长了"手臂长度",合作模式也发生了明显的变化。公私合作伙伴关系实体为了相互的利益进行投资,半公有化公司作为开发项目的发起人和执行人,公私合作伙伴关系变得更"精细",项目具有更复杂的融资模式和更柔性的管理。地方政府在合作开发的项目中分担了成本和风险,对私人开发提供了更多的公共资源和支持力量,地方政府通过发行财政收入债券为私人非营利机构融资。20 世纪 80 年代的城市更新的思维模式是以市场为主导、以引导私人投资为目的、以房地产开发为主要方式、以经济增长为取向,迅速代替了 1970 年代之前以政府主导、公共资源为基础的政策框架。

里根政府的"城市复苏"意味着对大都市地区的问题采取卖方经济政策。在这种观点下,联邦政府应尽量少去规范做法和分配资源,要为经济增长铲除障碍。这一城市政策是建立在自由企业将会提供大量就业、收入和居住区更新的假设之上的。这种城市政策加速了美国大都市地区的不平衡发展。由于将政策强加于州这一级,各州之间的经济竞争和郊区的政治势力影响造成了地区的不平等。中心城市中的不平等持续增长,在吸引商业、工业和旅游的斗争中,慷慨的刺激是个规律。以减免税收增值资金、大力发展债券、利息资助贷款、低于市价的土地交易等措施促进了城市中心及商贸区的开发。在这一倾向下,无可非议的,城市复苏目标以公司大楼、旅馆、商业大街等取代了赢利较少的(或象征意义较小的)小企业。在居住区里,复苏意味着以贫穷居民为牺牲的中产阶级化。甚至在里根选举之前,由于官方提倡的住房重建而中产阶级化和将出租公寓转换成私有共管套房,使得每年有 37 万原住户外迁(吕俊华,1995)。

8.5 日本城市更新相关政策与立法

日本国土相对狭小,为节约土地资源,其经济发展高度重视城市更新工作,而城市灾难往往成为其实施城市更新计划的舞台。明治时期的大火导致了东京防火计划的诞生,传染病催生了东京市区改造计划,关东大地震引出了东京震灾复兴计划。而自二战后先后经历了经济快速发展时期和经济增长长期低迷时期,在快速发展期中城市更新为城市快速扩张提供土地供给,而低迷期中又成为刺激城市经济、调整经济空间格局的手段。同时,土地是个人私有财产的观念在日本根深蒂固,因此往往是以街区、社区甚至单体建筑等小地块为更新改造对象,通过强化市政基础配套、提升公共服务等综合措施,提高土地空间利用率和土地空间价值,并特别注重传统历史建筑或者历史街区与现代化城市建设的融合协调。日本的城市更新是土地所有者内部及与政府长期不断沟通协调实现各方诉求平衡的结果,也是相关法律法规和制度不断完善的过程(表 8-5)。

表 8-5 日本城市更新相关立法及政策一览表

发展时段	名称及年份	说明或备注
1950 年代 战后经济恢复期	《耕地整理法》(1910) 《都市计划法》(1919) 造街活动(1951) 《土地收用法》(1951) 《公营住宅法》(1951) 《建筑基准法》(1950) 《土地区划整理法》(1954)	主要以再开发和团地为开发类型;设立日本住宅公团(1955)

续表 8-5

发展时段	名称及年份	说明或备注
1960 年代 高速经济增长下的 人口集中期	《住宅地区改良法》(1960) 《市街地改造法》(1961) 《防火建筑街区造成法》(1961) 《都市计划法》(1968) 《都市再开发法》(1969)	主要为站前广场、大规模住宅再开发、绿地和公园、新城建设开发类型;分别设立宅地开发公团(1968)和地域振兴与整备公团(1968)
1970 年代高速经济 增长期的都市营造的 反省期	《建筑基准法》修订(1970) 《都市绿地保全法》(1973) 《国土利用计划法》(1975) 《都市再开发法》第一次修正(1975)	主要以密集市街地整备、社区营造、灾后复兴计划、复合机能为开发类型
1980 年代从量到质的 转变,"城市时代"的 都市营造期	《都市再开发法》第二次修正(1980) 促进城市开发方案(1983) 《民间都市开发推动特别法》(1987) 《都市再开发法》第三次修正(1988) 《都市再开发法》第四次修正(1989)	主要以都市交通、站点周边据点整备、公共空间设计、社区营造条例为开发类型;在宅地开发公团的基础上设立住宅、都市整备公团(1980),同时设立造街协议会
1990 年代调整、合作、 联合下的都市计划 系统的探索期	《都市再开发法》第五次修正(1995) 《都市再开发法》第六次修正(1996) 《都市再开发法》第七次修正(1997) 《密集市街地防灾街区整备促进法》(1997) 《城市规划法》(1998) 《大店立地法》(1998) 《中心市街地活性化法》(1998) 《都市再开发法》第八次修正(1998) 《都市再开发法》第九次修正(1999) 《地方分权法》(1999)	主要以地域管理、大规模民间复合开发、持续型新市街地为开发类型;在住宅、都市整备公团的基础上设立都市基盘整备公团(1999),在地域振兴与整备公团的基础上设立地方都市开发整备部门(1999)
2000 年代以地域 价值提升为目的的 可持续都市营造和 都市经营期	《都市再开发法》第十次修正(2001) 城市再生整备计划(2001) 《都市再开发法》第十一次修正(2002) 《都市再生特别措置法》(2002) 《非营利活动促进法》(2002 年修订版) 造街活动交付金制度(2002) 都市再生紧急整备地区制度(2011)	主要以水和绿的构造、沿线大规模新城为开发类型;在都市基盘整备公团、地方都市开发整备部门的基础上设立都市再生本部(2004)

资料来源:由笔者根据相关资料整理而成。

8.5.1 1950—1960 年代

日本的城市更新(都市再生)事业始于第二次世界大战的战后重建(周显坤,2017)。日本政府于 1951 年起开始制定"造街活动"的相关政策。通过拆除重建住宅缓解战后居住空间不足,随后转为商业开发,导致地价高涨,引发城市蔓延,并反过来使旧城持续衰退(洪亮平,赵茜,2013)。1954 年日本政府正式颁布《土地区划整理法》,该法是在 1910 年实行的《耕地整理法》及 1919 年的《都市计划法》的基础上制定,内容更为全面,从而为日本的土地区划整理各环节的合法运作提供了法律依据。目前,在日本约 1/3 以上的城市开发建设项目需要运用土地区划整理才得以实现,同时土地区划整理也适用于农田整理,甚至是农村宅基地与农田的混合整理(高舒琦,2016)。1955 年成立"住宅公团",以兴建住宅为主要目标,并规定作为政府全额出资的特殊法人负责住宅开发及更新活动,由于缺乏财政补贴,住宅存在价格高、距离远、面积小等问题(洪亮平,赵茜,2013)。

20 世纪 60 年代,日本政府为了加强城市安全、改善城市环境,以促进其城市土地的高效利用以及提升住宅的防灾能力,陆续对年久失修的建筑物进行清拆,并系统性地清除贫民区,由此拉开了日本现代都市意义的城市更新序幕(施媛,2018)。日本的法规制度体系一直在与更新实践同步发展。1960 年前后"都市再开发三法"(1960 年《住宅地区改良法》、1961 年《市街地改造法》以及《防火建筑街区造成法》)颁布(周显坤,2017)。同时,在"造街活动"中,1960 年代出现了旧城更新抗争活动,如反对在旧城建设高架桥和拆除历史街区,并且出现官民协作推动再开发工程现象(洪亮平,赵茜,2013)。

1968 年,为了控制城市无序蔓延,日本政府颁布《都市计划法》,旨在解决中心区住宅问题,将规划权力下放,增加了公众参与制度,但此时只是象征性的公众参与(洪亮平,赵茜,2013)。二战以及频繁的地震灾害,导致日本众多传统木结构建筑遭受了严重的损坏,城市破败不堪。1969 年,日本将原有的《市街地改造法》与《防火建筑街区造成法》整合为《都市再开发法》,作为指导都市开发与更新活动的基本制度(施媛,2018)和核心法规,该法规不仅为东京都也为整个日本的市区重建提供了整体政策指引。还规定了以权力变换和收购方式获取土地的两种市街地再开发事业,成立了全国市街地再开发协会,谋求土地的合理利用(吴冠岑,牛星,田伟利,2016)。此后经历了数十次修法过程,对于更新施行者和施行区域的认定范围亦进行了逐步放宽。目的从防灾整治发展到城市综合发展;再开发施行者逐渐从公共部门发展到个人、第三方、公共社团等民间主体;准许更新的建筑的耐火等级逐渐降低;准许施行更新的区域划定也逐渐由单一的"高度利用地区"拓展到其他类型的区划类型,如"再开发地区""防灾街区整备地区""沿街地区"等(周显坤,2017)。此阶段的都市更新以预防自然灾害、改善基础设施、实现经济复苏为目标,被称为"市街地再开发事业",更新主体为政府部门(施媛,2018)。

8.5.2　1970—1980 年代

20 世纪 70 年代,日本经济逐渐复兴,以东京为代表的都市人口快速集中,以卫星城车站周边区域为核心,东京圈内陆续开展了大量都市更新项目。1975 年,为了进一步推动地方自发的都市更新事业,日本政府逐步修订《都市再开发法》,允许个人及私人机构担任实施主体,政府角色则转为通过设置专门的更新基金制度,为个人及私人机构提供融资、补助贷款等协助服务(施媛,2018)。1970 年代,城市规划界逐渐重视社会规划,借鉴欧美经验,发展出颇具自身特色的"造街活动"(洪亮平,赵茜,2013)。

20 世纪 80 年代,民间力量参与都市更新成为日本都市更新的普遍方式,原本主导都市更新的政府部门相应地退居幕后,通过制定都市更新补助奖励政策、协助民间组织明确更新权益的分配以及完善公共设施建设等方式引导民间参与。此阶段,都市更新主体呈现出公私合作的多元发展模式(施媛,2018)。1988 年日本政府将"允许私有部门参与日本都市中心区的规划和开发"的政策写入更新法,自此,民间多方联合的城市更新开始大规模盛行(李爱民,袁浚,2018)。同时,1980 年代开始,由于日本在二战后经济高速发展,团地社区中老龄化、商业凋谢、基础设施老化问题凸显,于是团地更新计划正式启动。团地再生更多围绕社区生活中心的再造、生活相关设施的提供,以及交通和景观环境的改善等内容开展(李爱民,袁浚,2018)。进入 1980 年代,政府认识到只有在地区层面才能真正协调民间权利以实现城市土地整备,因而鼓励社区有组织地拟订计划,鼓励原住民参与"造街活动",如神户市政府颁布"造街条例",建立了"造街协议会"组织,为"造街活动"提供资金和技术支持(洪亮平,赵茜,2013)。除此之外,早在 1983 年,日本还提出了促进城市开发方案,以民间为主体,政府为协助者,中央政府专款补助,并允许地方发行公债,提供贷款和税费优惠,多元化的融资制度促进了公私合作(洪亮平,赵茜,2013)。

8.5.3　1990 年代至今

2000 年代,由于日本在过去的十年保持着极为缓慢的经济增长,又经历了信息化、全球化、少子化和老龄化的社会经济局势变化,各大城市出现了郊区化、中心城区的衰退和空洞化的现象。

1998 年通过了《中心市街地活性化法》,根据该法律,市町村一级的基层政府可以制定"中心市街地活性化基本规划"。地方政府可以通过这一基本规划,统筹一些城市再开发类的规划项目和基础设施类的规划项目。在 1999 年《地方分权法》颁布的同时,《都市计划法》也明确了城市规划作为地方"自治事务"的性质,并大幅增加市町村能够决定的规划内容。2002 年《城市规划法》修订,增设了"城市规划提案制度",该制度"改变了城市规划只能由政府主导编制的传统",准许土地所有者、非营利机构及私人开发商在经三分之二土地所有者同意后,提出或修订市镇规划。地方政府经过城市规划审议会的审议后决定采纳与否。城市规划提案制度是社区营造的重要支撑,促使日本城市规划中公众参与的程度逐渐提高(周显坤,2017)。

2001 年政府基于经济复兴提出城市再生政策,成立城市再生本部,通过公共设施整合以及与公众合作制订指导市町村更新的相关计划,此举使得社会公众积极参与地区更新,活用社会力量,推动了全国层面的城市更新(洪亮平,赵茜,2013)。2002 年立法通过《都市再生特别措置法》,奠定了现在都市再生的方针和基础。该法规指出都市再生是针对都市内建筑物结构恶化,其公共设施老旧,有的不可再使用,或都市机能状况不佳,阻碍经济活动的地区,有计划地进行全面更新重建、部分改建或保存,借以达到重建都市机能、健全土地发展及有效利用,以及增进公共安全与福利的活动。当时还制定了民营部门的城市再生事业金融支持制度,并希望通过制定都市再生特别区推动各区域的都市再生工作。《都市再生特别措置法》详细规定了都市再生机构、基本方针、地域整备方针、项目的立项程序等。其中,都市再生基本方针一般由都市再生本部负责制定,都市再生特别区域由都市规划决定,超过一定规模的民间都市再生事业由国土交通大臣认定。规定只要被制定为都市再生紧急地域的地区就可以超越现有城市规划对于土地使用限制的一些规定,并制定了为私人部门提供税收优惠和免息贷款等一系列金融支持。此外还有《都市再生特别措置法施行令》《都市再生特别措置法施行规则》《都市再生安全确保规划》等与之相配合。具体到东京都的特别再生地区,还有东京都促进再开发指定区域规划运用标准对该地区容积率、项目申请程序进行具体规定(吴冠岑,牛星,田伟利,2016)。

2004 年,日本成立"独立行政法人都市再生机构",负责统理、协调都市更新事务,并鼓励自下而上的"造街活动"以及小型的更新事业。从硬、软两方面综合协调,协助市町村拟订及实施更新规划,"造街活动"也由提供标准设计转变为提供质量更高、类型更丰富的产品,在决策中通过协调教育促使各方达成共识,在执行中通过协调调整规划(洪亮平,赵茜,2013)。

此阶段,都市更新以经济复苏为目标,开始注重地域价值提升以及可持续的都市再生(施媛,

2018)。2006 年政府修正了相关法规,设立法定化的非营利组织"造街协议会"为"造街活动"主体,发挥其公益性以协调政府、开发商、社区和居民之间的关系。前期,"造街协议会"主要负责拟订社区发展规划,提出符合当地特点的更新策略,协调各方意见并拟定具有实效性的战略,在规划实施和后续经营管理阶段,主要与实施主体合作,积极支持规划实施以及社区的运营和管理(洪亮平,赵茜,2013)。

2011 年为了促进城市的国际竞争力,又特别增设了特定都市再生紧急整备地区制度。迄今为止,都市再生已经形成了比较完善的政策体系,各都市再生区域的地域整备方针也经历了多次的变更和发展(吴冠岑,牛星,田伟利,2016)。

8.6 中国城市更新相关政策与立法

与欧美国家不同,中国长期推行传统的计划体制,其旧城不同程度地反映出计划分配、自给自足的封闭式城市结构特点。改革开放以来,市场力量与社会力量不断增加,中国的城市更新开始呈现政府、企业、社会多元参与和共同治理的新趋势。因此,中国城市更新出台的相关政策与法规具有其自身的特征(表 8-6)。

表 8-6 中国城市更新相关立法及政策一览表

发展阶段	名称及颁布年份	说明或备注
1978—1989 年 经济转型,恢复 城市规划与城市改造 体制改革期	《城市规划条例》(1984) 《土地管理法》(1987) 《城市规划法》(1989)	《城市规划条例》指出,"旧城区的改建,应当遵循加强维护、合理利用、适当调整、逐步改造的原则"; 《城市规划法》的颁布,使得城市改造活动成为城市总体规划的一个分支,各地更新活动拥有了法律保障,具体体现在地方的更新保护规划上
1990—2000 年 经济转型,地产 开发与经营主导的 城市改造期	《城市房屋搬迁管理条例》(1991) 《历史文化名城保护规划编制要求》(1994) 《城市房地产管理法》(1995)	旧区的多目标再开发:追求最大经济效益;多样的筹措资金方式;地方政府新角色;决策与利益多元;法制化与体制化
2000—2011 年 快速城市化与 多元化、综合化的 城市建设与更新期	《城市房屋拆迁管理条例》(2001) 《协议出让国有土地使用权规定》(2003) 《城市房屋拆迁工作规程》(2005) 《中华人民共和国物权法》(2007) 《城乡规划法》(2008) 《关于促进节约集约用地的通知》(2008) 《国土资源部、广东省人民政府共同建设节约 集约用地试点示范省合作协议》(2008) 《国土资源部关于与广东省共同推进节约 集约用地试点示范省建设工作的函》(2008) 《国有土地上房屋征收与补偿条例》(2011)	《城乡规划法》对旧城区的改建活动进行了原则性的规定

发展阶段	名称及颁布年份	说明或备注
2012 年至今	《国务院关于加快棚户区改造工作的意见》 （2013） 《全国资源型城市可持续发展规划》（2013） 《国家新型城镇化规划（2014—2020 年)》（2014） 《国务院办公厅关于进一步加强棚户区改造 工作的通知》（2014） 《国务院办公厅关于推进城区老工业区搬迁 改造的指导意见》（2014） 《节约集约利用土地规定》（2014） 中央城市工作会议（2015） 《中共中央国务院关于进一步加强城市规划 建设管理工作的若干意见》（2016） 《关于深入推进城镇低效用地再开发的指导 意见（试行）》（2016） 《关于加强生态修复城市修补工作的指导意见》 （2017） 《国家发展改革委关于实施 2018 年推进新型 城镇化建设重点任务的通知》（2018） 《国务院办公厅关于全面推进城镇老旧小区 改造工作的指导意见》（2020）	《国家新型城镇化规划（2014— 2020 年）》标志着我国正式进入 城市"转型提质"的"新常态"； 《中央城市工作会议》（2015）提 出"城市修补和更新"政策，相 关修补和更新实践在全国以试 点的形式展开

资料来源：由笔者根据相关资料整理而成。

8.6.1　1978—1989 年

　　进入 1970 年代后期，旧城改造的重点转向还清 30 年来生活设施的欠账，解决城市职工的住房成为突出的问题，于是开始大量修建住宅。此外在旧城改造中还结合工业的调整和技术改造着手工业布局和结构改善。那时建设用地大多仍选择在城市新区，旧城市主要实行填空补实。当时由于管理体制和经济条件的限制，以及保护城市环境和历史文化遗产观念的淡漠，建设项目各自为政、标准偏低、配套不全，同时还存在侵占绿地、破坏历史文化环境的现象。

　　改革开放以后，城市经济迅猛发展，城市建设速度大大加快，旧城更新改造以空前规模与速度展开，进入了一个新的历史阶段。这种态势的出现，绝非偶然，有其客观背景和现实原因。首先是大多数旧城区经历了几十年的风风雨雨，建筑质量和环境质量都十分低下，再加上人口密度的增加，旧城区设施已难以适应城市经济、社会发展和改革开放的需要。其次，许多城市新区开发的潜力已经越来越小，迫使人们将眼光转向旧城区。尤其是最近几年，市场经济体制的建立、土地的有偿使用、房地产业的发展、大量外资的引进，更进一步推动了旧城更新改造的发展。目前，各地的旧城更新改造呈现出多种模式、多个层次推进的发展态势，更新改造模式由过去单一的"旧房改造"和"旧区改造"转向"旧区再开发"，不仅仅以改善居住条件和居住环境为目标，而且充分发挥改造地段的经济效益和社会、环境效益，实现改造旧区和城市现代化的多重目的。

　　这一阶段国家对城市发展和城市规划工作高度重视，城市规划法律体系初步建立。1984 年颁布的《城市规划条例》成为我国第一部有关城市规划、建设和管理的基本法规，法规明确指出，"旧城区的改建，应当遵循加强维护、合理利用、适当调整、逐步改造的原则"。这对于当时还处于恢复阶段的城市规划及其更新工作的开展具有重大指导意义。1988 年，宪法修正案在第 10 条中加入"土地的使用权可以依照法律的规定转让"，城市土地使用权的流转获得了宪法依据。

1989 年实施的《城市规划法》,进一步细化了"城市旧区改建应当遵循加强维护、合理利用、调整布局、逐步改善的原则,统一规划,分期实施,并逐步改善居住和交通条件,加强基础设施和公共设施建设,提高城市的综合功能"的要求。

8.6.2　1990—2011 年

进入社会主义市场经济体制后,政府对旧城改造的控制,由过去的行政、计划为主逐步转为运用经济杠杆、法规手段、政策引导等沟通协作的方式。尤其是 1990 年代初,随着城市规划法的颁布,城市改造活动成为城市建设的主要内容,很多城市也颁布了相应的地方更新法规。

2001 年出台的《城市房屋拆迁管理条例》和 2005 年出台的《城市房屋拆迁工作规程》针对城市更新中房屋拆迁问题作出了相关规定,以保障被拆迁人的利益。

2004 年国务院发布了《关于深化改革严格土地管理的决定》,文件将调控新增建设用地总量的权力和责任放在中央,盘活存量建设用地的权力和利益放在地方,希望通过权责的明确,限制过度的土地浪费与城市蔓延。同年,国土资源部又颁布《关于继续开展经营性土地使用权招标拍卖挂牌出让情况执法监察工作的通知》,规定 2004 年 8 月 31 日以后所有经营性用地出让全部实行招拍挂制度,有效遏制了土地出让中的不规范问题。

2007 年的《物权法》赋予房屋所有权者基本的权利,规范了长期以来城市更新中存在的强制拆迁与社会不公平问题。

2008 年实施的《中华人民共和国城乡规划法》规定"旧城区的改建,应当保护历史文化遗产和传统风貌,合理确定拆迁和建设规模,有计划地对危房集中、基础设施落后等地段进行改建"。

在地方的实践与制度探索中,针对土地资源紧缺、土地利用低效、产业亟待转型和城市形象亟待提升等迫切问题,广东省出台了《关于推进"三旧"改造促进节约集约用地的若干意见》,积极推进"旧城镇、旧厂房、旧村庄"三类存量建设用地的二次开发。伴随着城市的超常规发展,深圳为了摆脱土地空间、能源水资源、人口压力、环境承载 4 个"难以为继"的困境,于 2009 年颁布了《深圳市城市更新办法》,初步建立了一套面向实施的城市更新技术和制度体系。

这些加强城市更新开发活动的行为规范,减少了城市更新开发活动的盲目性和投机性,对有效抑制旧城开发建设中的各种违法行为起到了十分积极的作用。

8.6.3　2012 年至今

2011 年,我国城镇化率已突破 50%,正式进入城镇化的"下半场"。在生态文明宏观背景以及"五位一体"发展、国家治理体系建设的总体框架下,这一时期出台的城市更新政策与法规更加注重城市内涵发展,更加强调以人为本,更加重视人居环境改善、土地集约利用以及城市活力提升。

《国家新型城镇化规划(2014—2020 年)》根据世界城镇化发展普遍规律和我国发展现状,指出"城镇化必须进入以提升质量为主的转型发展新阶段",提出了优化城市内部空间结构、促进城市紧凑发展和提高国土空间利用效率等基本原则。

国务院于 2013 年和 2014 年相继出台《国务院关于加快棚户区改造工作的意见》和《国务院办公厅关于推进城区老工业区搬迁改造的指导意见》两个重要文件。2014 年《政府工作报告》提出的"三个一亿人"的城镇化计划中,其中一个亿的城市内部的人口安置针对的就是城中村和棚户区及旧建筑改造。2014 年国土资源部出台《节约集约利用土地规定》,明确提出"严控增量,盘活存量",提高土地利用效率将是未来土地建设的方向,并于 2016 年发布《关于深入推进城镇低效用地再开发的指导意见(试行)》的通知,2017 年又印发了《城镇低效用地再开发工作推进方案(2017—2018 年)》。

2015 年中央城市工作会议明确坚持以人民为中心的发展思想,坚持人民城市为人民。把创造优良人居环境作为中心目标,提出加快城镇棚户区和危房改造、加快老旧小区改造的工作要求。2016 年《中共中央国务院关于进一步加强城市规划建设管理工作的若干意见》提出围绕实现约 1 亿人居住的城镇棚户区、城中村和危房改造目标,实施棚户区改造行动计划和城镇旧房改造工程,推动棚户区改造与名城保护、城市更新相结合,加快推进城市棚户区和城中村改造。同年由国土资源部出台的《关于深入推进城镇低效用地再开发的指导意见(试行)》的通知,明确指出要鼓励多元力量参与的改造开发模式,同时建立平等协商机制,做到公平公正、共同开发、利益共享,建立完善的经济激励机制。

2017 年 3 月 6 日,住房和城乡建设部出台《关于加强生态修复城市修补工作的指导意见》,指出生态修复城市修补是治理“城市病”、改善人居环境的重要行动,是城市转变发展方式的重要标志,要求各地转变城市发展方式,治理“城市病”,提升城市治理能力,打造和谐宜居、富有活力、各具特色的现代化城市,让群众在“城市双修”中有更多获得感。

2019 年以来,多次重大会议均提出要大力进行老旧小区改造提升。2019 年 6 月国务院常务会议全面部署了城镇老旧小区改造工作,并明确了“加快改造城镇老旧小区,群众愿望强烈,是重大民生工程和发展工程”。2019 年 8 月中央政治局会议将实施城镇老旧小区改造写入议程,意味着这项工作迎来了顶层政策的支持。2019 年 12 月中央经济工作会议再部署,全国老旧小区改造正式开展试点工作。2020 年 4 月,中共中央政治局会议明确提出了“实施老旧小区改造,加强传统基础设施和新型基础设施投资,促进传统产业改造升级,扩大战略性新兴产业投资”。

2020 年 7 月国务院办公厅《关于全面推进城镇老旧小区改造工作的指导意见》(以下简称《指导意见》)的颁布正是上述国家政策的具体落实与部署,充分体现了对人民群众生活的高度重视。2020 年 10 月党的十九届五中全会通过的《中共中央关于制定国民经济和社会发展第十四个五年规划和二〇三五年远景目标的建议》明确提出实施城市更新行动,对进一步提升城市发展质量作出重大决策部署,为“十四五”乃至今后一个时期做好城市工作指明了方向,明确了目标任务。

总的来说,出台的一系列城市更新政策与法规,对指导和规范城市更新工作起到了积极作用,使城市更加宜居、安全、健康、高效和持续。但与此同时,随着城市更新时代的来临和城市更新工作的深入开展,更新制度上的不足与缺失逐渐暴露:目前我国还没有针对城市更新工作进行的国家层面立法,相关的政策、技术标准、操作指引亟需完善;在具体的制度建设中,包括利益共享制度、公众参与制度、社会自主更新制度、土地管理制度、拆迁制度、项目审批制度、公共利益保障制度、市场激励制度、自愿组织参与更新治理的制度以及基金奖励等制度都尚处在缺位或亟需完善改进的状态。因此,十分有必要积极开展城市更新立法试点示范,加强城市更新制度的顶层设计,建立形成从法律、条例、规章、地方法规到实施细则等统一的、多层次的法律政策体系,同时要对城市更新规划设计、规章流程、奖励制度、融资财务、机构设立以及市场运作等进行立法,建立贯穿国家—地方—城市层面的城市更新体系。此外,须建立公开、透明、有效的对话、共享平台,对相关的角色、行为、奖惩、标准、操作程序进行明确规定,建立切实有效的公众参与和利益共享机制。

参考文献

Alexander C, Ishikawa S, Silverstein M,1977. A pattern language: Towns, buildings, construction [M]. New York: Oxford University Press.

Arnstein S R,1969. A ladder of citizen participation[J]. Journal of the American Institute of Planners,35 (4):216-224.

Barnett J,1974. Urban design as public policy[M]. New York:Architectural Record Book.

Barnett J,1982. An introduction to urban design[M]. New York:Harper & Row.

Bougnoux F, Fritz J M, Mangin D, 2008. Les halles: Villes intérieures[M]. Marseille: Éditions Parenthèses.

Buissink J D,1985. Aspects of urban renewal: Report of an enquiry by questionnaire concerning the relation between urban renewal and economic development [M]. The Hague: International Federation for Housing and Planning.

Castells M,2002. Local and global: Cities in the network society [J]. Tijdschrift voor Economische en Sociale Geografie, 93(5): 548-558.

Camhis M,1979. Planning theory and philosophy[M]. New York: Tavistock Publications.

Couch C, 1990. Urban renewal: Theory and practice[M]. London: Macmillan.

Couch C, Fraser C, Percy S, 2003. Urban regeneration in Europe[M]. Oxford, New York: Blackwell Science, Blackwell Pub.

Davidoff P, 1965. Advocacy and pluralism in planning[J]. Journal of the American Institute of Planners, 31 (4): 331-338.

Davidoff P, 1973. Advocacy and pluralism in planning [J]. A Reader in Planning Theory (4):277-296.

Fainstein S S, 2010. The just city[M]. Ithaca, N. Y. :Cornell University Press.

Garnham H L, 1985. Maintaining the spirit of place [M]. Arizona: PDA Publishers Corp.

Gospodini A, 2006. Portraying, classifying and understanding the emerging landscapes in the post industrial city[J]. Cities, 23(5): 311-330.

Harvey D, 1973. Social justice and the city [M]. Athens:University of Georgia Press.

Harvey D, 1985. The urbanization of capital: Studies in the history and theory of capitalist urbanization [M]. Baltimore: The Johns Hopkins University Press.

He S J, Wu F L, 2005. Property-led redevelopment in post-reform China: A case study of Xintiandi redevelopment project in Shanghai[J]. Journal of Urban Affairs, 27(1): 1-23.

Hohenberg P M, Lees L H, 1992. La formation de L'Europe Urbaine 1000-1950[M]. Paris: Presses Universitaires de France.

Hotelling H, 1933. Analysis of acomplex of statistical variables into principal components[J]. Journal of Educational Psychology, 24(7): 498-520.

Jacobs J, 1961. The death and life of great American cities[M]. New York: Random House.

Jacobs J, 1984. The death and life of great American cities: The failure of town planning[M]. New York: Penguin Books.

Lees L, 2003. Policy (Re)turns: Gentrification research and urban policy-urban policy and gentrification research[J]. Environment and Planning A: Economy and Space, 35(4): 571-574.

Lefebvre H，2012. The production of space[M]. Nanjing：Nanjing University Press.

Levy J M，2002. Contemporary urban planning[M]. Englewood Cliffs：Prentice Hall Inc.

Mairie de Paris，1990. Sem Paris Seine[J]. Les Halles-lesnou veau coeur de Paris(9)：69，149-151.

McLoughlin J B,1969. Urban and regional planning：A systems approach [M]. London：Faber.

Meyer H，1999. City and port[M]. Utrecht：International Books.

Molotch H，1976. The city as a growth machine：Toward a political economy of place[J]. American Journal of Sociology，82(2)：309-332.

Mommaas H，2009. Spaces of culture and economy：Mapping the cultural creative cluster landscape[M]// Kong L，O'Connor J. Creative economies，creative cities：Asian-European perspectives. Dordrecht： Springer.

PAT18，2000. National strategy for neighborhood renewal[R]. Norwich：The Stationary Office.

Pearson K，1901. On lines and planes of closest fit to systems of points in space[J]. Philosophical Magazine，2(11)：559-572.

Physical Planning Department，City of Amsterdam，2003. Planning Amsterdam：Scenarios for urban development，1928—2003[M]. Rotterdam：Nai Publishers.

Primus H，Metselaar G，1992. Urban renewal policy in a European perspective[M]. Delft：Delft University Press.

Roberts P，Sykes H，2000. Urban regeneration：A handbook[M]. London：SAGE Publications.

Roncayolo M,1985. Historire de la France urbaine(tome 5)：la ville aujourd'hui [M]. Paris：Seuil.

Rowe C，Koetter F，1976. Collage city [M]. Massachusetts：The MIT Press.

Saarinen E，1943. The City：Its growth，its decay，its future[M]. New York：Reinhold Publishing Corporation.

Salingaros N A，2005. Principles of urban structure [M]. Amsterdam：Techne Press.

Salingaros N A，Mehaffy M W，2006. A theory of architecture [M]. Solingen：Umbau-Verlag.

Sert J L，1947. Can our cities survive? [M]. Cambridge：Harvard University Press.

Smith N，1979. Toward a theory of gentrification：A back to the city movement by capital，not people[J]. Journal of the American Planning Association，45(4)：538-548.

Susser I，Castells M，2002. The castells reader on cities and social theory[M]. New Jersey：Wiley-Blackwell.

Wilbur R，Thompson A，1965. Preface to urban economics [M]. Baltimore：Johns Hopkins University Press.

安德森 M,2012. 美国联邦城市更新计划(1949—1962 年) [M]. 吴浩军,译. 北京:中国建筑工业出版社.

北京清华同衡规划设计研究院有限公司,2019. 景德镇陶溪川工业遗产保护更新利用规划[Z].

贝纳沃罗,2000. 世界城市史[M]. 薛钟灵,等译. 北京:科学出版社.

博斯凯,1982. 评莫兰的"生命的生命"[J]. 国外社科动态,(1)

薄曦,1990. 参与:作为一种城市设计方法[D]. 南京:东南大学.

布罗林 B,1988. 建筑与文脉:新老建筑的配合[M]. 北京:中国建筑工业出版社.

步敏,蒋应红,刘宙,等,2019. 城市精细化管理背景下社区规划师在社区更新中的拓展实践:以上海曹杨新村"美丽家园"规划为例[J]. 上海城市规划 (6):60-65.

城所哲夫,2017. 日本城市开发和城市更新的新趋势[J]. 中国土地 (1):49-50.

陈衡,1987. 合肥市城市规划布局纵议[J]. 城市规划(4):42-46.

程华昭,1986. 合肥旧城改造的综合治理[J]. 建筑学报 (6): 2-7.

程华昭,1992. 合肥市中心区步行系统[J]. 城市规划(5):60-61.

戴薇薇,2012. 明以来南京内秦淮河及其沿线城市风貌演化初探[D]. 南京:东南大学.

东南大学,2009. 常州旧城更新规划研究[Z].

东南大学建筑学院,2007. 广州珠江后航道洋行码头仓库区保护与再利用规划[Z].

董光器,2006. 古都北京五十年演变录[M]. 南京:东南大学出版社.

董金柱,2004. 国外协作式规划的理论研究与规划实践[J]. 国外城市规划(2):48-52.

董楠楠,2009. 浅析德国经济萎缩地区的城市更新[J]. 国际城市规划,23(1):103-106.

董晓峰,杨保军,2008. 宜居城市研究进展[J]. 地球科学进展(3):323-326.

杜子芳,2016. 多元统计分析[M]. 北京:清华大学出版社:240-241.

范耀邦,1993. 关于北京城市布局的若干问题[J]. 城市规划,17(5):9-14.

方可,2000. 当代北京旧城更新:调查·研究·探索[M]. 北京:中国建筑工业出版社.

冯立,唐子来,2013. 产权制度视角下的划拨工业用地更新:以上海市虹口区为例[J]. 城市规划学刊
(5):23-29.

谷德设计网. 水围柠盟人才公寓 DOFFICE[EB/OL]. (2017-12-15)[2020-3-12]. https://www. gooood.
cn/lm-youth-community-china-by-doffice. html.

福柯 M,1999. 规训与惩罚:监狱的诞生[M]. 刘北成,杨远婴,译. 北京:三联书店.

福柯 M,2010. 必须保卫社会. [M]. 钱翰,译. 2 版. 上海:上海人民出版社.

盖尔 J,2002. 交往与空间[M]. 何人可,译. 4 版. 北京:中国建筑工业出版社.

高舒琦,2016. 日本土地区划整理对我国城市更新的启示[C]//规划 60 年:成就与挑战——2016 中国城市
规划年会论文集(03 城市规划历史与理论). 北京:中国建筑工业出版社.

郭红雨,蔡云楠,2010. 城市滨水区的开发与再开发[J]. 热带地理,30(2):121-126.

哈尔滨市城市规划局,2003. 道外传统商市风貌保护区规划设计[Z].

哈维 D,2017. 资本的限度[M]. 张寅,译. 北京:中信出版集团.

何鹤鸣,张京祥,2017. 产权交易的政策干预:城市存量用地再开发的新制度经济学解析[J]. 经济地理,37
(2):7-14.

何深静,刘玉亭,2010. 市场转轨时期中国城市绅士化现象的机制与效应研究[J]. 地理科学(8):496-501.

洪亮平,赵茜,2013. 走向社区发展的旧城更新规划:美日旧城更新政策及其对中国的启示[J]. 城市发展研
究,20(3):21-24.

黄汇,1991. 北京小后仓危房改建工程中的点滴感受[J]. 建筑学报(7):2-9.

黄静,王诤诤,2015. 上海市旧区改造的模式创新研究:来自美国城市更新三方合作伙伴关系的经验[J]. 城
市发展研究,22(1):86-93.

黄军林,2019. 产权激励:面向城市空间资源再配置的空间治理创新[J]. 城市规划,43(12):78-87.

霍尔 P,1985. 区域和城市规划[M]. 邹德慈,金经元,译. 北京:中国建筑工业出版社.

柯布西耶 L,2009. 明日之城市[M]. 李浩,译. 北京:中国建筑工业出版社.

柯建民,金家俊,等,1991. 古坊保护[M]. 南京:东南大学出版社.

勒盖茨 R T,斯托特 F,2013. 城市读本[M]. 张庭伟,田莉,译. 北京:中国建筑工业出版社.

李爱民,袁浚,2018. 国外城市更新实践及启示[J]. 中国经贸导刊(27):61-64.

李德华,2001. 城市规划原理[M]. 3 版. 北京:中国建筑工业出版社.

李芳芳,2006. 美国联邦政府城市法案与城市中心区的复兴(1949—1980)[D]. 上海:华东师范大学.

李和平,李浩,2004. 城市规划社会调查方法[M]. 北京:中国建筑工业出版社.

李江,2020. 转型期深圳城市更新规划探索与实践[M]. 2 版. 南京:东南大学出版社.

李明烨,汤爽爽,孙莹,2017. 法国城市政策中"社会混合"原则的实施方式与效果研究[J]. 国际城市规划,

32(3):68-75.

李艳玲,2004. 美国城市更新运动与内城改造[M]. 上海:上海大学出版社.

李杨,宋聚生,2018.英国城市更新的伙伴制治理模式启示(上)[J]. 城乡建设 (22):72-76.

李子静,2019. 基于潜力评价的城市更新方法研究[D]. 南京:东南大学.

梁思成,陈占祥,等,2005. 梁陈方案与北京[M]. 沈阳:辽宁教育出版社.

列斐伏尔 H,2012. 空间的生产[M]. 南京:南京大学出版社.

林林,阮仪三,2006. 苏州古城平江历史街区保护规划与实践[J]. 城市规划学刊 (3):45-51.

林奇 K,2001. 城市意象[M]. 方益萍,何晓军,译. 北京:华夏出版社.

刘健,2004.20 世纪法国城市规划立法及其启发[J]. 国外城市规划 (5):16-21.

刘丽,2011. 二十世纪五十至七十年代联邦政府与美国城市更新[D]. 兰州:西北师范大学.

鲁宾斯坦 J,1981.法国的新城政策[J]. 国外城市规划 (1):58-69.

吕俊华,1995.英、美的城市更新[J]. 世界建筑 (2):12-16.

罗 C,科特 F,2003.拼贴城市[M]. 童明,译. 北京:中国建筑工业出版社.

罗超,2015.我国城市老工业用地更新的推动机制研究[J]. 城市发展研究 (2):20-24.

马航,Altrock U,2012.德国可持续的城市发展与城市更新[J]. 规划师,28(3):96-101.

马宏,应孔晋,2016. 社区空间微更新:上海城市有机更新背景下社区营造路径的探索 [J]. 时代建筑 (4):10-17.

芒福德 L,1989.城市发展史:起源、演变和前景[M]. 宋俊岭,倪文彦,译. 北京:中国建筑工业出版社.

芒福德 L,2009.城市文化[M]. 宋俊岭,李翔宁,等译. 北京:中国建筑工业出版社.

毛其智,1994.联邦德国的住房建设与城市更新[J]. 世界建筑 (2):55-59.

孟海宁,1988.生活居住形态的变革与继承[D]. 上海:同济大学.

米绍 M,张杰,邹欢,2007. 法国城市规划 40 年[M]. 北京:社会科学文献出版社.

南京东南大学城市规划设计研究院有限公司,2012.大油坊巷历史风貌区保护规划[Z].

南京东南大学城市规划设计研究院有限公司,2015.南京历史文化名城保护规划[Z].

南京东南大学城市规划设计研究院有限公司,2015.南京秦淮区总体规划(2013—2030)[Z].

南京东南大学城市规划设计研究院有限公司,2017.南通唐闸近代工业城镇保护利用规划[Z].

庞辉,2013. 南昌城市空间营造研究:作为战略要地的城市案例[D]. 武汉:武汉大学.

清华大学建筑与城市研究所,1993. 旧城改造规划·设计·研究[M]. 北京:清华大学出版社.

仇保兴,2003.19 世纪以来西方城市规划理论演变的六次转折[J]. 规划师 (11):5-10.

仇保兴,2014.风雨如磐:历史文化名城保护 30 年[M]. 北京:中国建筑工业出版社.

瞿宛林,2009.龙须沟治理:一个新时代的象征[J]. 前线(6):37-38.

曲凌雁,1998.美国现代城市更新发展进程[J]. 现代城市研究,13(3):12-14.

Salat S,2012.城市与形态:关于可持续城市化的研究[M]. 北京:中国建筑工业出版社.

萨林加罗斯 N A,2011.城市结构原理[M]. 阳建强,等译. 北京:中国建筑工业出版社.

沙里宁 E,1986.城市:它的发展、衰败与未来[M]. 顾启源,译. 北京:中国建筑工业出版社.

上海市城市规划设计研究院,2019. 苏州河沿岸地区建设规划[Z].

上海市人民政府,2018.黄浦江沿岸地区建设规划(2018—2035)[Z].

上海市人民政府,2018.上海市城市总体规划(2017—2035 年)[Z].

上海市人民政府,2018.苏州江沿岸地区建设规划(2018—2035)[Z].

上海市人民政府办公厅.百年变迁!南京路步行街的发展史[EB/OL]. (2018-08-12)[2020-1-16]. http://baijiahao.baidu.com/s? id=1608558117768232879&wfr=spider&for=pc

邵辛生,1992.上海浦东新区总体规划初探[J]. 城市规划,16(6):11-15.

深圳市城市规划设计研究院有限公司,2019. 福田区福田街道水围村整村统筹更新规划[Z].

沈玉麟,1989. 国外城市建设史[M]. 北京:中国建筑工业出版社.

施卫良,2014. 规划编制要实现从增量到存量与减量规划的转型[J]. 城市规划,38(11):21-22.

施媛,2018. "连锁型"都市再生策略研究:以日本东京大手町开发案为例[J]. 国际城市规划,33(4):132-138.

石成球,1987. 旧城改造规划学术讨论会综述[J]. 城市规划,11(5):7-9.

世博城市最佳实践区商务有限公司,2017. 上海世博城市最佳实践区可持续发展和规划[Z].

孙骅声,龚秋霞,罗赤,1989. 旧城改造详细规划中的土地区划初探:苏州桐芳巷改造规划[J]. 城市规划,13
　　(3):10-15.

泰勒 N,2006. 1945 年后西方城市规划理论的流变[M]. 李白玉,陈贞,译. 北京:中国建筑工业出版社.

谭英,1999. 社区感情、社区发展与邻里保护[J]. 国外城市规划,14(3):11-15.

汤晋,罗海明,孔莉,2007. 西方城市更新运动及其法制建设过程对我国的启示[J]. 国际城市规划,22(4):
　　33-36.

唐燕,杨东,祝贺,2019. 城市更新制度建设:广州、深圳、上海的比较[M]. 北京:清华大学出版社.

唐子来,付磊,2002. 发达国家和地区的城市设计控制[J]. 城市规划汇刊(6):1-8.

唐子来,张雯,2001. 欧盟及其成员国的空间发展规划:现状和未来[J]. 国外城市规划,16(1):10-12.

田莉,姚之浩,郭旭,等,2015. 基于产权重构的土地再开发:新型城镇化背景下的地方实践与启示[J]. 城
　　市规划,39(1):22-29.

桐芳巷小区设计组,1997. 探索古城风貌重塑桐芳巷风采:苏州桐芳巷试点小区规划设计简介[J]. 建筑学
　　报(7):20-24.

王丰龙,刘云刚,陈倩敏,等,2012. 范式沉浮:百年来西方城市规划理论体系的建构[J]. 国际城市规划,27
　　(1):75-83.

王建国,吕志鹏,2001. 世界城市滨水区开发建设的历史进程及其经验[J]. 城市规划,25(7):41-46.

王兰,刘刚,2007. 20 世纪下半叶美国城市更新中的角色关系变迁[J]. 国际城市规划,22(4):21-26.

王世福,沈爽婷,2015. 从"三旧改造"到城市更新:广州市成立城市更新局之思考[J]. 城市规划学刊(3):
　　22-27.

吴贝西,2017. 1980 年代以来南京新街口中心区发展演变[D]. 南京:东南大学.

吴晨,2002. 城市复兴的理论探索[J]. 世界建筑(12):72-78.

吴晨,2003. 城市复兴的评估[J]. 国外城市规划,18(4):42-46.

吴晨,2004. 城市复兴中的合作伙伴组织[J]. 城市规划,28(8):79-83.

吴冠岑,牛星,田伟利,2016. 我国特大型城市的城市更新机制探讨:全球城市经验比较与借鉴[J]. 中国软
　　科学(9):88-98.

吴良镛,1989. 广义建筑学[M]. 北京:清华大学出版社.

吴良镛,1991. 从"有机更新"走向新的"有机秩序":北京旧城居住区整治途径(二)[J]. 建筑学报
　　(2):7-13.

吴良镛,1993. 迎接城市规划工作的伟大变革:在《'92 旧城保护与发展高级研讨会》闭幕式上的讲话[J].
　　城市规划,17(3):1-4.

吴良镛,1994. 北京旧城与菊儿胡同[M]. 北京:中国建筑工业出版社.

吴明伟,1996. 走向全面系统的旧城更新改造[J]. 城市规划(1):45.

吴明伟,等,1991. 南京控制性规划理论与方法研究[R].

吴明伟,等,1996. 旧城更新:一个值得关注和研究的课题[J]. 城市规划(1):49.

吴明伟,柯建民,1985. 试论城市中心综合改建规划[J]. 建筑学报(9):40-47.

吴明伟,柯建民,1987. 南京市中心综合改建规划[J]. 建筑师(27):107-121.

吴祖泉，2014. 解析第三方在城市规划公众参与的作用:以广州市恩宁路事件为例[J]. 城市规划，38(2)：62-68.

希利 P,2018.协作式规划:在碎片化社会中塑造场所[M].张磊,陈晶,译.北京:中国建筑工业出版社.

西特 C,1990.城市建设艺术:遵循艺术原则进行城市建设[M].仲德昆,译.南京:东南大学出版社.

谢世雄，周跃云，李昊，2012. 公平与效率,承上启下构建第三方规划多元与包容[C]//多元与包容——中国城市规划年会论文集. 昆明：312-320.

徐亦奇，2012.以大冲村为例的深圳城中村改造推进策略研究[D]. 广州:华南理工大学.

薛钟灵，虞孝感，阿克曼 M K,等,1996.城市更新与改造[M]. 北京:中国科学技术出版社.

亚历山大 C,1986.城市并非树形[J].严小婴,译.建筑师(2):207-224.

严雅琦，田莉，2016.1990 年代以来英国的城市更新实施政策演进及其对我国的启示[J].上海城市规划(5)：54-59.

雅各布斯 A B,2009.伟大的街道[M].王又佳,金秋野,译.北京:中国建筑工业出版社.

阳建强，1995.我国旧城更新改造的主要矛盾分析[J].城市规划汇刊(4):9-12.

阳建强，2012.西欧城市更新[M].南京:东南大学出版社.

阳建强，2018.走向持续的城市更新:基于价值取向与复杂系统的理性思考[J].城市规划，42(6)：68-78.

阳建强，罗超，2011.后工业化时期城市老工业区更新与再发展研究[J].城市规划，35(4):80-84.

阳建强，吴明伟，1999.现代城市更新[M].南京:东南大学出版社.

阳建强，朱雨溪，刘芳奇，等,2020.面向后疫情时代的城市更新[J]. 西部人居环境学刊，35(5)：25-30.

杨静，2004. 英美城市更新的主要经验及其启示[J].中国房地信息(11):60-62.

叶浩军,2013.价值观转变下的广州城市规划(1978—2010)实践[D].广州:华南理工大学:128.

叶怀东，2018.深圳城市更新项目的融资渠道分析[D].厦门:厦门大学.

易晓峰，2009. 中国与英国城市更新中中央政府的作用比较[C]// 2009 中国城市规划年会论文集. 天津：2543-2549.

于海漪，文华，宋春昉，2016. 城市复兴政策的演变:以英国为例[C]//2016 中国城市规划年会论文集. 沈阳：1312-1320.

于泓，2000. DaVidoff 的倡导性城市规划理论[J].国外城市规划，15(1)：30-33.

袁奇峰，钱天乐，郭炎，2015. 重建"社会资本"推动城市更新:联滘地区"三旧"改造中协商型发展联盟的构建[J].城市规划，39(9)：64-73.

张兵，2019. 催化与转型:"城市修补、生态修复"的理论与实践 [M].2 版. 北京：中国建筑工业出版社.

张更立，2004. 走向三方合作的伙伴关系:西方城市更新政策的演变及其对中国的启示[J].城市发展研究，11(4)：26-32.

张京祥,2005.西方城市规划思想史纲[M].南京:东南大学出版社.

张京祥，赵丹，陈浩,2013. 增长主义的终结与中国城市规划的转型[J].城市规划,37(1)：45-50.

张敬淦,1993.北京城市发展的两个战略转移[J].城市规划，17(5)：5-9.

张平宇,2002.英国城市再生政策与实践[J].国外城市规划,17(3)：39-41.

张晓，邓潇潇，2016. 德国城市更新的法律建制、议程机制及启示[C]// 2016 中国城市规划年会论文集. 沈阳：742-751

张悦,余旺仔,刘晓征,等,2019. 从 100 到 0.1,从 0.1 到 0.05:北京老城城市微更新设计探索 [J].城市设计（3）：30-39.

赵辉，谭许伟，刘治国，2007. 沈阳市历次城市总体规划演变与评价[C]// 和谐城市规划——2007 中国城市规划年会论文集. 哈尔滨：513-517.

赵蕊，2019. 公众参与视角下的责任规划师制度践行与思考[C]//中国城市规划学会,重庆市人民政府. 活

力城乡 美好人居——2019 中国城市规划年会论文集(14 规划实施与管理). 重庆：608-617.

赵玮璐，2018. 旧工业遗存的重生:以首钢文化产业园冬奥办公区为例[J]. 建筑与文化 (1):102-103.

郑希黎，2018. 1970 年以来法国城市更新政策的演变及特征[C]// 2018 中国城市规划年会论文集. 杭州：
375-386.

中共上海市委党史研究室，2019. 上海"龙须沟"肇嘉浜的蜕变[EB/OL]. [2019-06-14]. http://gov.east-day. com/node2/shds/n218/n513/u1ai32812. html.

中国城市规划设计研究院，2019. 崇雍大街城市设计与综合提升工程设计[Z].

中国城市规划学会秘书处，2006. 中国城市规划学会 50 年(1956—2006)[M]. 北京:中国建筑工业出版社.

中华人民共和国中央人民政府，2014. 国务院办公厅印发《国务院办公厅关于进一步加强棚户区改造工作的通知》[EB/OL]. [2014 - 08 - 04]. http://www. gov. cn/zhengce/content/201408/04/content_8951. htm.

中华人民共和国中央人民政府，2019. 住建部会同发展改革委、财政部联合印发《关于做好 2019 年老旧小区改造工作的通知》[EB/OL]. [2019 - 04 - 15]. http://www. scio. gov. cn/ztk/38650/40922/index. htm.

中华人民共和国自然资源部，2016. 国土资源部(原)印发《关于深入推进城镇低效用地再开发的指导意见(试行)》[EB/OL]. [2016-11-11]. http://www. mnr. gov. cn/gk/tzgg/201702/t20170228_1991910. html.

重庆大学规划设计研究院有限公司,重庆大学建筑城规学院，2019. 重庆市渝中区社区更新总体思路研究与试点行动规划[Z].

重庆市规划和自然资源局，2019. 重庆市主城区山城步道专项规划[Z].

周俭,阎树鑫,万智英，2019. 关于完善上海城市更新体系的思考[J]. 城市规划学刊 (1):20-26.

周俭,张仁仁，2015. 传承城市特征,营造生活品质:法国巴黎的 2 个城市设计案例分析[J]. 上海城市规划 (1):37-42.

周岚，2004. 快速现代化进程中的南京老城保护与更新[M]. 南京:东南大学出版社.

周显坤，2017. 城市更新区规划制度之研究[D]. 北京:清华大学.

朱隆斌，2002. 德国的城市建设与规划设计思想的演变[J]. 华中建筑，20(2)：71-75.

朱启勋，1982. 都市更新:理论与范例[M]. 台北:台隆书店.

庄少勤，2015. 上海城市更新的新探索[J]. 上海城市规划 (5):10-12.

邹德慈，2014. 新中国城市规划发展史研究:总报告及大事记[M]. 北京:中国建筑工业出版社:47.

左进,李晨,黄晶涛,等，2015. 城市存量街区微更新行动规划与实施路径研究:以厦门沙坡尾为例[C]//2015 中国城市规划年会论文集. 贵阳:141-151.

索引

后记

城市更新是我于 1990 年代跟随吴明伟先生攻读博士学位期间确定的主攻研究方向,博士毕业留校后在吴先生的殷切教诲下,带领研究团队长期不懈潜心开展城市更新基础理论与方法研究,结合对我国不同时期城市更新的思考与研究,于 1999 年整理出版《现代城市更新》一书,之后又结合在欧洲的学术访问与研究完成了《西欧城市更新》的写作。在《城市规划》《城市规划学刊》等学术刊物上相继发表《1949—2019 年中国城市更新的发展与回顾》《现代城市更新运动趋向》《我国旧城更新改造的主要矛盾分析》《中国城市更新的现状、特征及趋向》《后工业化时期城市老工业区更新与再发展研究》《走向持续的城市更新——基于价值取向与复杂系统的理性思考》等学术论文。与此同时,在北京、南京、广州、武汉、杭州、郑州、青岛、常州、南通、无锡、苏州、厦门、安庆等地开展了一系列城市更新规划设计。这些工作经历和实践探索为本次写作提供了良好基础。如今,城市更新已成为我国新型城镇化和高质量发展的重要任务,并首次写入国家政府工作报告,这无疑反映了城市发展的客观规律,是一个国家城镇化水平进入成熟阶段的历史必然。《城市更新》的写作是 20 年来进一步开展学术探索与思考的阶段记录,自"十三五"国家重点图书出版规划项目申请开始,历时近 5 年,终于在去年寒假期间完成了初稿的撰写,之后又几易其稿,现将拙作奉献给大家,肯定还存在诸多的不足,敬请大家多多批评指正。

城市更新是一个动态且快速转变的复杂过程,其中许多影响因素都是不可预知的,更确切地说,它不仅仅是一项专业技术的规划工程,更为重要的是,它是一项涉及社会、经济、文化、空间、政治以及制度等多个因素的社会系统工程。就目前我国城市更新工作开展的实际状况来看,在有机更新基础理论、实践探索和制度创新等方面已取得重大进展。但我们也清楚地看到,一些城市仍存在价值导向缺失、系统调控乏力、历史保护观念错误、市场机制不健全以及部门之间条块分割等深层问题,急需借鉴国内外先进经验,立足中国实践,基于价值取向和复杂系统开展理性思考,敢于直面和破解现实中的难题,致力于走向持续的城市更新。

首先,需要摆脱长期以来受单一经济价值观的约束,回归"以人为本",以人民对美好生活的向往为蓝图,守住城市发展的底线,将城市更新置于城市社会、经济、文化等整体关联中加以综合协调,面向提高群众福祉、保障改善民生、改善人居环境、提高城市生活质量、保障生态安全、传承历史文化、促进城市文明、推动社会和谐发展的更长远和更综合的目标。

其次,需要构建学界与业界跨学科跨部门的交流平台,通过城乡规划学、建筑学、风景园林学、地理学、社会学、经济学、行政学、管理学、法学等多学科、多专业的渗透、交叉和融贯,构建城市更新的基础理论和方法体系,加强传统的城市规划学科和经济学、社会学、法律学的有机结合,使城市更新更加符合经济和社会规律,从而提高城市更新的科学理性与现实基础。

最后,需要充分掌握城市发展与市场运作的客观规律,在复杂与多变的现实城市更新过程中,认识并处理好功能、空间与权属等重叠交织的社会与经济关系,改变现有的和传统的城市规划理论与方法,加强对法律法规、行政体制、市场机制、公众参与以及组织实施等方面的深度研究,建立政府、市场和社会三者之间的良好合作关系,发挥集体智慧,遵循市场规律,保障公共利益,加强部门联动,促进城市更新的持续、多元、健康与和谐发展。

本书的撰写和完成得益于我的导师、学界前辈和一些朋友、同事以及组织机构的大力帮助和支持。

首先要感谢的是我的导师吴明伟先生和原建设部总规划师陈为邦先生,他们是我国城市规划领域德高望重和学术造诣深厚的资深专家,他们为我的研究指明了方向。同时也要感谢法国国家建筑与规划师学会原主席、法国文化部文化遗产保护总监布鲁诺·肖凡-伊瓦(Bruno Chauffert-Yvart)先生,法国文化部中国建筑观察站负责人兰德(Ged)女士,瑞士苏黎世联邦高等工业大学(ETHZ)克莱默(H. Kramel)教授,英国伦敦大学学院巴特雷特规划学院(The Bartlett School of Planning,UCL)吴缚龙教授,他们为我的调查与研究提供了热忱的指导与帮助。中国城市规划学会城市更新学术委员会搭建的学术交流平台,为更好地学习和了解全国各地的城市更新实践经验提供了强大支持。

本书涉及许多案例,虽然考察和专题研究过其中的相当部分,但仍然有部分案例没有机会去直接考察,用的是参考文献所提供的间接资料和信息,在此,亦对这些学者表示诚挚的感谢。

研究生宁雅静、陈阳、孙丽萍、朱雨溪和刘芳奇等协助做了部分的文献查阅与整理工作,为本书的完成立下汗马功劳。

本书受到"十三五"国家重点研发计划"特色村镇保护与改造规划技术研究"项目(项目批准号:2019YFD11007)、国家自然科学基金"基于价值导向的历史街区保护利用综合评价体系、方法及机制研究"(项目批准号:51778126)、"基于系统耦合与功能提升的城市中心再开发研究"(项目批准号:51278113)、"高速城市化期城市更新规划理论与技术方法研究"(项目批准号:50478076)和"后工业化时期城市老工业区转型与更新再发展研究"(项目批准号:50878045)资助支持。同时亦受到"十三五"国家重点图书出版规划项目和江苏省高校优势学科建设工程项目的资助支持。

在此一并深表感谢!

最后,殷切希望本书的出版能为我国城市更新的研究和实践提供有效的帮助,并能够促使大家对此领域进行更为深入的思考。这正是作者的初衷所在。

阳建强

2020 年 10 月